职业教育精品规划教材

可编程控制器原理及应用

王永红　著

U0256419

电子工业出版社.

Publishing House of Electronics Industry

北京 · BEIJING

内 容 简 介

本书选择学校普遍使用的日本三菱 FX 系列 PLC 为典型机种，系统介绍了 PLC 工作原理及常用指令。本书主要内容包括系统组成及工作原理、基本指令及应用、步进指令及应用、顺序功能图及应用、常用功能指令及应用、PLC 控制系统设计、编程软件使用、常用特殊元件及指令系统等。教材内容编排科学合理，力求深入浅出、通俗易懂，同时注重实用、联系实际。

本书既可以作为职业院校及技工院校相关专业教学用书，也可以作为 PLC 自动控制技术培训教材，还可以作为工控技术人员自学用书。

图书在版编目（CIP）数据

可编程控制器原理及应用/王永红著. —北京：电子工业出版社，2018.7
ISBN 978-7-121-34627-9

Ⅰ. ①可…　Ⅱ. ①王…　Ⅲ. ①可编程序控制器－职业教育－教材　Ⅳ. ①TM571.61

中国版本图书馆 CIP 数据核字（2018）第 137825 号

策划编辑：白　楠
责任编辑：白　楠　　特约编辑：王　纲
印　　刷：北京七彩京通数码快印有限公司
装　　订：北京七彩京通数码快印有限公司
出版发行：电子工业出版社
　　　　　北京市海淀区万寿路 173 信箱　邮编　100036
开　　本：787×1 092　1/16　印张：18　字数：460.8 千字
版　　次：2018 年 7 月第 1 版
印　　次：2025 年 1 月第 13 次印刷
定　　价：36.00 元

凡所购买电子工业出版社图书有缺损问题，请向购买书店调换。若书店售缺，请与本社发行部联系，联系及邮购电话：（010）88254888，88258888。

质量投诉请发邮件至 zlts@phei.com.cn，盗版侵权举报请发邮件至 dbqq@phei.com.cn。

本书咨询联系方式：（010）88254592，bain@phei.com.cn。

前　言

可编程控制器（Programmable Logic Controller，PLC）是基于计算机技术的通用工业控制设备。PLC 集三电（电控、电仪及电传）为一体，已成为现代工业自动化三大支柱之一，目前被广泛应用于工业控制的诸多领域。随着自动控制技术的快速发展，电气设备逐渐向智能化方向发展，我国工业生产正在向智能化高速发展，为了适应我国新世纪对电气智能技术应用型人才的需求，作者选择了体积小、编程简单、功能齐全、具有一定代表性的日本三菱 FX2N 系列 PLC 为蓝本，兼顾 FX3U 系列 PLC 新增功能，查阅了大量 FX 系列 PLC 相关的书籍和资料，结合多年教学和工程实践经验，编写了本书。本书具有以下五个方面的特点。

（1）从指令格式、功能说明、使用说明三方面详细讲解常用指令，纠正一些错误理解，做到字字斟酌，尽量避免产生歧义，让读者通过学习能够完全掌握指令使用方法。

（2）采用顺序功能图（SFC）进行顺序控制程序设计，具有流程清晰、简单的特点，教材通过介绍顺序功能图（SFC）编辑、结构及应用等，使读者快速掌握这种高效顺序控制程序设计方法。

（3）如何根据实际工程要求合理设计 PLC 控制系统，是每位从事电气自动化控制技术人员所面临的实际问题，教材通过介绍 PLC 控制系统设计原则、步骤及应用实例等，使读者能够掌握 PLC 控制系统设计方法。

（4）很多教材对功能指令只是做些简单罗列，即便读者能够理解功能指令，但是不知道如何应用功能指令解决问题，所以本书对常用功能指令做了更详细分类，通过大量工程实例讲解每类功能指令应用，使读者能够应用功能指令解决实际问题。

（5）由于各个学校使用的 PLC 教学设备不尽相同，采用项目教学模式编写的教材，在其他学校教学中比较难实施，所以本书包含了大量工程和教学实例讲解编程方法和指令应用技巧，各个学校的教师可以根据编程实例，结合自己学校设备实际情况，组织项目教学，这样可以取得较好的教学效果。

本书在编写的过程中，得到各兄弟院校各级领导及教师的支持和帮助，在此表示感谢，由于作者水平有限，书中难免有错漏之处，敬请读者批评指正。

作　者

目　　录

绪论

一、可编程控制器的产生

1968 年，美国通用汽车公司（GM）根据汽车制造生产线改造的需要，提出了可编程控制器（Programmable Logic Controller，PLC）的概念，希望能有一种新型工业控制器，能够保留继电器控制系统简单易懂、操作方便、价格便宜等优点，同时具有控制精度高、可靠性好、控制程序可随工艺改变、维修方便等特点。1969 年，美国数字设备公司（DEC）根据通用汽车公司的设想，研制出第一台可编程控制器 PDP-14，并在通用汽车公司生产线上试用成功，实现了生产自动化控制，开创了工业控制的新纪元。

美国通用汽车公司将可编程控制器投入生产线使用，取得了令人满意的效果，引起了世界各国的关注。1971 年，日本从美国引进这项技术，并很快研制成功了日本第一台可编程控制器 DCS-8。1973 年以后，德国、法国、英国也相继开发出了各自的可编程控制器。我国于 1977 年成功研制出以 MC14500 为核心的可编程控制器。经过几十年发展，目前全世界可编程控制器产品已达 300 多种，PLC 的发展异常迅猛，广泛应用于各行各业。

二、可编程控制器的特点

1. 工作可靠

硬件方面采用了屏蔽、滤波、光电隔离等措施，软件方面设计了"看门狗"（Watching Dog）、故障检测、自检程序等。在硬件和软件方面都有强有力的可靠措施，确保可编程控制器具有很强的抗干扰能力，其平均无故障时间可达几万小时以上。

2. 编程简单

可编程控制器采用类似继电器原理的面向控制过程的梯形图语言编程，形象直观，易学易懂。很多国家的可编程控制器生产厂家都将梯形图作为第一用户语言。具有一定电工和工艺知识的人员可以在短时间内学会，并应用自如。

3. 适应性好

可编程控制器是通过程序实现控制的，当控制要求发生改变时，只要修改程序即可。可编程控制器产品已标准化、系列化、模块化，能够灵活方便地组成规模不同、功能不同的控制系统，适应能力非常强。

4. 维护方便

可编程控制器有故障指示灯，可以帮助人们进行简单的故障查找；可编程控制器还有故障情况记录，很容易进行故障分析和诊断。由于可编程控制器采用的是模块化结构，出现故障时只需更换相关模块，排除故障十分方便。

三、可编程控制器的分类

1. 按结构形式分类

PLC 按照结构形式可以分为整体式和模块式。整体式 PLC 将 CPU、存储器、输入与输出部件等安装在同一机体内，形成一个整体，结构紧凑，体积小，价格低。模块式 PLC 将 CPU、输入部分、输出部分和电源部分等做成一个个模块，由生产厂家提供基板，用户可以根据自己的需求进行组装，这种结构的 PLC 配置灵活、维修方便。

2. 按输入/输出点数分类

PLC 按照输入/输出点数可以分为小型、中型及大型三类。

1）小型 PLC

小型 PLC 的输入/输出点数小于 256，其中输入/输出点数小于 64 的又称超小型 PLC，这类 PLC 的用户存储器的容量小于 2KB，主要用于开关量顺序控制。

2）中型 PLC

中型 PLC 的输入/输出点数为 256～2048，用户存储器的容量为 2～8KB，这类 PLC 主要用于较为复杂的模拟量控制。

3）大型 PLC

大型 PLC 的输入/输出点数大于 2048，其中输入/输出点数大于 8192 的又称超大型 PLC，这类 PLC 的用户存储器的容量大于 8KB，主要用于过程控制及工厂自动化网络。

四、可编程控制器的应用

1. 顺序控制

顺序控制是可编程控制器应用最广泛的领域。可编程控制器具有逻辑指令、定时器、计数器、专用的步进控制指令，可以实现组合逻辑控制、定时控制、计数控制及复杂的顺序控制，主要应用于装配生产线、注塑机、电梯等。

2. 数据处理

可编程控制器具有四则运算、浮点运算、函数运算、矩阵运算、字操作、位操作、取反、移位操作、数制转换、数据传送、数据检索、数据整理排列等功能，可以完成数据采集、分析和处理，监控生产过程。

3. 过程控制

工业生产过程中有很多连续变化的量，如电流、温度、压力、速度等，称为模拟量。过程控制是连续变化的模拟量的闭环控制。可编程控制器具有 D/A 与 A/D 转换模块和 PID 指令，可以实现过程控制，过程控制也是可编程控制器的发展趋势。

4. 运动控制

运动控制是指对控制对象位置、速度及加速度的控制。可编程控制器具有专用的控制指令和运动控制模块，可以实现直线、圆弧运动控制，以及单轴、双轴及多轴位置控制，广泛应用于金属切削机床、机器人、装配机械等。

5. 连网通信

可编程控制器有多种通信接口，具有很强的连网通信能力，可以实现 PLC 与 PLC、PLC 与变频器、PLC 与计算机等的通信。

五、可编程控制器的发展趋势

PLC 的应用领域已从单一的逻辑控制发展到包括模拟量控制、数字控制及机器人控制等在内的各种工业控制场合，PLC 已成为工业控制领域中占主导地位的基础自动化设备。随着科学技术的不断进步，可编程控制器会向运算速度高、存储容量大、扫描速度快、性能更稳定、智能化和网络化方向发展。由于目前各个 PLC 生产厂家的总线、扩展接口及通信功能都是独立制定的，所以没有一个适合所有厂家产品的统一标准。制定规范统一的总线和标准化的扩展接口是 PLC 发展的必然趋势，1983 年提出的制造自动化协议（MAP）是众多标准中发展最快的一个。目前，国外一些主要 PLC 生产厂家为了适应大规模复杂控制系统，在生产 PLC 产品时增加了容错功能，大幅提高了 PLC 控制系统的可靠性。

可编程控制器系统组成及工作原理

可编程控制器是一种以微处理器为核心的新型工业控制计算机，可编程控制器系统包括硬件和软件两大部分。

第一节　外部结构

FX 系列 PLC 外部结构如图 1-1-1 所示，一般包括产品型号、外部端子、指示部分、接口部分及其他部分。

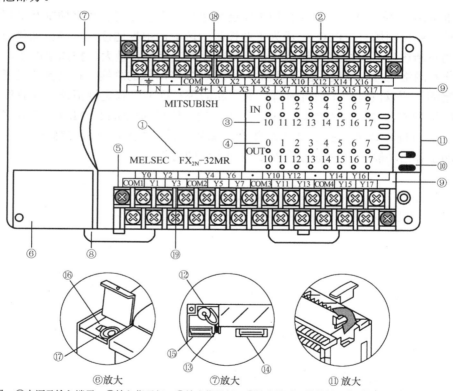

①产品型号；②电源及输入端子；③输入指示灯；④输出指示灯；⑤输出端子；⑥盖板；⑦面板盖；⑧DIN 导轨装卸卡子；

⑨端子标记；⑩状态指示灯；⑪扩展单元及模块接口、特殊单元及模块接口；⑫锂电池；⑬锂电池连接插座；

⑭外接存储器接口；⑮功能扩展板接口；⑯运行开关；⑰编程接口；⑱电源端子和输入端子分布标识；⑲输出端子分布标识

图 1-1-1　PLC 外部结构

一、产品型号

产品型号为 FX$_{2N}$-32MR，具体命名方式见附录一。

二、指示部分

1．输入与输出指示灯

输入与输出都有对应的指示灯，当有输入与输出信号时，对应的指示灯就亮。

2．状态指示灯

当 PLC 正常接通电源时，"POWER"指示灯亮；当 PLC 运行时，"RUN"指示灯亮；当锂电池电压下降时，"BATT.V"指示灯亮。

对于 FX$_{2N}$ 系列 PLC，程序语法出错时，"PROG.E"指示灯闪烁；监控定时器出错时，"CPU.E"指示灯亮。对于 FX$_{3U}$ 系列 PLC，程序语法出错时，"ERROR"指示灯闪烁；监控定时器出错时，"ERROR"指示灯亮。

三、接口部分

1．编程接口

编程接口通过 PX-20P-CAB 型电缆线将编程器（HPP）与 PLC 连接，如图 1-1-2 所示。当连接计算机时，要用 FX-232AW/AWC 进行 RS422/RS232C 转换。

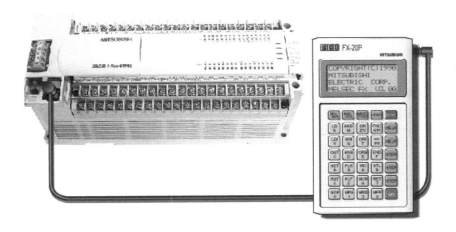

图 1-1-2　编程器与 PLC 连接

2．外接存储器接口

外接存储器接口连接 FX-RAM-8、FX-EEPROM-4、FX-EEPROM-8、FX-EEPROM-16、FX-EPROM-8 等扩展存储器。

3. 扩展单元及模块接口

扩展单元及模块接口连接扩展单元及模块，主要扩展 I/O 点数。

4. 特殊单元及模块接口

特殊单元及模块接口连接特殊功能模块，如 D/A 转换模块、A/D 转换模块、高速计数模块、运动控制模块等。

5. 功能扩展板接口

功能扩展板接口连接 RS422/RS232C/RS485 等通信板，与外部进行通信。

PLC 外围连接如图 1-1-3 所示。

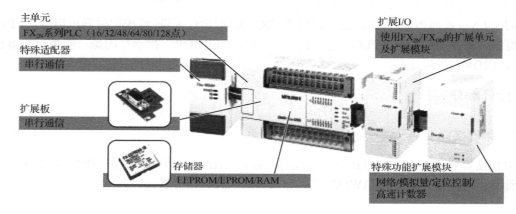

图 1-1-3　PLC 外围连接

四、外部端子

外部端子包括输入端子、输出端子、电源端子及空端子，分布在 PLC 两侧可拆卸的端子板上，端子分布如图 1-1-4 所示。

⏚	•	COM	X0	X2	X4	X6	X10	X12	X14	X16	•
L	N	•	24+	X1	X3	X5	X7	X11	X13	X15	X17

FX$_{2N}$-32MR

	Y0	Y2	•	Y4	Y6	•	Y10	Y12	•	Y14	Y16	•
COM1	Y1	Y3	COM2	Y5	Y7	COM3	Y11	Y13	COM4	Y15	Y17	

图 1-1-4　端子分布图

1. 空端子

分布图上"·"为空端子，为了方便制造，其结构对称。

2. 电源端子

端子"L"、"N"、"≑"为交流电源端子，提供 220V/50Hz 交流电，是 PLC 供电电源；端子"24+""COM"为直流电源端子，可以输出 DC24V，供外部传感器使用。

FX_{3U} 系列 PLC 具有 S/S 端子，通过 S/S 端子可以将基本单元输入设置为漏型输入或者源型输入。

3. 输入端子

输入端子连接光电开关、行程开关、接近开关、按钮及传感器等，向 PLC 传送操作命令及控制信号。"X0~X7""X10~X17"为采用八进制编码的输入端子，"COM"为输入公共端。接线一般采用汇点式，如图 1-1-5 所示。

4. 输出端子

输出端子连接指示灯、电磁阀、接触器及继电器等驱动负载；"Y0~Y7""Y10~Y17"为采用八进制编码的输出端子，"COM1""COM2""COM3""COM4"为各组输出公共端，输出端子分为 4 组，组间用黑粗线分开。根据负载电源，接线一般采用分组式，如图 1-1-6 所示。

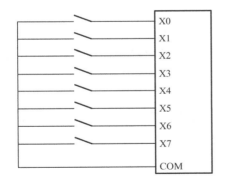

图 1-1-5 汇点式

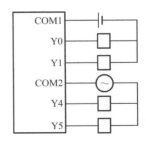

图 1-1-6 分组式

五、其他部分

PLC 装有 FX-40BL 型锂电池，在停电时进行存储保留和使时钟继续工作。运行开关有"RUN"和"STOP"两个位置，拨向"RUN"时为运行，拨向"STOP"时为停止。PLC 还有一些保护盖板和一些机械安装部件。

第二节 内部结构

可编程控制器基本单元主要由中央处理单元、存储器、总线、接口部分、输入/输出接口电路及电源模块几部分组成，如图 1-2-1 所示。

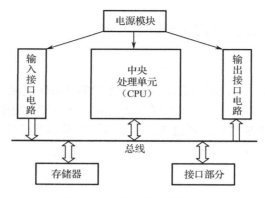

图 1-2-1　基本单元结构图

一、中央处理单元

中央处理单元（CPU）主要包括算术/逻辑运算单元（ALU）和控制单元（CU）两部分。中央处理单元的主要作用是处理与运行用户程序，对整个系统的工作进行监控与协调。

可编程控制器中央处理单元通常采用 Z80A、8085、8086、8088、8031、8051、8096、AMD2900、AMD2903 等微处理器。FX_{2N} 系列 PLC 使用的微处理器是 16 位 8096 单片机。

二、存储器

存储器包括随机存储器（RAM）和只读存储器（ROM），主要存放程序和数据。一般随机存储器存放用户程序，只读存储器存放系统程序。中小型 PLC 存储器容量一般不超过 8KB。

三、总线

总线将中央处理单元、存储器、输入/输出接口电路及接口部分连接起来，是它们之间进行信息传送的公共通道。

四、接口部分

接口部分包括编程接口、外接存储器接口、扩展单元及模块接口、特殊单元及模块接口和功能扩展板接口，是中央处理单元与外围设备进行信息传送的通道。

五、电源模块

PLC 对电源稳定度要求不高，允许电源电压在额定值的+10%～-15%范围内波动。PLC 的供电电源是市电，通过内部稳压电源，对中央处理单元和输入/输出接口电路供电。大部分 PLC 电源部分还有 DC24V 输出，用于对外部传感器等供电。

六、输入接口电路

工业现场开关、按钮、传感器等输入信号，必须经过输入接口电路进行滤波、隔离、电平转换等，才能安全可靠地输入 PLC 内部。输入接口电路中的光电耦合器具有光电隔离作用，可以减少工业现场电磁干扰信号；还设有 RC 滤波器，用以消除输入触点的抖动和外部噪声的干扰。

当输入开关闭合时，一次电路中流过电流，输入指示灯亮，光电耦合器被激励，三极管由截止状态变为饱和导通状态，这样就将一个外部信号送到 PLC 内部电路。

按照输入信号电源类型，输入接口电路可分为直流输入接口电路、交流输入接口电路、交直流输入接口电路三种类型。直流输入接口电路如图 1-2-2 所示。交流输入接口电路如图 1-2-3 所示。交直流输入接口电路如图 1-2-4 所示。

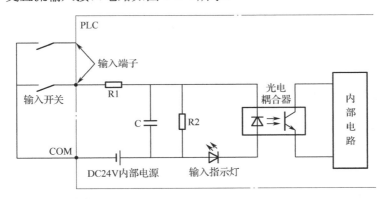

图 1-2-2　直流输入接口电路

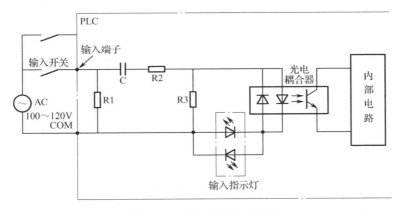

图 1-2-3　交流输入接口电路

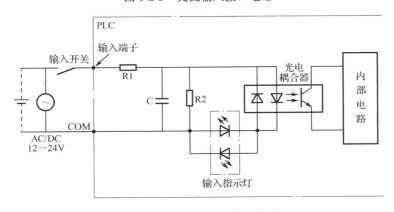

图 1-2-4　交直流输入接口电路

七、输出接口电路

程序运行的结果必须经过输出接口电路处理后，才可以驱动电磁阀、接触器及继电器等执行机构。输出接口电路的主要作用是将内部电路与外部负载进行电气隔离，它还具有功率放大的作用。

为适应不同的负载，输出接口电路分为继电器输出接口电路（R）、晶体管输出接口电路（T）和晶闸管输出接口电路（S）三种形式。这三种输出接口电路的工作原理相似，这里以继电器输出接口电路为例来说明输出接口电路的工作原理。当 PLC 有输出信号时，输出指示灯亮，继电器线圈得电，其触点接通，负载回路接通，负载工作；当断开输出信号时，输出指示灯灭，继电器线圈失电，其触点断开，负载回路断开，负载不工作。

1. 继电器输出接口电路

继电器输出接口电路，如图 1-2-5 所示。继电器输出接口电路既可以驱动交流负载，也可以驱动直流负载，带负载能力强，但是响应时间长，动作频率低。

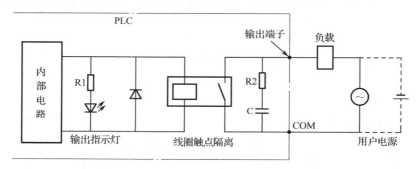

图 1-2-5　继电器输出接口电路

2. 晶体管输出接口电路

晶体管输出接口电路如图 1-2-6 所示。晶体管输出接口电路只能驱动直流负载，响应速度快，动作频率高，但是带负载能力弱。

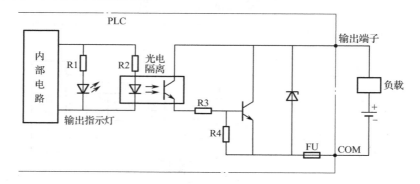

图 1-2-6　晶体管输出接口电路

3. 晶闸管输出接口电路

晶闸管输出接口电路如图 1-2-7 所示。晶闸管输出接口电路只能驱动交流负载,响应速度快,动作频率高,但带负载能力不强。

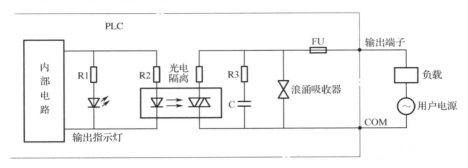

图 1-2-7 晶闸管输出接口电路

第三节 软件

软件是可编程控制器各种程序的集合,软件分为系统程序和用户程序两部分,两者相互独立。

一、系统程序

系统程序由 PLC 生产厂家编写,固化于 ROM 中,用户不能修改,主要包括系统管理程序、指令译码程序和标准化程序模块。

1. 系统管理程序

系统管理程序是系统程序的主体,主要管理 PLC 的运行,包括系统运行管理、系统内存管理及系统自诊断三方面。

(1)系统运行管理主要是控制 PLC 输入采样、输出刷新、逻辑运算、数据通信等时序。

(2)系统内存管理主要是规划各种数据、程序的存储地址,将用户程序中使用的数据、参数存储地址转化为系统内部数据格式及物理存储单元的地址。

(3)系统自诊断主要包括系统错误检测、用户程序的语法检查、通信超时检查等。

2. 指令译码程序

由于计算机最终可执行的语言只能是机器码,所以必须将用户程序转化为机器码。指令译码程序的作用就是在 PLC 执行指令前,将用户程序逐条"翻译"成 PLC 可以执行的代码(机器码)。

由于指令译码需要一定时间,因此编制简洁明了的程序有助于提高程序的执行速度。

3. 标准化程序模块

PLC 生产厂家将一些"标准动作"的程序采用类似"子程序"的形式存储在系统程序中，这样的"子程序"称为标准化程序模块，当程序需要完成"标准动作"时，只要调用相应的标准化程序模块即可。

标准化程序模块的数量代表了 PLC 的可编程性能，可以调用的标准化程序模块越多，用户程序编制就越容易。

二、用户程序

用户程序又称应用程序，是用户根据具体的控制要求，利用 PLC 编程语言编制的程序。

第四节 编程语言

为了规范推广 PLC 的应用，国际电工委员会制定了 PLC 编程语言的国际标准 IEC 61131-3，该标准规定了指令表（IL）、梯形图（LD）、顺序功能图（SFC）、功能图块（FBD）及结构化文本（ST）5 种 PLC 编程语言。三菱 FX 系列 PLC 常用的编程语言有指令表、梯形图及顺序功能图，这三种编程语言编制的程序可以互相转换。

一、指令表

指令表是使用助记符的 PLC 编程语言，它是 PLC 基本编程语言。这种编程语言类似于计算机汇编语言，容易记忆、便于操作，但编制的程序可读性较差。使用简易编程器输入程序时，必须采用这种语言。指令表编程示例见表 1-4-1。

表 1-4-1 指令表编程示例

步 序 号	助 记 符	操 作 元 件
0	LD	X000
1	OR	Y000
2	ANI	X001
3	ANI	Y002
4	OUT	Y000
5	LD	X002
6	OR	Y002
7	ANI	X003
8	ANI	Y000
9	OUT	Y002
10	END	

二、梯形图

梯形图编程语言源自继电器控制电路图，是一种基于梯级的图形符号布尔语言。梯形图编程语言形象直观，逻辑关系明显，是 PLC 常用编程语言之一。梯形图编程示例如图 1-4-1 所示。

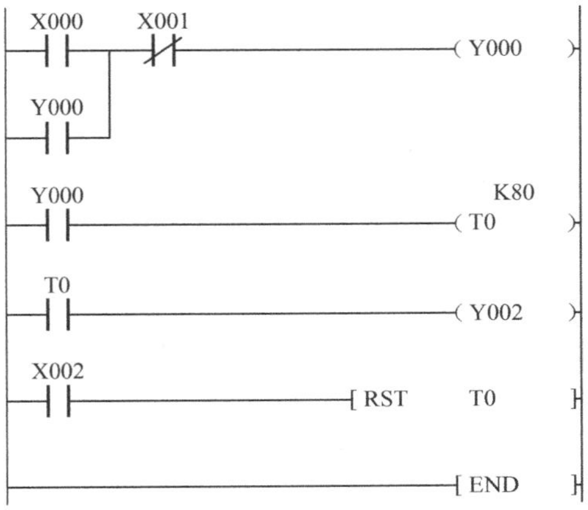

图 1-4-1 梯形图编程示例

三、顺序功能图

顺序功能图是基于机械控制流程，具有图形表达方式的一种编程语言。顺序功能图不仅是一种语言，也是一种组织控制程序的图形化方式。顺序功能图编程语言条理清晰，在顺序控制中得到了广泛应用。顺序功能图编程示例如图 1-4-2 所示。

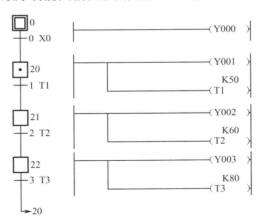

图 1-4-2 顺序功能图编程示例

四、功能图块

功能图块是对应于逻辑电路的图形语言。功能图块编程语言表达简练，逻辑关系清晰，在过程控制中被广泛应用。

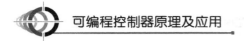

五、结构化文本

结构化文本是基于文本的高级程序设计语言。它采用一些描述语句来描述系统中各种变量之间的关系，执行所需的操作。结构化文本相对于指令表可读性强一些，但是对程序设计人员要求比较高，需要设计人员具备一定的计算机编程基础。

第五节　数据结构

一、数制

1．二进制

二进制有 0、1 两个数码，基数为 2，逢 2 进位。PLC 内部采用二进制数进行数据处理，负数按照二进制补码处理。

2．八进制

八进制有 0～7 共 8 个数码，基数为 8，逢 8 进位。输入继电器和输出继电器的软元件编号采用八进制数，如 X0～X7、X10～X17、X20～X27、Y0～Y7、Y10～Y17、Y20～Y27。

3．十进制

十进制有 0～9 共 10 个数码，基数为 10，逢 10 进位。除输入继电器和输出继电器以外的软元件编号都采用十进制数，如辅助继电器（M）、定时器（T）、计数器（C）、状态器（S）及数据寄存器（D）等；定时器/计数器的设定值可以采用十进制数；功能指令操作数中数值的指定及指令动作的指定可以采用十进制数。

4．十六进制

十六进制有 0～9 及 A、B、C、D、E、F 共 16 个数码，基数为 16，逢 16 进位。定时器/计数器的设定值可以采用十六进制数。功能指令操作数中数值的指定及指令动作的指定可以采用十六进制数。

二、编码

1．BCD 码

BCD 码是用二进制表示十进制数的二-十进制编码，通常采用 8421BCD 编码方案，其编码表见表 1-5-1。BCD 码适用于 BCD 型数字开关及 7 段数码管显示等的控制。

表 1-5-1　8421BCD 编码表

十进制数	0	1	2	3	4	5	6	7	8	9
二进制编码	0000	0001	0010	0011	0100	0101	0110	0111	1000	1001

2. ASCII 码

ASCII 码是美国标准信息交换码，它是用 7 位二进制码表示数符的编码，7 位二进制码有 128 种组合，可以表示数字、字母、控制符及运算符等，ASCII 码表见表 1-5-2。ASCII 码主要用于 PLC 和外部设备的通信，当与打印机及 CRT 连接时，也通过 ASCII 码进行数据传输。

表 1-5-2 ASCII 码表

b4b3b2b1 \ b7b6b5	000	001	010	011	100	101	110	111
0000	NUL	DLE	SP	0	@	P	`	p
0001	SOH	DC1	!	1	A	Q	a	q
0010	STX	DC2	"	2	B	R	b	r
0011	ETX	DC3	#	3	C	S	c	s
0100	EOT	DC4	$	4	D	T	d	t
0101	ENQ	NAK	%	5	E	U	e	u
0110	ACK	SYN	&	6	F	V	f	v
0111	BEL	ETB	,	7	G	W	g	w
1000	BS	CAN	(	8	H	X	h	x
1001	HT	EM	)	9	I	Y	i	y
1010	LF	SUB	*	:	J	Z	j	z
1011	VT	ESC	+	;	K	[	k	{
1100	FF	FS	'	<	L	\	l	|
1101	CR	GS	-	=	M	]	m	}
1110	SO	RS	.	>	N	↑	n	~
1111	SI	US	/	?	O	←	o	DEL

注：7 位二进制码排列格式为 b7b6b5b4b3b2b1。

3. 格雷码

格雷码又称循环码，相邻两个数码之间只有一位变化。将二进制数转换为格雷码的方法是，先将二进制数右移一位后舍去末位的数码，再将二进制数和右移得到的数进行不进位加法，得到的结果就是二进制数对应的格雷码。4 位格雷码见表 1-5-3。格雷码主要用于编码盘的编码，它可以限制非单值性误差，对编码盘制作和安装要求不高。

表 1-5-3 4 位格雷码

十 进 制 数	二 进 制 数	格 雷 码	十 进 制 数	二 进 制 数	格 雷 码
0	0000	0000	3	0011	0010
1	0001	0001	4	0100	0110
2	0010	0011	5	0101	0111

十进制数	二进制数	格 雷 码	十进制数	二进制数	格 雷 码
6	0110	0101	11	1011	1110
7	0111	0100	12	1100	1010
8	1000	1100	13	1101	1011
9	1001	1101	14	1110	1001
10	1010	1111	15	1111	1000

三、数据类型

1. 布尔型数

位是计算机所能表示的最基本、最小的数据单位，位是一个二进制位，只有 0 和 1 两个数据；布尔型数是一位二进制数据，PLC 采用位元件和字元件的位指定处理布尔型数。

1）位元件

只处理 ON/OFF 状态的元件称为位元件，用二进制数一位数据的两种状态 1 或 0 来表示，如输入继电器（X）、输出继电器（Y）、辅助继电器（M）及状态继电器（S）等为位元件。

2）字元件的位指定

对于 FX$_{3U}$ 系列 PLC，指定字元件的位（D□.b），可以将其作为布尔型数使用。指定字元件的位时，需要使用字元件编号和位编号（0～F，十六进制数）进行设定。字元件的位指定如图 1-5-1 所示。

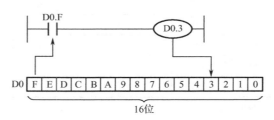

图 1-5-1　字元件的位指定

2. 整数

通过位组合能够表达数据，连续 4 位二进制数组成一个数位，连续 8 位二进制数组成一个字节，连续 16 位二进制数组成一个字，连续 32 位二进制数组成一个双字；整数是若干二进制位的组合，PLC 采用位元件组合和字元件处理整数。

1）位元件组合

位元件通过 KnP 组合进行数值处理，其中 n 为组数（n=1～8），K1～K4 为 16 位数据，K1～K8 为 32 位数据；P 为被组合位元件的首元件号，以连续 4 个位元件为一组。例如，K1M0 表示 M0～M3 组合的 4 位数据，K2M0 表示 M0～M7 组合的 8 位数据，K3M0 表示 M0～M11 组合的 12 位数据，K4M0 表示 M0～M15 组合的 16 位数据，K8M0 表示 M0～M31 组合的 32 位数据。尽管被组合的位元件的首元件号可以是任意的，但是习惯采用以 0 结尾的元件号作为首元件号，如 K8M0、K2Y10、K1S20 等。

采用位元件组合进行数据传送时，若为数据长度大的数据向数据长度小的元件进行数据传送，则不足高位部分不被传送；若为数据长度小的数据向数据长度大的元件进行数据传送，则不足高位部分被视为 0，作为正数处理，如图 1-5-2 所示。

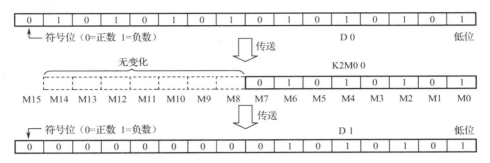

图 1-5-2　数据长度不相等的数据传送

2）字元件

处理 16 位二进制数据的元件称为字元件，如数据寄存器（D）、定时器（T）的当前值、计数器（C）的当前值及 K4M0 等，字元件主要处理 16 位数值。

需要处理 32 位数值时，采用两个字元件的组合。一般情况下，只需指定存放低 16 位数据的软元件编号，高 16 位数据会自动占用相邻编号大的软元件，建议低 16 位软元件的编号采用偶数。16 位整数数值范围为 –32768～32767，32 位整数数值范围为 –2147483648～2147483647。

3. 浮点数

浮点数可以表示很大的数和很小的数。二进制浮点数主要用于高精度运算。十进制浮点数主要用于实施监视，不能够直接运算。

1）二进制浮点数

二进制浮点数为 32 位，由相邻两个数据寄存器组成，尾数占低 23 位（A0～A22），指数占 23 位后 8 位（E0～E7），符号位 S 为最高位（"0" 代表正数，"1" 代表负数），二进制浮点数的正负由符号位决定，不是补码处理。二进制浮点数的数据格式如图 1-5-3 所示。

符号位	指数段					尾数段				
0/1	2^7	2^6	…	2^1	2^0	2^{-1}	2^{-2}	…	2^{-22}	2^{-23}
S	E7	E6	…	E1	E0	A22	A21	…	A1	A0

图 1-5-3　二进制浮点数的数据格式

二进制浮点数计算公式：

$$二进制浮点数 = \pm (2^0 + A22 \times 2^{-1} + \cdots + A0 \times 2^{-23}) \times 2^{(E7 \times 2^7 + \cdots + E0 \times 2^0)} / 2^{127}$$

2）十进制浮点数

十进制浮点数为 32 位，由相邻两个数据寄存器组成，尾数占低 16 位，指数占高 16 位，尾数和指数采用 BCD 码，尾数和指数符号位是各自的最高位（"0" 代表正数，"1" 代表负数），指数和尾数的符号位都是补码处理。

计算公式：

$$十进制浮点数=尾数×10^{指数}$$

例如，十进制浮点数放在 D21、D20 两个数据寄存器，那么 b0～b14 为尾数的数值部分，b15 为尾数符号位，b16～b30 为指数的数值部分，b31 为指数符号位。十进制浮点数的数据格式如图 1-5-4 所示。

D21		D20	
b31	b30～b16	b15	b14～b0

图 1-5-4　十进制浮点数的数据格式

十进制浮点数尾数范围：0 或者±（1000～9999）。十进制浮点数指数范围：-41～+35。十进制浮点数数值范围：最小绝对值 $1175×10^{-41}$，最大绝对值 $3402×10^{35}$。

第六节　软元件

PLC 内部器件实际是由电子电路和存储器组成的。例如，输入继电器（X）是由输入电路和输入继电器的存储器组成的；输出继电器（Y）是由输出电路和输出继电器的存储器组成的；定时器（T）、计数器（C）、辅助继电器（M）、状态器（S）及数据寄存器（D）等都是由存储器组成的。为了便于区分，我们把上述元件称为软元件，它们是抽象模拟的元件，并非实际的物理器件。

PLC 内部继电器和物理继电器在功能上有些相似，PLC 内部继电器也有线圈与常开、常闭触点，如图 1-6-1 所示；而且每种继电器采用确定的地址编号标记，除输入/输出继电器采用八进制地址编号外，其余都采用十进制地址编号。PLC 内部继电器的线圈得电时，常开触点闭合，常闭触点断开；当线圈失电时，常开触点断开，常闭触点闭合。这种逻辑关系和物理继电器是一样的，对于没有接触过继电器控制系统的人而言，建立这种逻辑关系非常重要。由于 PLC 内部继电器是由电子电路和存储器组成的，所以触点使用次数不限。

非断电保持型位软元件在发生停电时，全部为断开状态，上电后除 PLC 运行时被外部接通以外，仍然为断开状态；非断电保持型字软元件在发生停电时，全部被清零。断电保持型位软元件在发生停电时，可以保持断电前的状态；断电保持型字软元件在发生停电时，可以保持断电前的数值。下面以 FX$_{2N}$ 系列 PLC 为例，介绍软元件。

（a）线圈　　　（b）常开触点　　　（c）常闭触点

图 1-6-1　PLC 内部继电器的线圈与常开、常闭触点

一、输入/输出继电器（X/Y）

1. 输入/输出继电器的地址编号

常见 FX$_{2N}$ 系列 PLC 输入/输出继电器的地址编号见表 1-6-1。

表 1-6-1　常见 FX$_{2N}$ 系列 PLC 输入/输出继电器的地址编号

型　号 名　称	FX$_{2N}$-16M	FX$_{2N}$-32M	FX$_{2N}$-48M	FX$_{2N}$-64M	FX$_{2N}$-80M	FX$_{2N}$-128M
输入继电器	X000～X007 8 点	X000～X017 16 点	X000～X027 24 点	X000～X047 32 点	X000～Y047 40 点	X000～Y077 64 点
输出继电器	Y000～Y007 8 点	Y000～Y017 16 点	Y000～Y027 24 点	Y000～Y047 32 点	Y000～Y047 40 点	Y000～YO77 64 点

2. 功能说明

输入/输出继电器功能图如图 1-6-2 所示。PLC 的输入端是 PLC 接收外部信号的窗口，输入继电器（X）的线圈与 PLC 输入端相连；PLC 的输出端是 PLC 向外部负载发送信号的窗口，输出继电器（Y）的外部输出触点与 PLC 输出端相连。当输入端子 X0 接收到外部信号时，输入继电器 X000 的线圈得电，输入继电器 X000 常开触点闭合，经过程序处理，输出继电器 Y000 的线圈得电，输出继电器 Y000 外部输出触点闭合，驱动输出端子 Y000 的负载；当输入端子 X001 接收到外部信号时，输入继电器 X001 常闭触点断开，经过程序处理，输出继电器 Y000 的线圈断电，输出继电器 Y000 外部输出触点断开，输出端子 Y000 的负载停止工作。

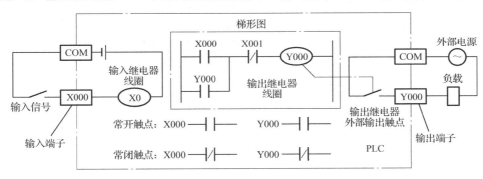

图 1-6-2　输入/输出继电器功能图

3. 使用说明

（1）输入/输出继电器采用八进制地址编号，不存在 X8、Y9 等地址。

（2）输入端子和输入继电器线圈一一对应，输入继电器是光绝缘的电子继电器。输入继电器的线圈由输入信号驱动，不能用程序驱动，所以在程序中一般不使用输入继电器的线圈。常开和常闭触点可以在程序中无限次使用。

（3）输出继电器是 PLC 唯一能够驱动外部负载的元件，输出继电器有外部输出触点和内部触点两类触点。外部输出触点是一个常开的硬触点，输出端子和外部输出触点一一对应。内部触点和其他继电器一样，内部常开和常闭触点可以在程序中无限次使用。

二、辅助继电器（M）

1. 辅助继电器的分类

辅助继电器的分类见表1-6-2。

表 1-6-2　辅助继电器的分类

非断电保持型辅助继电器	断电保持型辅助继电器	特殊辅助继电器
M0～M499	M500～M1023	M8000～M8255
500 点	524 点	256 点

2. 功能及使用说明

可编程控制器内有很多辅助继电器，它们不能接收输入信号，也不能驱动外部负载，是由程序控制的一类元件，相当于物理中间继电器，用于状态暂存、中间过渡及移位等运算，在程序中起信号传递和逻辑控制作用。

PLC 运行过程中停电时，所有的输出继电器（Y）都会断开；当再次上电时，除输入条件为 ON 外，输出继电器仍然为断开状态。有些控制系统需要记忆断电前状态，当再次上电时，能够从断电前状态继续运行，这种情况可以使用断电保持型辅助继电器。如图 1-6-3 所示，当X0 常开触点闭合时，M600 线圈得电并保持，M600 常开触点闭合，Y0 的线圈得电，这时突然停电，当再次上电时，即使 X0 断开，由于 M600 为断电保持型辅助继电器，M600 常开触点仍然闭合，Y0 的线圈仍然得电。

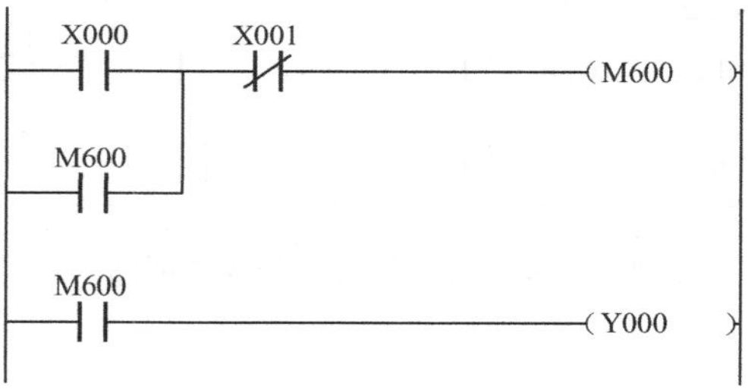

图 1-6-3　断电保持型辅助继电器的应用

3. 特殊辅助继电器

特殊辅助继电器通常分为触点利用型和线圈驱动型两类，没有定义的特殊辅助继电器不能在用户程序中使用。

1）触点利用型特殊辅助继电器

这类特殊辅助继电器由 PLC 自动驱动其线圈，在用户程序中不能出现其线圈，只能使用其触点。PLC 状态的特殊辅助继电器见表 1-6-3，时钟的特殊辅助继电器见表 1-6-4。

表 1-6-3　PLC 状态的特殊辅助继电器

特殊辅助继电器编号	名　　称	功能及用途
M8000	运行监视	PLC 运行过程中为 ON，PLC 停止过程中为 OFF，可作为驱动程序的输入条件或者 PLC 运行状态的显示使用
M8001	运行监视	PLC 运行过程中为 OFF，PLC 停止过程中为 ON
M8002	初始脉冲	在 PLC 由 STOP 切换到 RUN 的瞬间，仅仅自动接通一个扫描周期的脉冲，用于程序的初始设定
M8003	初始脉冲	在 PLC 由 STOP 切换到 RUN 的瞬间，仅仅自动断开一个扫描周期的脉冲
M8005	锂电池电压低	当锂电池电压下降到规定值时变为 ON
M8008	停电检测	设备停电时，出现 M8008 停电检测脉冲；当 M8008 从 ON 变为 OFF 时，M8000 变为 OFF

表 1-6-4　时钟的特殊辅助继电器

特殊辅助继电器编号	名　　称	功能及用途
M8011	10ms 时钟	当 PLC 上电后，自动产生周期为 10ms 的时钟脉冲
M8012	100ms 时钟	当 PLC 上电后，自动产生周期为 100ms 的时钟脉冲
M8013	1s 时钟	当 PLC 上电后，自动产生周期为 1s 的时钟脉冲
M8014	1min 时钟	当 PLC 上电后，自动产生周期为 1min 的时钟脉冲

2）线圈驱动型特殊辅助继电器

对于这类特殊辅助继电器，如果用户在程序中驱动其线圈，则 PLC 执行特定的动作，用户可以在程序中使用其触点。PLC 模式的特殊辅助继电器见表 1-6-5。

表 1-6-5　PLC 模式的特殊辅助继电器

特殊辅助继电器编号	名　　称	功能及用途
M8030	锂电池欠压指示灯熄灭	驱动该继电器，即使锂电池电压过低，PLC 控制面板的锂电池欠压指示灯也不会亮
M8031	非保持存储器全部清除	驱动这两个继电器，可以将 Y、M、S、T、C 的 ON/OFF 映像存储器和 T、C 及 D 的当前值全部清零，特殊寄存器及文件寄存器不清除
M8032	保持存储器全部清除	
M8033	存储器保持停止	驱动该继电器，当 PLC 从 RUN 转向 STOP 时，将映像存储器和数据存储器中的内容保留下来
M8034	禁止所有输出	驱动该继电器，清除输出内存，使所有输出继电器变为 OFF，PLC 在映像内存区运行
M8035	强制运行模式	驱动该继电器，可以通过外部输入点进入 PLC 强制运行模式
M8036	强制运行指令	驱动该继电器，可以通过外部输入点强制 PLC 运行
M8037	强制停止指令	驱动该继电器，可以通过外部输入点强制 PLC 停止
M8039	恒定扫描模式	驱动该继电器，PLC 按照 D8039 指定的扫描时间运行

三、状态继电器（S）

1. 状态继电器的分类

状态继电器的分类见表 1-6-6。

表 1-6-6　状态继电器的分类

非断电保持型状态继电器			断电保持型状态继电器	报警状态继电器
初始状态继电器	回零状态继电器	通用状态继电器		
S0～S9	S10～S19	S20～S499	S500～S899	S900～S999
10 点	10 点	480 点	400 点	100 点

2. 功能及使用说明

状态继电器是构成状态转移图的重要软元件，主要应用于步进梯形图及顺序功能图。如图 1-6-4 所示，当启动信号 X000 为 ON 时，S20 被置位，下降电磁阀 Y000 动作；当下限开关 X001 为 ON 时，S21 被置位，夹紧电磁阀 Y001 动作；当夹紧开关 X002 为 ON 时，S22 被置位。就这样随动作的转移，前一个状态自动复位。

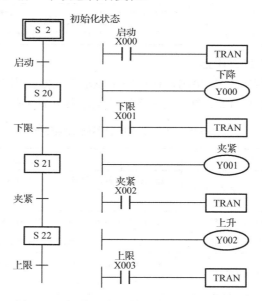

图 1-6-4　状态继电器在顺序功能图中的应用

状态继电器不用步进顺序控制时，可以作为辅助继电器使用。如图 1-6-5 所示，当 X000 常开触点闭合时，S20 线圈得电并保持，S20 常开触点闭合，Y000 的线圈得电；当 X001 常闭触点断开时，S20 线圈断电，S20 常开触点断开，Y000 的线圈断电。

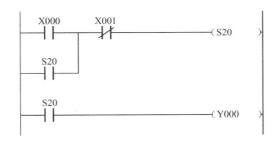

图 1-6-5　状态继电器作为辅助继电器使用的情况

四、定时器（T）

1. 定时器的分类

定时器的分类见表 1-6-7。

表 1-6-7　定时器的分类

定时器类型	非断电保持型		断电保持型	
	100ms 时钟脉冲	10ms 时钟脉冲	100ms 时钟脉冲	1ms 时钟脉冲
通用定时器	T0～T191　192 点	T200～T245　46 点		
子程序定时器	T192～T199　8 点			
积算定时器			T250～T255　6 点	
中断执行型定时器				T246～T249　4 点

2. 功能说明

定时器相当于物理时间继电器，由设定值寄存器、当前值寄存器、常开和常闭触点及线圈四部分组成。定时器是具有位元件和字元件双重身份的软元件，触点和线圈是位元件，设定值和当前值寄存器是字元件。定时器时钟脉冲包括 1ms、10ms 及 100ms 三种类型，1s=1000ms。

当驱动定时器的线圈时，就对时钟脉冲进行计数；当前值等于设定值时，定时器的触点就动作。根据计时器工作原理，设定值=定时时间/时钟脉冲。例如，采用 T0 定时器定时 5s，5s=5000ms，T0 的时钟脉冲为 100ms，所以设定值=5000/100=50。

如图 1-6-6 所示，当定时器 T200 的线圈输入驱动 X001 为 ON 时，就对 T200 的时钟脉冲（10ms）进行计数；当前值等于设定值 K123 时，T200 的常开触点闭合，Y000 线圈得电；当 X001 断开或者停电时，定时器 T200 被复位，定时器当前值被清零，同时触点状态被复位。

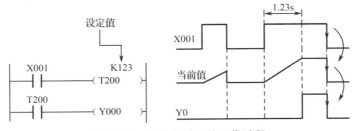

图 1-6-6　通用定时器的工作过程

如图 1-6-7 所示，当定时器 T250 的线圈输入驱动 X0 为 ON 时，就对 T250 的时钟脉冲（100ms）进行计数；当前值等于设定值 K345 时，T250 的常开触点闭合，Y1 线圈得电；当 X2 为 ON 时，定时器 T250 被复位，定时器当前值被清零，同时触点状态被复位。在运行过程中，即使 X1 断开或者停电，定时器的当前值仍保持，条件成立，从保持值继续计数。

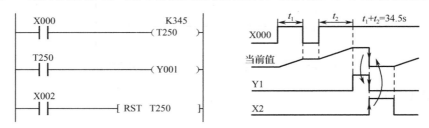

图 1-6-7　积算定时器的工作过程

3. 使用说明

（1）通用定时器可以通过输入条件断开、断电及 RST 指令进行复位，积算定时器只能采用 RST 指令进行复位。

（2）定时器的设定值可由常数（K/H）指定或数据寄存器（D）间接指定，采用数据寄存器间接指定时，要预先给数据寄存器传送数据，如图 1-6-8 所示。

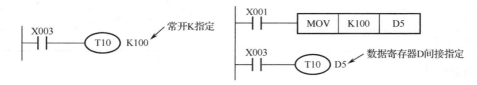

图 1-6-8　定时器的设定值指定

（3）定时器的当前值可以作为数值数据使用，定时器当前值寄存器结构如图 1-6-9 所示。当定时器当前值寄存器替代数据寄存器使用时，符号位才有效。

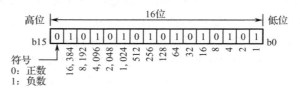

图 1-6-9　定时器当前值寄存器结构

（4）子程序定时器（T192～T199）是一种特殊的通用定时器。子程序定时器在执行线圈指令或 END 指令时计时，达到设定值，则在执行线圈指令或 END 指令时输出触点动作。一般定时器只在执行线圈指令时计时，所以在某种条件下，才执行线圈指令的子程序或者中断子程序，如果使用了一般定时器，输出触点就不能正常动作。

（5）中断执行型定时器（T246～T249）是一种特殊的积算定时器，执行线圈指令后，以中断方式对 1ms 时钟脉冲进行计数。

（6）除子程序定时器外的定时器驱动线圈后，定时器开始计时，到达设定值后，在最初执行线圈指令处输出触点动作，定时器触点动作精度如图 1-6-10 所示。编程时，定时器触点编写在线圈指令之前，在最坏的情况下，定时器触点动作误差为两个扫描周期；如果定时器的设定值为零，则在下一个扫描周期执行线圈指令时触点动作。

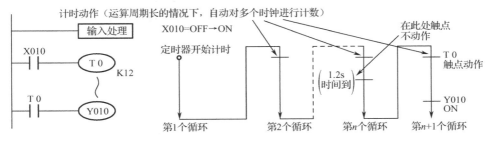

定时器触点的动作精度公式

$$T_{-\alpha}^{+T0}$$

α：根据1ms、10ms、100ms定时器分别为0.001、0.01、0.1（s）
T：定时器设定时间（s）
$T0$：运算周期（s）

图 1-6-10　定时器触点动作精度

五、内部计数器（C）

1. 计数器的分类

计数器的分类见表 1-6-8。

表 1-6-8　计数器的分类

计数器类型	非断电保持型	断电保持型
16 位递加计数器	C0～C99 100 点	C100～C199 100 点
32 位双向计数器	C200～C219 20 点	C220～C234 15 点

2. 功能说明

内部计数器的作用是对内部器件（如 X、Y、M、S、T 和 C）的触点动作信号进行循环扫描计数，触点接通时间和断开时间应比 PLC 的扫描周期稍长，通常要求在 10Hz 以下。计数器由设定值寄存器、当前值寄存器、常开和常闭触点及线圈四部分组成。计数器是具有位元件和字元件双重身份的软元件，触点和线圈是位元件，设定值和当前值寄存器是字元件。

16 位递加计数器的工作过程如图 1-6-11 所示，X011 是计数输入，X011 每接通一次，计数器当前值就加 1，当计数器的当前值为 10 时，计数器 C0 的触点动作，驱动 Y000 的线圈；此时，即使 X011 再次接通，计数器的当前值也保持不变。任何时候，复位输入 X010 接通，计数器当前值被清零，同时触点状态被复位。

32 位双向计数器的工作过程如图 1-6-12 所示。X014 为计数输入，驱动 C200 进行计数操作。当 X012 接通时，C200 进行减计数，X014 每接通一次，计数器当前值就减 1；若 Y001 已经动作，当计数器的当前值从-5 变为-6 时，Y001 被复位，如果继续接通 X014，计数器当前值也会减小。当 X012 断开时，C200 进行增计数，X014 每接通一次，计数器当前值就增 1；当计数器的当前值从-6 变为-5 时，Y1 被置位，如果继续接通 X014，计数器当前值也会增大。任何时候，复位输入 X013 接通，计数器当前值被清零，同时触点状态被复位。

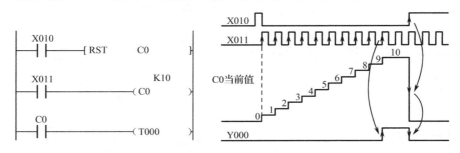

图 1-6-11　16 位递加计数器的工作过程

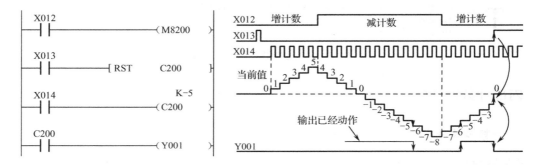

图 1-6-12　32 位双向计数器的工作过程

C200～C234 是递加型还是递减型是由对应的特殊辅助继电器 M8200～M8234 设定的。特殊辅助继电器接通时，为递减计数；特殊辅助继电器断开时，为递加计数。例如，若 M8234 接通，则 C234 为递减计数；若 M8234 断开，则 C234 为递加计数。

32 位双向计数器若从 2147483647 开始递加计数，则会变为-2147483648；若从-2147483648 开始递减计数，则会变为 2147483647，这样的动作称为环形计数。

3. 使用说明

（1）一般情况下，计数器复位采用 RST 指令。对非断电保持型计数器，断电也可以复位计数器。

（2）16 位递加计数器可以作为 16 位数据寄存器使用，32 位双向计数器可以作为 32 位数据寄存器使用，但是不能指定为 16 位指令的操作数。

（3）计数器的设定值可由常数（K/H）指定或数据寄存器（D）间接指定，16 位递加计数器设定值只能为正数，32 位双向计数器设定值可正可负。当用数据寄存器间接指定 32 位双向计数器的设定值时，将两个连续数据寄存器的内容作为 32 位数据处理。

（4）对于 16 位递加计数器，设定值 K0 与 K1 具有相同的含义，第一次计数开始时触点就动作。

（5）若使用传送指令给计数器当前值寄存器传送大于设定值的数据，当下一个计数输入动作时，16 位递加计数器的当前值将变为设定值，触点动作；32 位双向计数器将继续计数，触点不变化。

六、数据寄存器（D）

1. 数据寄存器的分类

数据寄存器的分类见表 1-6-9。

表 1-6-9　数据寄存器的分类

非断电保持型数据寄存器	断电保持型数据寄存器	特殊数据寄存器
D0～D199 200 点	D200～D511 312 点	D8000～D8255 256 点

2. 功能说明

数据寄存器用来存放数据和参数。数据寄存器为 16 位，最高位为符号位，可用两个数据寄存器组合存放 32 位数据，最高位仍为符号位。最高位为"0"代表正数，为"1"代表负数。表达 32 位数据时，一般指定存放低 16 位数据寄存器的地址编号，继其之后数据寄存器被高 16 位自动占有，建议低 16 位数据寄存器的地址编号采用偶数编号。

32 位数据寄存器和 16 位数据寄存器结构相似，16 位数据寄存器的结构如图 1-6-13 所示。一般情况下，通过功能指令对数据寄存器中的数值进行读出/写入。此外，还可以通过人机界面、显示模块及编程工具直接进行读出/写入。

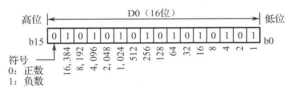

图 1-6-13　16 位数据寄存器的结构

特殊数据寄存器是写入特定目的的数据或已事先写入特定内容的数据寄存器，电源接通时被置于初始值。例如，D8039 中存放恒定扫描时间，电源接通时通过系统 ROM 进行初始值设定，如果需要更改恒定扫描时间，可采用传送指令向 D8039 写入需要更改的时间，如图 1-6-14 所示。

图 1-6-14　更改恒定扫描时间

3. 使用说明

（1）将 32 位数据传送给 16 位数据寄存器时，只传送低 16 位数据，高位数据不传送；将

16 位数据传送给 32 位数据寄存器时，16 位数据传送给低 16 位，高 16 位数据变为 0。

（2）一旦在数据寄存器中写入数据，只要不再写入其他数据，就不会变化。对于非断电保持型数据寄存器，RUN→STOP 时，数据被清零，如果驱动 M8033，数据就会保持；对于断电保持型数据寄存器，RUN→STOP 时，不管是否驱动 M8033，数据都能保持。

（3）数据寄存器在功能指令中的使用如图 1-6-15 所示。

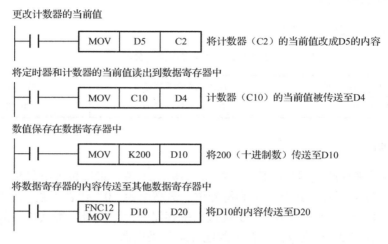

图 1-6-15　数据寄存器在功能指令中的使用

七、变址寄存器（V/Z）

1. 变址寄存器的分类

变址寄存器的分类见表 1-6-10。

表 1-6-10　变址寄存器的分类

V	Z
V0～V7　8 点	Z0～Z7　8 点

2. 功能说明

变址寄存器是一种特殊的 16 位数据寄存器，变址寄存器和数据寄存器具有相同的结构。变址寄存器除了和数据寄存器有相同的使用方法外，还可以在功能指令操作数中和其他软元件或数值组合使用，在程序中改变软元件编号或者数值内容。

使用变址寄存器处理 32 位数据时，会自动组合对应的 V、Z，V 为高 16 位，Z 为低 16 位，在功能指令操作数中只需指定 Z，如图 1-6-16 所示。

图 1-6-16　使用变址寄存器处理 32 位数据

3. 使用说明

变址寄存器能够修改的软元件有 X、Y、M、S、P、T、C、D、K、H、KnX、KnY、KnM、KnS 等，但是不能修改 V、Z、I 及指定位数 Kn 的 "n"。

1）修改十进制软元件地址编号

如图 1-6-17 所示，将相关数据事先传送给 V3，当 X001 为 ON 时，若 V3=K0，则 D(0+0)=D0，将 K500 传送给 D0；若 V3=K3，则 D(0+3)=D3，将 K500 传送给 D3。

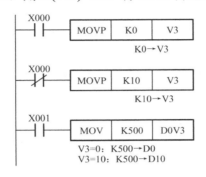

图 1-6-17 修改十进制软元件地址编号

2）修改八进制软元件地址编号

对八进制软元件的编号进行变址时，先将 V/Z 中的数据转换成八进制数，然后按照八进制加法进行运算。如图 1-6-18 所示，将相关数据事先传送给 V3，当 X013 为 ON 时，若 V3=K0，则 X(0+0)=X0，将 X7～X0 传送给 Y7～Y0；若 V3=K8，则 X(0+10)=X010，将 X17～X10 传送给 Y7～Y0；若 V3=K16，则 X(0+20)=X20，将 X27～X20 传送给 Y7～Y0。

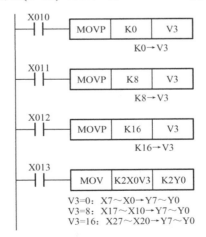

图 1-6-18 修改八进制软元件地址编号

3）修改数值内容

如图 1-6-19 所示，将相关数据事先传送给 V5，当 X005 为 ON 时，若 V5=K0，则 K(6+0)=K6，将 K6 传送给 D10；若 V5=K20，则 K(6+20)=K26，将 K26 传送给 D10。

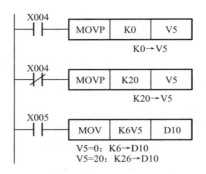

图 1-6-19　修改数值内容

八、嵌套等级（N）、指针（P/I）及常数（K/H）

1. 嵌套等级

主控指令嵌套等级为 N0～N7（8 点），嵌套等级按 N0→N1→N2→N3→N4→N5→N6→N7 的顺序依次增大。

2. 指针

指针的分类见表 1-6-11。

表 1-6-11　指针的分类

分支指针	输入中断指针	定时器中断指针	高速计数器中断指针
P0～P127 128 点 P63 是向"END"跳转的特殊指针	I00□（X0） I10□（X1） I20□（X2） I30□（X3） I40□（X4） I50□（X5） 6 点 最后一位：0 表示下降沿中断，1 表示上升沿中断	I6□□ I7□□ I8□□ 3 点 最后两位：10～99ms（执行中断程序的时间间隔）	I010 I020 I030 I040 I050 I060 6 点

3. 常数

16 位常数的范围为-32768～+32767，32 位常数的范围为-2147483648～+2147483647。十进制常数前面加"K"标记，十六进制常数前面加"H"标记。当 PLC 进行数据处理时，常数（K/H）会自动转换为二进制数。

九、软元件存储器

根据存储器的结构将存储器分为程序存储器、位存储器及数据存储器，各软元件具有固定的存储器地址。在电源开关和运行开关转换时，各软元件具有不同的动作。

1．程序存储器

程序存储器中软元件的动作见表 1-6-12。

表 1-6-12　程序存储器中软元件的动作

项　　目	电源 OFF	电源 OFF→ON	STOP→RUN	RUN→STOP
嵌套等级 N				
分支指针 P				
中断指针 I		不变化		
常数 K				
常数 H				

2．位存储器

位存储器中软元件的动作见表 1-6-13。

表 1-6-13　位存储器中软元件的动作

项　　目			电源 OFF	电源 OFF→ON	STOP→RUN	RUN→STOP
触点映像区	输入继电器 X			清除	不变化	清除
					M8033 为 ON 时，不变化	
	输出继电器 Y			清除	不变化	清除
					M8033 为 ON 时，不变化	
	辅助继电器 M	非断电保持型		清除	不变化	清除
					M8033 为 ON 时，不变化	
		断电保持型		不变化		
		特殊型	清除	初始值设定	不变化	
			部分特殊型辅助继电器在 STOP→RUN 时被清除			
	状态继电器 S	非断电保持型		清除	不变化	清除
					M8033 为 ON 时，不变化	
		断电保持型		不变化		
		报警型		不变化		
定时器触点 计时线圈 T		非断电保持型		清除	不变化	清除
					M8033 为 ON 时，不变化	
		断电保持型		不变化		
计数器触点 计数线圈 复位线圈 C		非断电保持型		清除	不变化	清除
					M8033 为 ON 时，不变化	
		断电保持型		不变化		

3. 数据存储器

数据存储器中软元件的动作见表 1-6-14。

表 1-6-14　数据存储器中软元件的动作

项　　目		电源 OFF	电源 OFF→ON	STOP→RUN	RUN→STOP
数据寄存器 D	非断电保持型	清除		不变化	清除
				M8033 为 ON 时，不变化	
	断电保持型	不变化			
	特殊型	清除	初始值设定	不变化	
		部分特殊型数据寄存器在 STOP→RUN 时被清除			
变址寄存器 V/Z	V、Z	清除		不变化	
定时器当前值寄存器 T	非断电保持型	清除		不变化	清除
				M8033 为 ON 时，不变化	
	断电保持型	不变化			
计数器当前值寄存器 C	非断电保持型	清除		不变化	清除
				M8033 为 ON 时，不变化	
	断电保持型	不变化			

第七节　可编程控制器工作原理

PLC 采用循环扫描的工作方式，实际上是 CPU 对程序分时、顺序操作的过程。循环扫描是在系统程序的管理下，从第一条程序开始，在没有中断或跳转的情况下，按照程序存储地址号递增顺序逐条扫描程序，直到程序结束，完成一个扫描周期，然后再从头开始扫描，如此周而复始地重复进行。

一、工作模式

PLC 有 RUN 与 STOP 两种工作模式。当处于 STOP 工作模式时，主要进行内部处理和通信服务，一般在这种工作模式下进行程序编制与修改，其运行过程如图 1-7-1 所示。内部处理主要是检查内部的硬件是否正常、复位监控定时器及其他一些内部处理。通信服务主要完成与智能模块及外设的通信、传送数据、响应编程器输入的命令、更新显示内容等。当处于 RUN 工作模式时，除了进行内部处理和通信服务之外，还要进行输入采样、程序执行及输出刷新，其运行过程如图 1-7-2 所示。

二、程序执行过程

PLC 的程序执行过程一般分为输入采样、程序执行及输出刷新三个阶段，如图 1-7-3 所示。

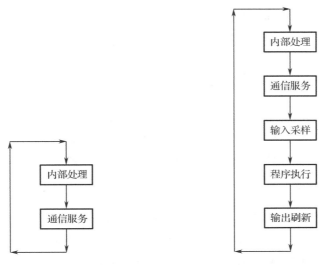

图 1-7-1 STOP 工作模式运行过程　　　图 1-7-2 RUN 工作模式运行过程

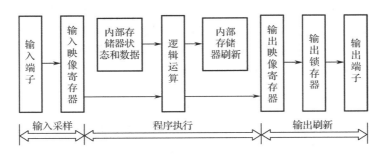

图 1-7-3 PLC 的程序执行过程

1. 输入采样

PLC 以扫描方式依次将所有输入端子的 ON/OFF 状态存入输入映像寄存器，采用集中输入方式。进入程序执行及输出刷新阶段后，即使输入信号状态发生改变，输入映像寄存器中的状态也不会改变。

2. 程序执行

PLC 按照先上后下、先左后右的顺序扫描用户程序，从输入映像寄存器及内部存储器中读出状态和数据进行逻辑运算，然后根据运算结果刷新内部存储器和输出映像寄存器。在程序执行过程中，只有输入映像区内的状态不会发生变化，而内部存储器与输出映像寄存器中的状态和数据都有可能发生变化。值得注意的是，排在上面的梯形图的执行结果会对排在下面的凡是用到这些线圈或数据的梯形图起作用；排在下面的梯形图被刷新的逻辑线圈的状态或数据，只有等到下一个扫描周期才可能对排在其上面的梯形图起作用。

3. 输出刷新

PLC 将输出映像寄存器中的状态转存到输出锁存器中，通过输出端子驱动外部负载，采用集中输出方式。在输入采样和程序执行阶段，输出锁存器中的状态不会变化。

三、扫描周期

PLC 按照 RUN 工作模式运行一次所需的时间称为扫描周期。扫描周期与 I/O 点数、连接外围设备的数量、用户程序的长短等有关，小型 PLC 的扫描周期一般为毫秒级。

扫描周期是 PLC 的一个重要指标，但是准确计算比较困难。对 FX_{2N} 系列 PLC，D8012、D8011、D8010 分别存放最大扫描周期、最小扫描周期及当前扫描周期，计时单位为 0.1ms，我们可以通过这三个特殊数据寄存器监控扫描周期的大小及变化。

四、I/O 响应滞后现象

循环扫描工作方式是"串行"工作，和继电器控制系统的"并行"工作相比，可以避免触点竞争和时序失配的问题。但是循环扫描工作方式采用了集中输入与集中输出，输入与输出的状态要保持一个扫描周期，就会产生 I/O 响应滞后现象。

产生 I/O 响应滞后现象的原因除了循环扫描工作方式外，还有输入滤波器的滞后作用、输出继电器的动作延迟、程序设计不当的附加影响等因素。PLC 的 I/O 响应滞后时间为毫秒级，对一般的工业设备是完全允许的。为了适应响应速度快的实时控制场合，必须提高 I/O 响应速度。在硬件方面，可选用高速 CPU、快速响应模块、高速计数模块等；在软件方面，可采用中断技术、改变信息刷新方式、调整输入滤波器等。

五、PLC 技术性能指标

PLC 技术性能指标有 CPU 性能、I/O 点数、内存容量、扫描速度、内部元件的种类与数量、指令系统、特殊功能模块等。下面主要介绍 PLC 最基本的三个技术性能指标。

1. I/O 点数

输入/输出量有开关量和模拟量两种，开关量用最大 I/O 点数来表示，模拟量用最大 I/O 通道数表示，I/O 点数决定了 PLC 应用规模的大小。

2. 扫描速度

扫描速度是指 PLC 执行用户程序的速度，一般以扫描 1000 步用户程序所需的时间来表示扫描速度，单位为毫秒/千步。

3. 内存容量

生产厂家用"KB"表示内存容量；由于 PLC 的程序按"步"存放，一步占用一个地址单元，所以也常用步数表示用户程序存储器的容量。

基本指令及应用

基本指令是 PLC 最简单的指令,在顺序控制中被广泛应用。本章主要介绍 FX 系列 PLC 的基本指令及应用。

第一节 指令格式

一般情况下,基本指令由操作码和操作数组成,操作码(助记符)表示是什么操作,操作数一般为对象软元件,有的指令没有操作数。

一、基本格式

基本指令包括触点指令、结合指令、输出指令、主控指令及其他指令,指令基本格式见表 2-1-1。

表 2-1-1 指令基本格式

分 类	指令名称	助记符	操 作 数	程 序 步
触点指令	取	LD	X、Y、M、S、D□.b、T、C	X、Y、M、S、T、C: 1; D□.b: 3
	取反	LDI	X、Y、M、S、D□.b、T、C	X、Y、M、S、T、C: 1; D□.b: 3
	与	AND	X、Y、M、S、D□.b、T、C	X、Y、M、S、T、C: 1; D□.b: 3
	与反	ANI	X、Y、M、S、D□.b、T、C	X、Y、M、S、T、C: 1; D□.b: 3
	或	OR	X、Y、M、S、D□.b、T、C	X、Y、M、S、T、C: 1; D□.b: 3
	或反	ORI	X、Y、M、S、D□.b、T、C	X、Y、M、S、T、C: 1; D□.b: 3
	取脉冲上升沿	LDP	X、Y、M、S、D□.b、T、C	X、Y、M、S、T、C: 2; D□.b: 3
	取脉冲下降沿	LDF	X、Y、M、S、D□.b、T、C	X、Y、M、S、T、C: 2; D□.b: 3
	与脉冲上升沿	ANDP	X、Y、M、S、D□.b、T、C	X、Y、M、S、T、C: 2; D□.b: 3
	与脉冲下降沿	ANDF	X、Y、M、S、D□.b、T、C	X、Y、M、S、T、C: 2; D□.b: 3
	或脉冲上升沿	ORP	X、Y、M、S、D□.b、T、C	X、Y、M、S、T、C: 2; D□.b: 3
	或脉冲下降沿	ORF	X、Y、M、S、D□.b、T、C	X、Y、M、S、T、C: 2; D□.b: 3
结合指令	回路块与	ANB	无	1
	回路块或	ORB	无	1
	反转	INV	无	1

分　类	指令名称	助记符	操　作　数	程　序　步
结合指令	进栈	MPS	无	1
	读栈	MRD	无	1
	出栈	MPP	无	1
	M·E·P	MEP	无	1
	M·E·F	MEF	无	1
输出指令	输出	OUT	Y、M、S、D□.b、T、C	Y、M：1；S、M（特殊）：2； T、C（16 位）、D□.b：3； C（32 位）：5
	置位	SET	Y、M、S、D□.b	Y、M：1；S、M（特殊）：2；D□.b：3
	复位	RST	Y、M、S、D□.b、T、C、D、V、Z	Y、M：1；S、M（特殊）：2； T、C：2；D、V、Z、D□.b：3
	上升沿脉冲	PLS	Y、M	1
	下降沿脉冲	PLF	Y、M	1
主控指令	主控	MC	Y、M	3
	主控复位	MCR	无	2
其他指令	空操作	NOP	无	1
	程序结束	END	无	1

二、数据寄存器 D 的位指定

对于 FX$_{3U}$ 系列 PLC，LD、LDI、AND、ANI、OR、ORI、LDP、LDF、ANDP、ANDF、ORP、ORF、OUT、SET、RST 指令使用软元件时，可以指定数据寄存器 D 的位，将其作为布尔型数使用。

执行数据寄存器 D 的位指定时，应在数据寄存器 D 编号后面输入"·"，然后输入位编号"0～F"，使用数据寄存器仅 16 位有效，位编号从低位开始按照 0,1,2,…,9,A,B,…,F 的顺序指定。数据寄存器 D 的位指定如图 2-1-1 所示，通过 X0 的 ON/OFF 控制 D0 第 3 位的 ON/OFF。

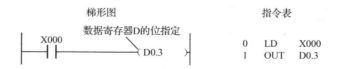

图 2-1-1　数据寄存器 D 的位指定

三、变址修饰

对于 FX$_{3U}$ 系列 PLC，LD、LDI、AND、ANI、OR、ORI、OUT、SET、RST、PLS、PLF 指令使用软元件时，X、Y、M（特殊辅助继电器除外）、T、C（16 位计数器）可以使用变址修饰，但是状态器 S、特殊辅助继电器 M、32 位计数器 C、数据寄存器 D 的位指定 D□.b 不能使用变址修饰。对于定时器和计数器的 OUT 指令，不仅可以通过变址修饰定时器和计数器编号，而且可以通过变址修饰指定设置值的软元件和常数。

基本指令变址修饰的使用如图 2-1-2 所示，将相关数据事先传送给 Z0，如果 Z0=K0，M(0+0)=M0，D(0+0)=D0，若 M0 为 ON，则 T0 以 D0 指定的设置值工作；如果 Z0=K5，M(0+5)=M5，D(0+5)=D5，若 M5 为 ON，则 T0 以 D5 指定的设置值工作。

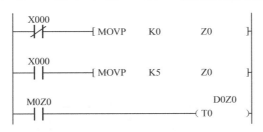

图 2-1-2 基本指令变址修饰的使用

第二节 基本指令

一、LD、LDI、AND、ANI、OR、ORI、OUT 指令

1. 指令功能说明

指令说明见表 2-2-1。

表 2-2-1 指令说明

助记符	功 能 说 明	梯形图表示	备 注
LD	取一个常开触点与左母线相连	对象软元件	ANB、ORB 指令分支起点处使用 LD/LDI；与主控触点相连的触点使用 LD/LDI；STL 内母线的起始触点使用 LD/LDI
LDI	取一个常闭触点与左母线相连	对象软元件	
AND	串联单个常开触点	对象软元件	串联触点的个数没有限制，可以多次重复使用
ANI	串联单个常闭触点	对象软元件	
OR	并联单个常开触点	对象软元件	并联触点的个数没有限制，可以多次重复使用
ORI	并联单个常闭触点	对象软元件	
OUT	驱动软元件线圈	对象软元件	不能驱动输入继电器（X）线圈

LD 及 LDI 指令功能说明如图 2-2-1 所示。

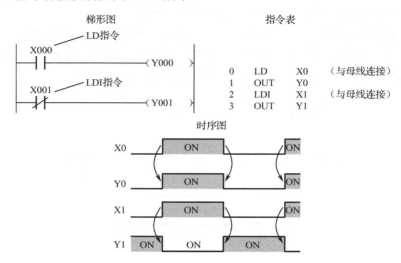

图 2-2-1　LD 及 LDI 指令功能说明

OUT 指令驱动线圈时，根据驱动触点状态执行 ON/OFF，并联的 OUT 指令能够多次连续使用。OUT 指令功能说明如图 2-2-2 所示。

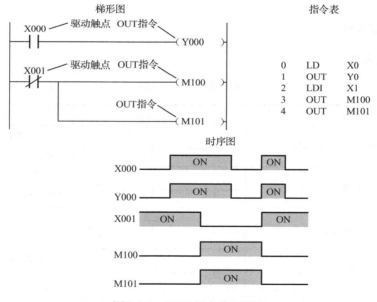

图 2-2-2　OUT 指令功能说明

AND 及 ANI 指令功能说明如图 2-2-3 所示。

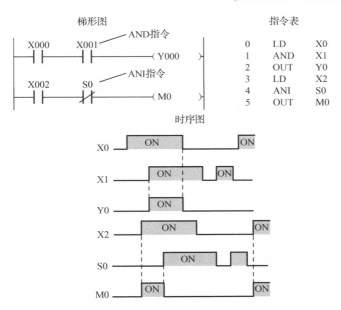

图 2-2-3 AND 及 ANI 指令功能说明

OR 及 ORI 指令功能说明如图 2-2-4 所示。

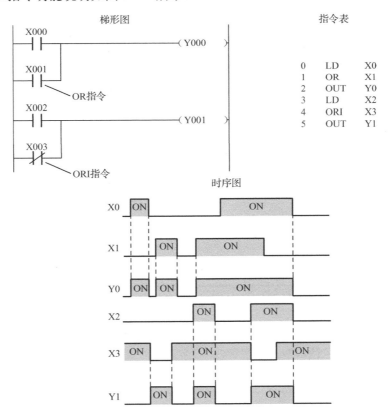

图 2-2-4 OR 及 ORI 指令功能说明

2. 指令使用说明

（1）当使用 M1536～M3071 时，程序步加 1。

（2）OUT 指令不仅可以驱动 Y、M 及 S 线圈，还可以驱动 T 和 C 线圈。当驱动 T 和 C 线圈时，必须指定设置值，如图 2-2-5 所示。设置值的设定范围见表 2-2-2。

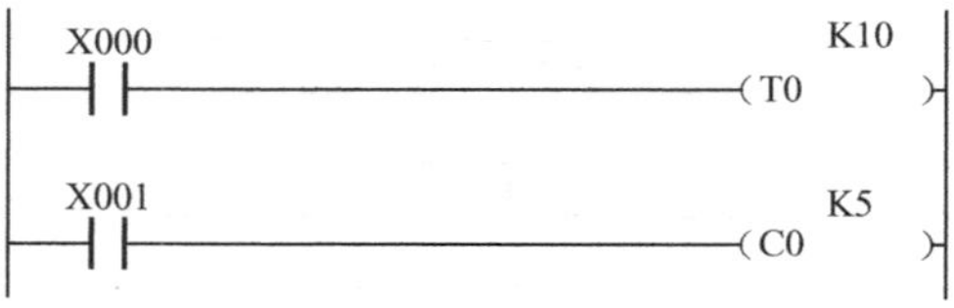

图 2-2-5　OUT 指令驱动定时器（T）及计数器（C）线圈

表 2-2-2　定时器/计数器设置值的设定范围

定时器/计数器	设 定 范 围	实 际 值
1ms 定时器	1～32767	0.001～32.767s
10ms 定时器		0.01～327.67s
100ms 定时器		0.1～3276.7s
16 位计数器	1～32767	1～32767
32 位计数器	−2147483648～+2147483647	−2147483648～+2147483647

（3）OUT 指令能够连续多次使用，可以归纳为并联输出、连续输出及复合输出三种结构，如图 2-2-6 所示。当采用复合输出结构时，须使用 MPS、MRD、MPP 指令。

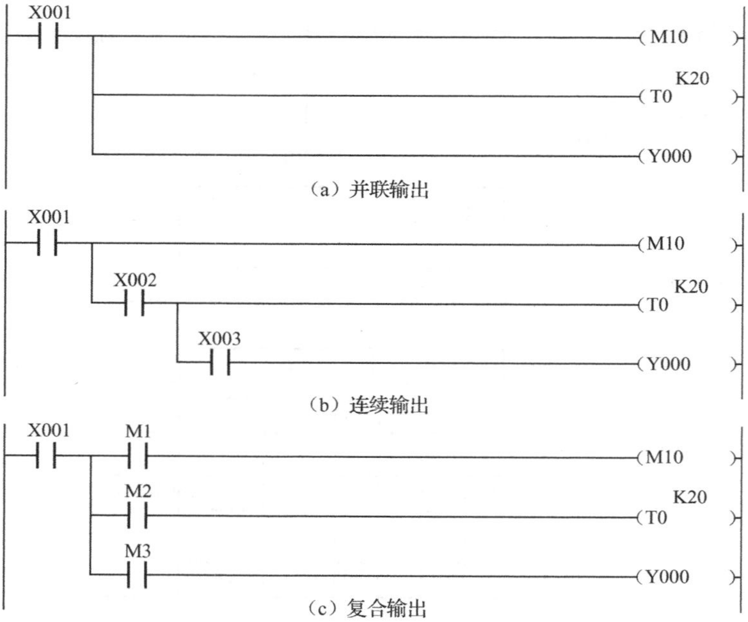

（a）并联输出

（b）连续输出

（c）复合输出

图 2-2-6　OUT 指令连续使用的三种结构

二、LDP、LDF、ANDP、ANDF、ORP、ORF 指令

1. 指令功能说明

指令说明见表 2-2-3。

表 2-2-3　指令说明

助记符	功能说明	梯形图表示	备　　注
LDP	进行上升沿检测的触点指令	对象软元件	仅在指定的软元件上升沿（由 OFF 变为 ON）时接通 1 个扫描周期
ANDP		对象软元件	
ORP		对象软元件	
LDF	进行下降沿检测的触点指令	对象软元件	仅在指定的软元件下降沿（由 ON 变为 OFF）时接通 1 个扫描周期
ANDF		对象软元件	
ORF		对象软元件	

上升沿检测的触点指令功能说明如图 2-2-7 所示，下降沿检测的触点指令功能说明如图 2-2-8 所示。

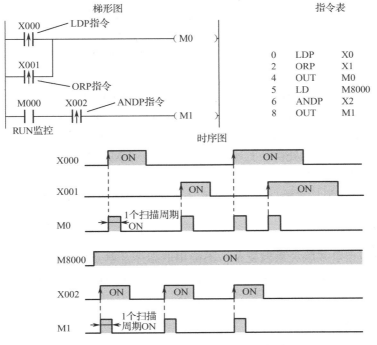

图 2-2-7　上升沿检测的触点指令功能说明

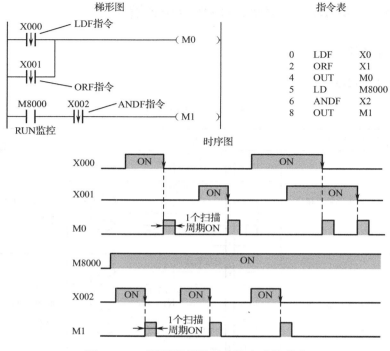

图 2-2-8　下降沿检测的触点指令功能说明

2. 指令使用说明

（1）在 FOR 和 NEXT 之间有 LDP、LDF、ANDP、ANDF、ORP、ORF 指令；在一个扫描周期内，多个 CALL 指令调用同一个子程序，并且子程序中有 LDP、LDF、ANDP、ANDF、ORP、ORF 指令；使用 CJ 指令，跳转到比 CJ 指令步编号小的标记（P）位置，并且标记（P）到 CJ 指令之间有 LDP、LDF、ANDP、ANDF、ORP、ORF 指令。在以上三种情况下，在一个扫描周期中，LDP、LDF、ANDP、ANDF、ORP、ORF 指令被多次执行。

（2）将辅助继电器（M）指定为 LDP、LDF、ANDP、ANDF、ORP、ORF 指令的软元件时，辅助继电器（M）编号不同，动作有差异。指定 M0～M2799 时的动作如图 2-2-9 所示，当 X0 驱动 M0 时，程序①、②及③处执行上升沿检测，程序④处 M0 接通时 M53 导通；指定 M2800～M3071 时的动作如图 2-2-10 所示，以 X0 驱动 M2800 为中心，分为 A、B 两个区域，A、B 两个区域上升沿检测和下降沿检测触点中，只有第一个触点动作，C 区域中 M2800 接通时 M7 导通。

三、ANB、ORB 指令

当梯形图中触点串并联关系较复杂，不能用取指令及触点串并联指令准确表达程序时，就必须用回路块指令解决这个问题。由两个及两个以上接点串联的回路称为串联回路块，由两个及两个以上接点并联的回路称为并联回路块。

1. 指令功能说明

指令说明见表 2-2-4，指令功能说明如图 2-2-11 所示。

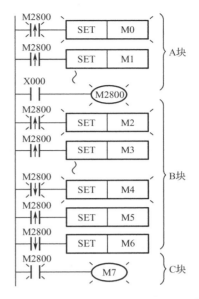

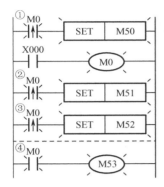

图 2-2-9　指定 M0～M2799 时的动作

图 2-2-10　指定 M2800～M3071 时的动作

表 2-2-4　指令说明

助记符	功 能 说 明	梯形图表示	备 注
ANB	并联回路块串联连接		串联回路块和其他电路并联时用 ORB 指令，分支开始用 LD、LDI，分支结束用 ORB
ORB	串联回路块并联连接		并联回路块和其他电路串联时用 ANB 指令，分支开始用 LD、LDI，分支结束用 ANB

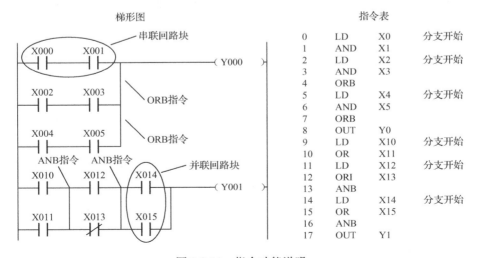

图 2-2-11　指令功能说明

2. 指令使用说明

如果 ANB、ORB 不成批使用，则使用的次数不受限制；如果 ANB、ORB 成批使用，则 LD/LDI 重复使用次数限制在 8 次以下。对于图 2-2-11 所示的梯形图，ANB、ORB 成批使用的指令表见表 2-2-5。

表 2-2-5　ANB、ORB 成批使用的指令表

步序号	助记符	操作元件	步序号	助记符	操作元件	步序号	助记符	操作元件
0	LD	X0	7	ORB		14	OR	X15
1	AND	X1	8	OUT	Y0	15	ANB	
2	LD	X2	9	LD	X10	16	ANB	
3	AND	X3	10	OR	X11	17	OUT	Y1
4	LD	X4	11	LD	X12			
5	AND	X5	12	ORI	X13			
6	ORB		13	LD	X14			

四、MPS、MRD、MPP 指令

FX 系列 PLC 有 11 个存储运算中间结果的存储器区域，称为栈存储器。栈存储器中数据的存取具有"先进后出"的特点，栈存储器通过 MPS、MRD、MPP 指令进行操作，栈操作如图 2-2-12 所示。

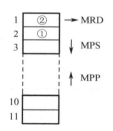

当使用MPS指令时，就将当时的运算结果送入栈存储器的第一层，栈中原来的数据依次向下一层推移

当使用MPP指令时，就将栈中各层的数据依次向上一层推移，同时将最上层的数据读出，该数据就从栈存储器中消失

当使用MRD指令时，读栈存储器的最上层所存数据，栈存储器内的数据不发生移动

图 2-2-12　栈操作

1. 指令功能说明

当梯形图有多重输出回路时，要用 MPS、MRD、MPP 指令，指令说明见表 2-2-6。

表 2-2-6　指令说明

助记符	功能说明	梯形图表示	备注
MPS	压入堆栈		MPS 指令和 MPP 指令必须成对使用，而且连续使用次数应少于 11 次；MRD 指令根据具体情况可以多次使用，也可以不用
MRD	读取堆栈		
MPP	弹出堆栈		

指令功能说明如图 2-2-13 所示。使用 MPS 指令存储运算中间结果后，驱动 Y001；使用 MRD 指令读取该存储内容后，驱动 Y002；使用 MPP 指令读取该存储内容的同时将其复位，驱动 Y003。

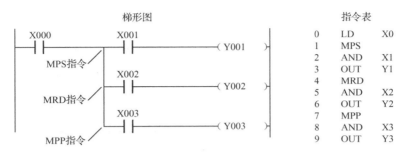

梯形图　　　　　　　　　　　　　　　　指令表

0	LD	X0
1	MPS	
2	AND	X1
3	OUT	Y1
4	MRD	
5	AND	X2
6	OUT	Y2
7	MPP	
8	AND	X3
9	OUT	Y3

图 2-2-13　指令功能说明

2. 指令使用说明

堆栈和 ORB 及 ANB 指令并用如图 2-2-14 所示，多段堆栈如图 2-2-15 所示。

梯形图　　　　　　　　　　　　　　　　指令表

0	LD	X000
1	MPS	
2	LD	X001
3	OR	X002
4	ANB	
5	OUT	Y000
6	MPP	
7	LD	X003
8	AND	X004
9	LD	X005
10	AND	X006
11	ORB	
12	ANB	
13	OUT	Y002

图 2-2-14　堆栈和 ORB 及 ANB 指令并用

梯形图　　　　　　　　　　　　　　　　指令表

0	LD	X000
1	MPS	
2	AND	X001
3	MPS	
4	AND	X002
5	OUT	Y001
9	MPP	
7	AND	X003
8	OUT	Y002
9	MPP	
10	AND	X004
11	MPS	
12	AND	X005
13	OUT	Y003
14	MPP	
15	AND	X006
16	OUT	Y004

图 2-2-15　多段堆栈

五、INV 指令

INV 指令的作用是将 INV 指令执行之前的运算结果反转，指令说明见表 2-2-7，指令功能说明如图 2-2-16 所示。

表 2-2-7 指令说明

助 记 符	功 能 说 明	梯形图表示	备　注
INV	运算结果反转	INV	在能够输入 AND、ANI、ANDP、ANDF 指令的位置都可以编写 INV 指令

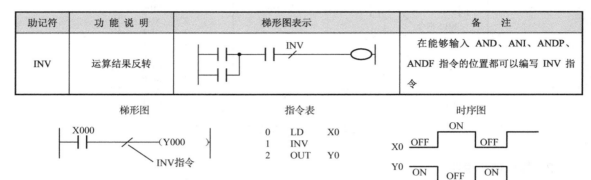

图 2-2-16 指令功能说明

六、MEP、MEF 指令

对于 FX$_{3U}$ 系列 PLC，MEP 和 MEF 指令可使运算结果脉冲化，指令说明见表 2-2-8，MEP 指令功能说明如图 2-2-17 所示，MEF 指令功能说明如图 2-2-18 所示。

表 2-2-8 指令说明

助记符	功 能 说 明	梯形图表示	备　注
MEP	运算结果上升沿导通		在能够输入 AND、ANI、ANDP、ANDF 指令的位置都可以编写 MEP 和 MEF 指令
MEF	运算结果下降沿导通		

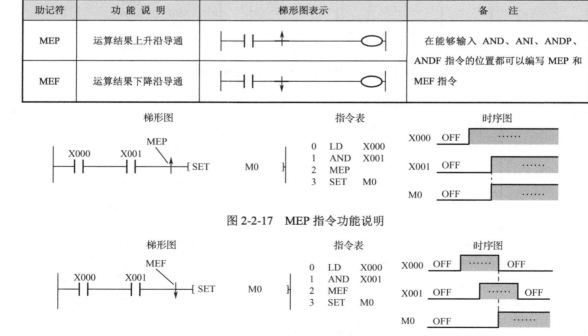

图 2-2-17 MEP 指令功能说明

图 2-2-18 MEF 指令功能说明

七、SET、RST 指令

1. 指令功能说明

指令说明见表 2-2-9。

表 2-2-9　指令说明

助　记　符	功能说明	梯形图表示	备　注
SET	动作保持	├─┤ ├─[SET 对象软元件]	当 使 用 M1536 ~ M3071 时，程序步加 1
RST	解除动作保持 寄存器清零 当前值及触点复位	├─┤ ├─[RST 对象软元件]	

指令功能说明如图 2-2-19 所示。SET 指令使动作保持，当 X000 为 ON 时，通过 SET 指令使相应软元件置 ON，即使 X000 变为 OFF，相应软元件还会保持 ON。RST 指令解除动作保持，当 X001 为 ON 时，通过 RST 指令使相应软元件置 OFF，即使 X001 变为 OFF，相应软元件还会保持 OFF。RST 指令具有自保持功能。

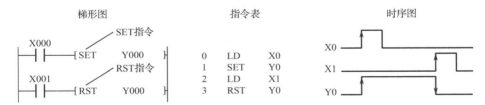

图 2-2-19　指令功能说明

RST 指令可以对 D、V 及 Z 寄存器进行清零，清零等效电路如图 2-2-20 所示。当 X0 为 ON 时，D0、V0 及 Z0 寄存器中的数据被清零。D、V 及 Z 寄存器也可以采用传送指令进行清零。

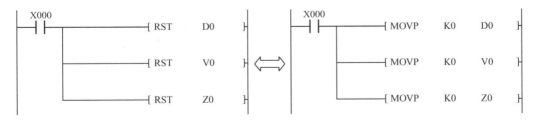

图 2-2-20　清零等效电路

RST 指令可以对定时器和计数器的当前值及触点进行复位，如图 2-2-21 所示。当 X001 为 ON 时，对 T250 的时钟脉冲（100ms）进行计数，当前值等于设定值 K100 时，T250 的常开触点闭合，Y000 线圈得电；X002 每接通一次，C0 的当前值就加 1，当前值等于设定值 K6 时，C0 的常开触点闭合，Y001 线圈得电；当 X000 为 ON 时，T250 和 C0 的当前值及触点被复位。

```
    X000
─────┤├──────┬──────────────────────[ RST    T250 ]─
               │
               ├──────────────────────[ RST    C0 ]─

    X001                                  K100
─────┤├──────────────────────────────────( T250 )─

    T250
─────┤├──────────────────────────────────( Y000 )─

    X002                                  K6
─────┤├──────────────────────────────────( C0 )─

    C0
─────┤├──────────────────────────────────( Y001 )─
```

图 2-2-21 用 RST 指令复位 T250 和 C0 的当前值及触点

2. 指令使用说明

对于同一软元件，可以多次使用 SET、RST 指令，而且顺序任意，距 END 指令近的指令执行结果有效。

八、PLS、PLF 指令

1. 指令功能说明

指令说明见表 2-2-10。

表 2-2-10 指令说明

助记符	功 能 说 明	梯形图表示	备 注
PLS	仅在驱动输入为 ON（上升沿）时，相应的输出软元件接通 1 个扫描周期	─┤├──[PLS 对象软元件]─	特殊辅助继电器 M 不能作为操作元件
PLF	仅在驱动输入为 OFF（下降沿）时，相应的输出软元件接通 1 个扫描周期	─┤├──[PLF 对象软元件]─	

指令功能说明如图 2-2-22 所示。

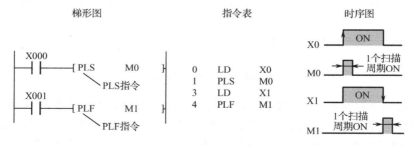

图 2-2-22 指令功能说明

2. 指令使用说明

（1）PLS 和 PLF 指令一般用于只需要执行一次操作的场合。

（2）使用 PLS 和 PLF 指令时，要特别注意目标元件。例如，在驱动输入接通时，PLC 状态为运行→停止→运行，此时 PLS　M0 动作，但 PLS　M600（断电保持型辅助继电器）不动作。这是因为 M600 在断电停机时其动作也能保持。

（3）微分输出指令等效电路如图 2-2-23 所示。

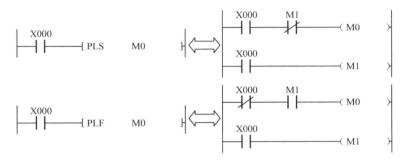

图 2-2-23　微分输出指令等效电路

（4）脉冲边沿检测指令、微分输出指令、脉冲执行型功能指令在一定条件下具有完全相同的执行功能，脉冲边沿检测指令等效电路如图 2-2-24 所示。

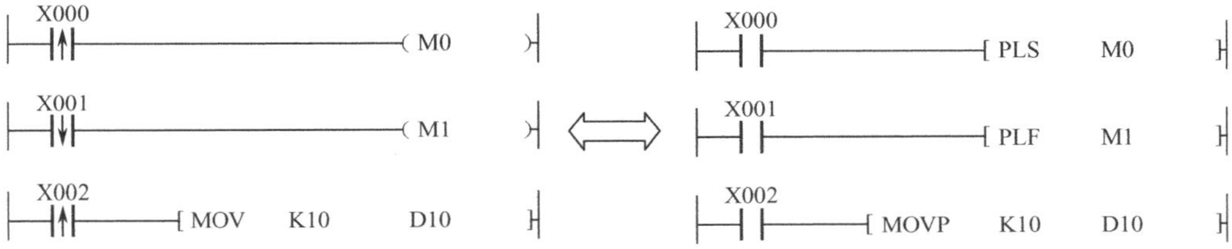

图 2-2-24　脉冲边沿检测指令等效电路

（5）包含上升沿指令（LDP、ANDP、ORP、MEP 及脉冲执行型功能指令）的回路在 RUN 中写入结束时，仅在指令对象及动作条件的软元件为 ON 的情况下执行指令；包含 PLS 指令的回路在 RUN 中写入结束时，无论动作条件的软元件为 ON 或 OFF，都不执行 PLS 指令；包含下降沿指令（LDF、ANDF、ORF、MEF 及 PLF 指令）的回路在 RUN 中写入结束时，无论指令对象及动作条件的软元件为 ON 或 OFF，都不执行指令。

九、MC、MCR 指令

在编程时，经常会遇到很多线圈同时受到一个或者一组触点控制的问题，这个问题可以用 MPS、MRD、MPP 指令解决，但是要占用很多存储单元，而使用主控指令可以使程序简化。主控触点在梯形图中为垂直常开触点，与母线相连，相当于一组电路的总开关。

1. 指令功能说明

指令说明见表 2-2-11。

表 2-2-11   指令说明

助记符	功 能 说 明	梯形图表示	备 注
MC	公共串联触点的连接，执行 MC 指令，母线移到主控触点之后	⊢⊢ ┤MC│N│对象软元件├	N 为嵌套等级的编号，特殊辅助继电器 M 不能作为操作元件
MCR	公共串联触点的清除，执行 MCR 指令，母线返回原来的位置	⊢⊢ ┤MCR│N├	

指令功能说明如图 2-2-25 所示。当输入 X0 接通时，执行 MC 与 MCR 之间的指令；当输入 X0 断开时，就不再执行 MC 与 MCR 之间的指令，但是积算定时器、计数器、SET 和 RST 指令驱动的软元件会保持输入 X0 断开前的状态，非积算定时器和 OUT 指令驱动的软元件会变为 OFF。

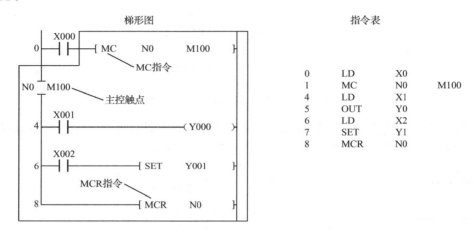

图 2-2-25   指令功能说明

在没有嵌套的情况下，嵌套等级一般使用 N0，N0 使用次数没有限制。主控指令可以嵌套使用，嵌套等级最多可以编写 8 级。在有嵌套的情况下，嵌套等级从 N0 至 N7 依次增大。当使用 MC 指令时，嵌套等级 N 按照从小到大的顺序使用，不能颠倒；当使用 MCR 指令时，嵌套等级 N 按照从大到小的顺序返回，也不能颠倒。主控指令嵌套使用说明如图 2-2-26 所示。

2. 指令使用说明

MC、MCR 指令必须成对使用，缺一不可，而且嵌套等级的编号必须相同。通过更改 Y、M 软元件地址号，可多次使用主控指令，但不同的主控指令不能使用同一软元件地址号，否则会出现双线圈输出。

十、NOP、END 指令

指令说明见表 2-2-12。

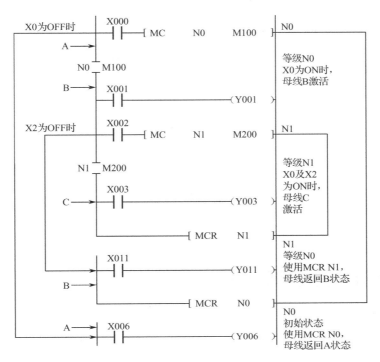

图 2-2-26 主控指令嵌套使用说明

表 2-2-12 指令说明

助 记 符	功 能 说 明	梯形图表示	备 注
NOP	无动作	——————	指令之间加入 NOP 指令，PLC 无视其存在继续运行
END	输入与输出处理，返回 0 步	⊢—————————[END]—⊣	END 以后的程序不执行

NOP 指令使用说明如图 2-2-27 所示。将程序全部清除时，全部为 NOP 指令；在程序中加入 NOP 指令可以延长扫描周期；如果在程序中加入 NOP 指令，修改或者追加程序时，可以减少步号变化；将已写入的指令改写为 NOP 指令，相当于删除操作。

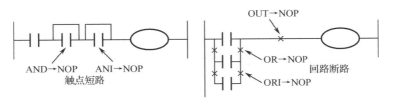

图 2-2-27 NOP 指令使用说明

RUN 开始时的第一次执行，从执行 END 指令开始；执行 END 指令时，刷新监视定时器。如果程序中没有 END 指令，PLC 将一直执行到最终步，才执行输出处理。在调试程序时，在各段程序中依次插入 END 指令，逐段调试程序，确认前面电路的动作正确无误后，再依次删去 END 指令。END 指令使用说明如图 2-2-28 所示。

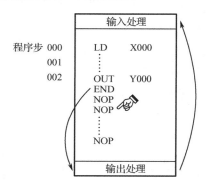

图 2-2-28　END 指令使用说明

第三节　梯形图设计的基本规则

尽管梯形图是从继电器控制电路发展过来的一种 PLC 编程语言，但是由于 PLC 和继电器控制电路的工作方式不同，所以两者在本质上有很大区别，本节主要介绍梯形图设计的基本规则。

一、梯形图的基本要素及要求

梯形图两侧的竖线称为左母线和右母线，程序从左母线开始，到右母线结束。梯形图中平行的梯度称为逻辑行，逻辑行左边为条件，逻辑行右边为结果，通过逻辑运算将条件变化反映到结果，使结果随条件变化。一般用"END"表示程序结束。

设计梯形图时必须遵守以下 4 个原则。

（1）左母线只能直接连接触点，线圈不能直接连接左母线。

（2）右母线只能直接连接线圈及功能指令，触点不能直接连接右母线。

（3）触点一般要求水平不垂直（主控触点除外）。

（4）同一个线圈在梯形图中尽量只出现一次，不要出现双线圈输出；当程序中出现双线圈输出时，后面的线圈优先动作。

触点与线圈放置位置的处理如图 2-3-1 所示。

图 2-3-1　触点与线圈放置位置的处理

垂直触点的处理如图 2-3-2 所示。

双线圈输出的处理如图 2-3-3 所示。

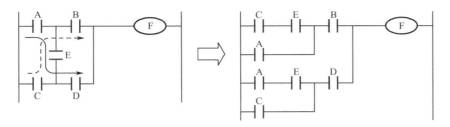

图 2-3-2 垂直触点的处理

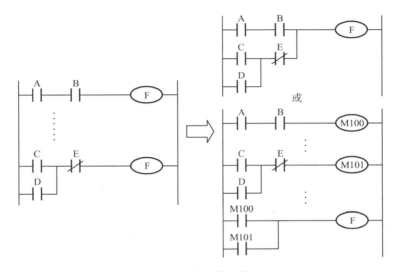

图 2-3-3 双线圈输出的处理

二、梯形图的优化设计

通过调整梯形图的结构，实现优化设计，简化程序，减少存储容量，提高程序运行效率。

1. 并联支路调整

有若干支路并联时，应将串联触点多的电路块放在最上面，并联支路调整如图 2-3-4 所示。

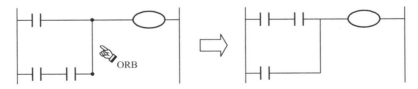

图 2-3-4 并联支路调整

2. 串联支路调整

有若干支路串联时，应将并联触点多的电路块放在最前面，串联支路调整如图 2-3-5 所示。

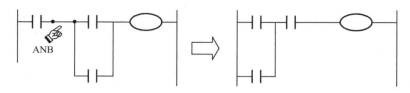

图 2-3-5　串联支路调整

3. 多重输出回路调整

在多重输出回路中，应将没有触点的回路放在最上面，多重输出回路调整如图 2-3-6 所示。

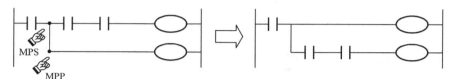

图 2-3-6　多重输出回路调整

三、梯形图的执行顺序

梯形图按照从上到下、从左到右的顺序执行，如图 2-3-7 所示。

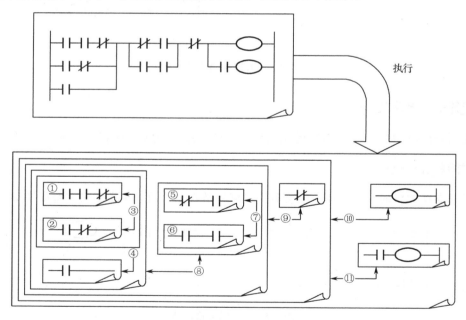

图 2-3-7　梯形图的执行顺序

第四节　常用基本控制程序及电路

基本控制程序及电路是顺序控制程序的重要组成部分。学习基本控制程序及电路，有助于我们更好地设计程序。

一、启动、停止控制程序

任何一个控制系统都缺少不了启动与停止控制程序，启动与停止控制程序常用于辅助继电器（M）及输出继电器（Y）控制回路，可以通过自锁电路和置位、复位指令两种编程方法实现启动与停止控制。

1. 自锁电路

自锁电路具有记忆和自保持的特点，也称"启-保-停"控制电路。自锁电路可以实现启动与停止控制程序，有启动优先式和关断优先式两种基本形式，如图 2-4-1 所示。

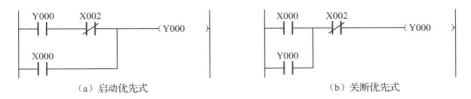

（a）启动优先式　　　　　　　　　　　　　　（b）关断优先式

图 2-4-1　自锁电路的两种基本形式

当 X000 的常开触点闭合时，Y000 线圈通电，Y000 常开触点闭合，这时无论 X000 的常开触点是否闭合，Y000 线圈都保持通电状态，所以将这样的电路称为自锁电路；当 X002 的常闭触点断开时，Y000 线圈断电。在这个电路中，X000 为启动信号，Y000 为保持信号，X002 为停止信号，所以这个电路也称"启-保-停"控制电路。

对于启动优先式电路，当 X000、X002 同时为 ON 时，Y000 线圈通电，启动信号 X000 有效；对于关断优先式电路，当 X000、X002 同时为 ON 时，Y000 线圈断电，停止信号 X002 有效。

2. 置位、复位指令

通过置位、复位指令也可以实现启动与停止控制程序，同样也有启动优先式和关断优先式两种基本形式，如图 2-4-2 所示。

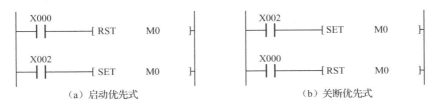

（a）启动优先式　　　　　　　　　　　　　　（b）关断优先式

图 2-4-2　置位、复位指令的两种基本形式

当 X002 的常开触点闭合时，M0 线圈通电并保持；当 X000 的常开触点闭合时，M0 线圈断电。当 X000、X002 同时为 ON 时，根据多次使用的 SET、RST 指令，最后一次执行的指令决定当前的状态。对于启动优先式电路，SET 指令在 RST 指令后面；对于关断优先式电路，RST 指令在 SET 指令后面。

二、互锁、联锁控制程序

在生产机械的各种运动之间，往往存在着某种相互制约的关系。一般用反映某一运动信号的触点去控制另一运动相应的电路，实现运动之间的相互制约。

1. 互锁

互以对方不"工作"作为自身"工作"的前提条件，这种控制称为互锁，常用于不能同时发生运动的控制，互锁控制电路图如图2-4-3所示。

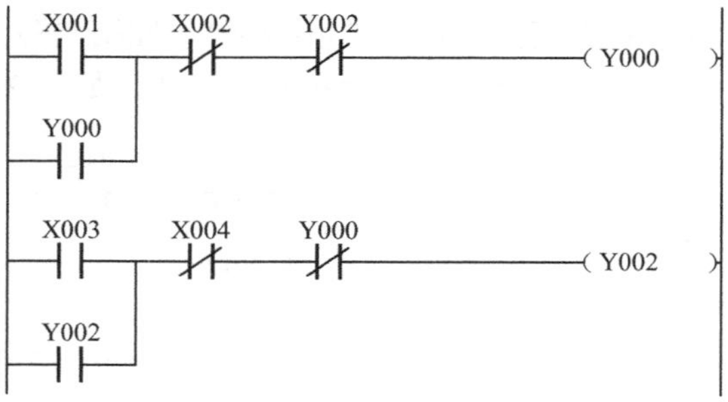

图 2-4-3　互锁控制电路图

为了使 Y000 和 Y002 不能同时接通，将 Y000、Y002 的常闭触点分别串联在 Y002、Y000 的控制回路中。当 Y000、Y002 中有任何一个要启动时，另一个必须保证已停止；反过来说，两者之中任何一个启动后，都会将另一个的控制回路断开，从而保证任何时候两者都不能同时启动。

2. 联锁

以 A "工作"作为 B "工作"的前提条件，这种控制称为联锁，常用于顺序发生运动的控制，联锁控制电路图如图2-4-4所示。

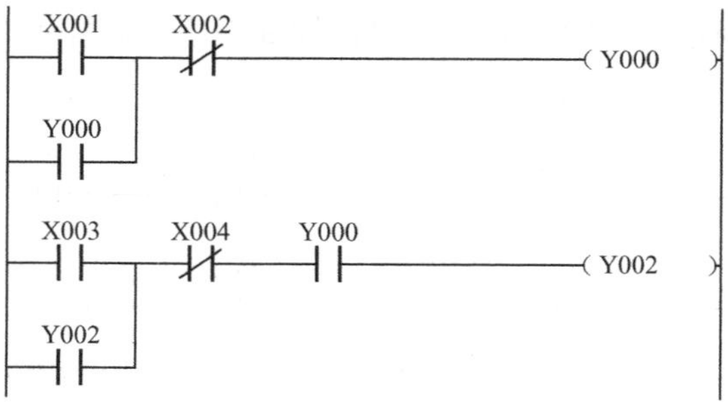

图 2-4-4　联锁控制电路图

为了使 Y002 接通以 Y000 接通为条件，将 Y000 的常开触点串联在 Y002 的控制回路中。这样只有 Y000 接通后才允许 Y002 接通，Y000 关断后 Y002 也被关断；在 Y000 接通的条件下，Y002 才可以自行启动、停止。

三、定时器时间控制程序

FX 系列 PLC 的定时器为接通延时定时器,即定时器线圈通电后开始计时,待定时时间到,定时器的常开触点闭合,常闭触点断开。对于非断电保持型,当定时器线圈断电时,定时器立即自动复位;对于断电保持型,必须用复位指令才可以复位。利用定时器可以设计出各种各样的时间控制程序,其中有通电延时接通、断电延时接通、通电延时断开及断电延时断开等控制程序。

1. 通电延时接通

通电延时接通控制程序如图 2-4-5 所示。当 X000 常开触点闭合时,辅助继电器 M0 接通并自锁,由于 M0 线圈通电,M0 常开触点闭合,接通定时器 T0 开始计时,延时 6s,T0 的常开触点闭合,输出继电器 Y0 通电;当 X001 常闭触点断开时,M0 线圈断电,M0 常开触点断开,T0 复位,Y000 断电。相关时序图如图 2-4-6 所示。

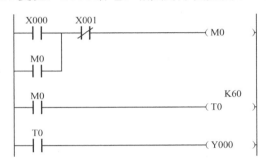

图 2-4-5 通电延时接通控制程序

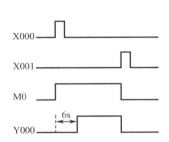

图 2-4-6 通电延时接通时序图

2. 通电延时断开

通电延时断开控制程序如图 2-4-7 所示。当 X000 常开触点闭合时,辅助继电器 M0 接通并自锁,由于 M0 线圈通电,M0 常开触点闭合,输出继电器 Y000 通电,同时定时器 T0 开始计时,延时 6s,T0 的常闭触点断开,Y000 断电;当 X001 常闭触点断开时,M0 线圈断电,M0 常开触点断开,T0 复位。相关时序图如图 2-4-8 所示。

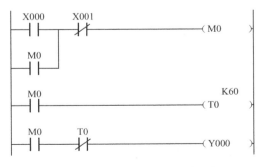

图 2-4-7 通电延时断开控制程序

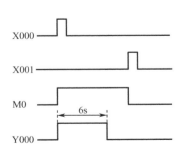

图 2-4-8 通电延时断开时序图

通过通电延时断开控制程序可以实现定时运行控制,如图 2-4-9 所示。当 X000 常开触点闭合时，输出继电器 Y000 接通并自锁；由于 Y000 线圈通电，Y000 常开触点闭合，接通定时器 T0 开始计时，延时 6s，T0 的常闭触点断开，Y000 断电，Y000 常开触点断开，T0 复位。

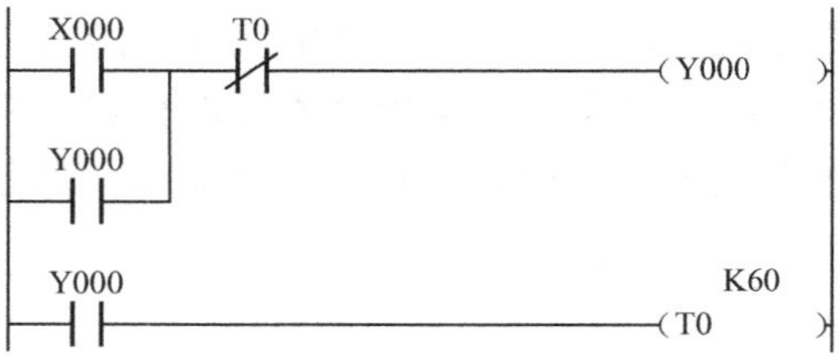

图 2-4-9　定时运行控制

3. 断电延时接通

断电延时接通控制程序如图 2-4-10 所示。当 X000 常开触点闭合时，辅助继电器 M0 接通并自锁，M0 线圈通电，M0 常开触点闭合，辅助继电器 M1 接通并自锁，M1 线圈通电，M1 常开触点闭合；当 X001 常闭触点断开时，M0 线圈断电，M0 常闭触点闭合，这时接通定时器 T0 开始计时，延时 6s，T0 常开触点闭合，输出继电器 Y000 接通并自锁，T0 的常闭触点断开，M1 断电，M1 常开触点断开，T0 复位；当 X002 常闭触点断开时，Y000 断电。相关时序图如图 2-4-11 所示。

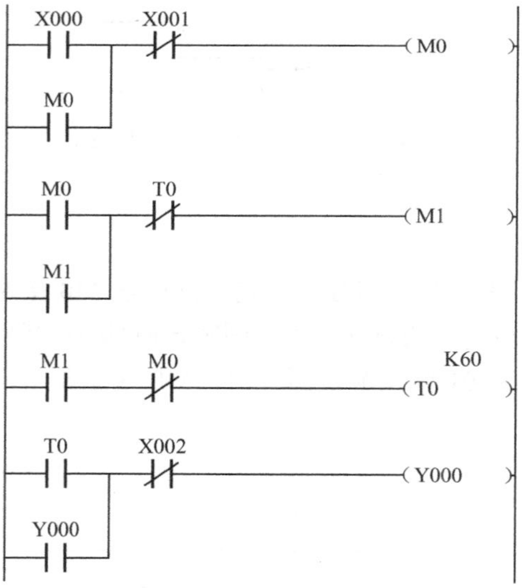

图 2-4-10　断电延时接通控制程序

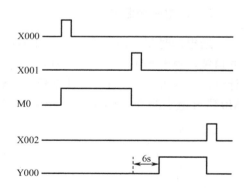

图 2-4-11　断电延时接通时序图

4. 断电延时断开

断电延时断开控制程序如图 2-4-12 所示。当 X000 常开触点闭合时，辅助继电器 M0 接通并自锁，M0 线圈通电，M0 常开触点闭合，输出继电器 Y000 接通并自锁，Y000 线圈通电，Y000 常开触点闭合；当 X001 常闭触点断开时，M0 线圈断电，M0 常闭触点闭合，这时接通定时器 T0 开始计时，延时 6s，T0 的常闭触点断开，Y000 断电，Y000 常开触点断开，T0 复位。相关时序图如图 2-4-13 所示。

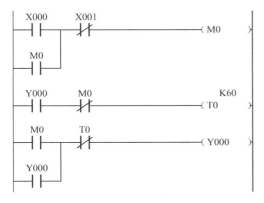

图 2-4-12 断电延时断开控制程序

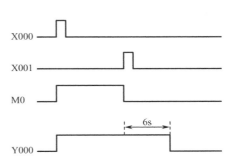

图 2-4-13 断电延时断开时序图

四、计数器时间控制程序

FX 系列 PLC 内部的一些特殊辅助继电器可以产生时钟脉冲信号，其中 M8011、M8012、M8013、M8014 的时钟脉冲周期分别为 10ms、100ms、1s、1min。根据定时器的工作原理，采用计数器对特殊辅助继电器产生的时钟脉冲信号进行计数，实现时间控制。计数器时间控制程序如图 2-4-14 所示。当 X000 常开触点闭合后，计数器 C0 开始对 M8013 时钟脉冲进行计数，累计到 K5（延时 5×1=5s），C0 常开触点闭合，Y000 线圈通电；当 X001 常开触点闭合时，复位 C0，C0 常开触点断开，Y000 断电。

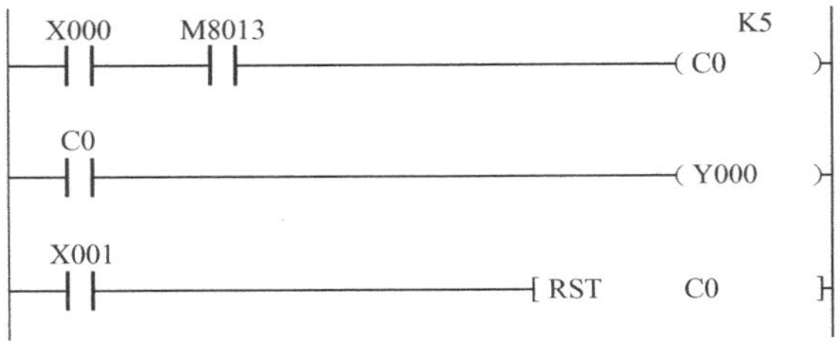

图 2-4-14 计数器时间控制程序

五、长时间控制程序

FX 系列 PLC 定时器最长的定时时间为 3276.7s，如果设定的时间超过这个数值，则要采用长时间控制程序。

1. 定时器串联

多个定时器串联实现长时间控制，总的设定时间是各定时器的定时时间之和。定时器串联长时间控制程序如图 2-4-15 所示。当 X000 常开触点闭合时，辅助继电器 M0 接通并自锁，M0 线圈通电，M0 常开触点闭合，定时器 T0 开始计时，延时 1800s，T0 常开触点闭合，定时器 T1 开始计时，延时 1800s，T1 常开触点闭合，定时器 T2 开始计时，延时 1800s，T2 常开触点闭合，输出继电器 Y000 通电。这样从 X000 常开触点闭合到 Y000 通电，其延时时间为 1800+1800+1800=5400s。当 X001 常闭触点断开时，M0 线圈断电，M0 常开触点断开，T0、T1 及 T2 复位，Y000 断电。

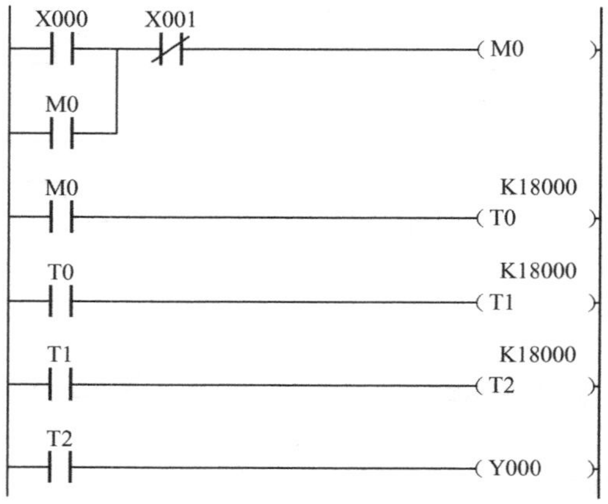

图 2-4-15　定时器串联长时间控制程序

2. 定时器与计数器组合

定时器与计数器组合实现长时间控制，总的设定时间是定时器的定时时间与计数器设定值的乘积。定时器与计数器组合长时间控制程序如图 2-4-16 所示。当 X000 常开触点闭合时，辅助继电器 M0 接通并自锁，M0 线圈通电，M0 常开触点闭合，定时器 T0 开始计时，延时 1800s，T0 常开触点闭合，计数器 C0 计数 1 次，同时 T0 常闭触点断开，定时器 T0 复位，然后定时器 T0 重新开始计时，如此循环，当计数器 C0 计数累计到设定值 K3 时，C0 常开触点闭合，Y000 线圈通电，Y000 常闭触点断开，M0 断电。这样从 X000 常开触点闭合到 Y000 通电，其延时时间为 1800×3=5400s。当 X001 常开触点闭合时，复位 C0。

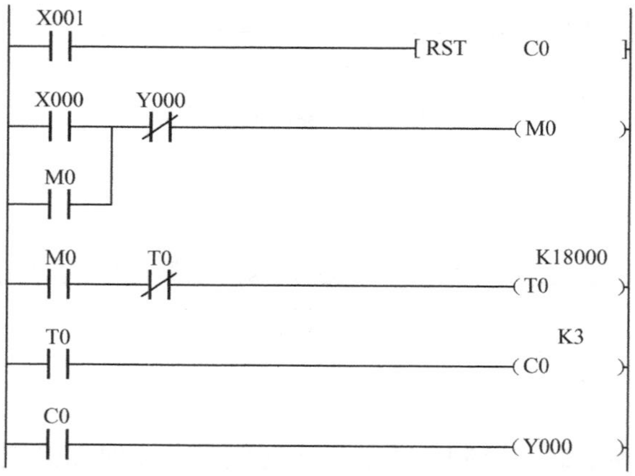

图 2-4-16　定时器与计数器组合长时间控制程序

3. 计数器串联

计数器串联实现长时间控制，总的设定时间是各计数器的设定值与时钟脉冲信号周期的乘积。计数器串联长时间控制程序如图 2-4-17 所示。当 X000 常开触点闭合时，辅助继电器 M0 接通并自锁，M0 线圈通电，M0 常开触点闭合，计数器 C0 开始对 M8012 时钟脉冲进行计数，累计到设定值 K18000 时，C0 常开触点闭合，计数器 C1 计数 1 次，同时复位 C0，然后计数器 C0 重新开始计数，如此循环，当计数器 C1 计数累计到设定值 K3 时，C1 常开触点闭合，Y000 线圈通电，Y000 常闭触点断开，M0 断电。这样从 X0 常开触点闭合到 Y000 通电，其延时时间为 18000×3×0.1=5400s。当 X001 常开触点闭合时，复位 C0 及 C1。

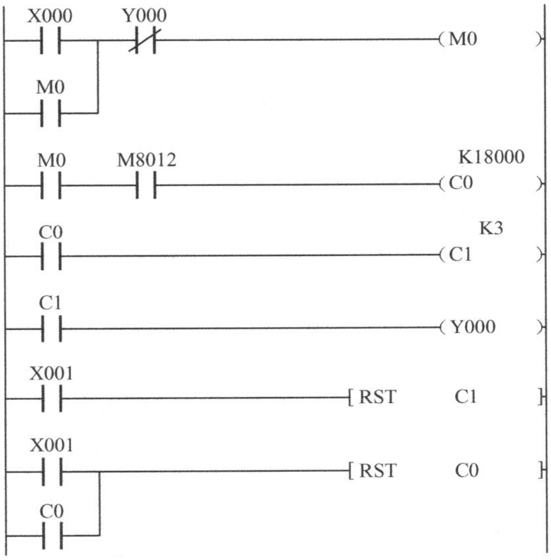

图 2-4-17　计数器串联长时间控制程序

六、振荡电路

振荡电路又称闪烁电路，被广泛应用于灯光的闪烁频率及通断时间比控制。振荡电路如图 2-4-18 所示。当 X000 常开触点闭合时，辅助继电器 M0 接通并自锁，M0 线圈通电，M0 常开触点闭合，定时器 T0 开始计时，延时 2s，T0 常开触点闭合，输出继电器 Y000 通电，同时定时器 T1 开始计时，延时 3s，T1 常闭触点断开，T0 及 T1 复位，Y000 断电，T1 常闭触点恢复闭合，定时器 T0 重新开始计时，如此循环，就可以实现 Y0 通电 3s、断电 2s 的周期脉冲输出；当 X001 常闭触点断开时，M0 线圈断电，M0 常开触点断开，T0 及 T1 复位，Y000 断电。振荡周期为 T0+T1，占空比为 T1/(T0+T1)，通过调整振荡周期可以调节闪烁频率，通过调整占空比可以调节通断时间比。相关时序图如图 2-4-19 所示。

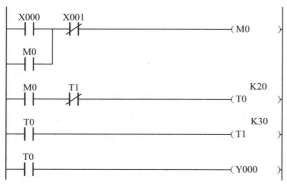

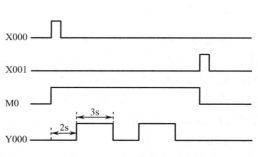

图 2-4-18　振荡电路　　　　　　　　　　　图 2-4-19　振荡电路时序图

七、连续脉冲电路

在 PLC 程序设计中，有时需要产生一系列连续脉冲作为控制信号使用。连续脉冲一般分为周期不可调节连续脉冲和周期可调节连续脉冲。

1. 周期不可调节连续脉冲电路

周期不可调节连续脉冲电路如图 2-4-20 所示。当 X000 常开触点闭合后，第一次扫描 M0 常闭触点时，M0 常闭触点闭合，M0 线圈通电；第二次扫描 M0 常闭触点时，M0 线圈通电，M0 常闭触点已断开，M0 线圈断电。如此循环，通过 M0 常闭触点产生一个脉宽为一个扫描周期、脉冲周期为两个扫描周期的连续脉冲。相关时序图如图 2-4-21 所示。

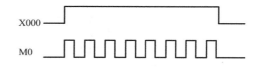

图 2-4-20　周期不可调节连续脉冲电路　　　　图 2-4-21　周期不可调节连续脉冲电路时序图

2. 周期可调节连续脉冲电路

周期可调节连续脉冲电路如图 2-4-22 所示。当 X000 常开触点闭合后，第一次扫描 T0 常闭触点时，T0 常闭触点闭合，定时器 T0 开始计时，延时 1s 后，T0 常闭触点断开；T0 常闭触点断开后的下一个扫描周期，当扫描到 T0 常闭触点时，T0 常闭触点断开，T0 复位，T0 常闭触点恢复闭合。如此循环，通过 T0 常闭触点产生一个脉宽为一个扫描周期、脉冲周期为 1s 的连续脉冲，改变 T0 的设定值就可以改变脉冲周期。相关时序图如图 2-4-23 所示。

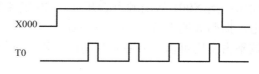

图 2-4-22　周期可调节连续脉冲电路　　　　图 2-4-23　周期可调节连续脉冲电路时序图

八、分频电路

PLC 可以实现输入信号任意分频，二分频电路如图 2-4-24 所示。在第一次检测到 X000 上升沿的第一个扫描周期中，X000 常开触点闭合，Y000 常闭触点闭合，支路①导通，Y000 线圈得电；在第一次检测到 X000 上升沿的第二个扫描周期中，X000 常开触点断开，Y000 常闭触点断开，支路①断开，X000 常开触点断开，运算结果反转后为 ON，Y000 常开触点闭合，支路②导通，Y000 接通并自锁；在第二次检测到 X000 上升沿的第一个扫描周期中，X000 常开触点闭合，Y000 常闭触点断开，支路①断开，X000 常开触点闭合，运算结果反转后为 OFF，Y000 常开触点闭合，支路②断开，Y000 断电。如次循环，所得到的输出信号 Y000 为输入信号 X000 的二分频。相关时序图如图 2-4-25 所示。

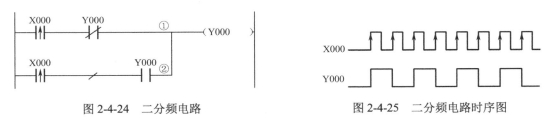

图 2-4-24 二分频电路　　　　　　　　图 2-4-25 二分频电路时序图

九、优先电路

对于有多个输入信号的控制系统，先接通的信号有效，后接通的信号无效，实现这种功能的电路称为优先电路。优先电路如图 2-4-26 所示。如果 X000 常开触点先闭合，Y000 接通并自锁，Y000 常闭触点断开，那么这时即使 X001 或者 X002 常开触点闭合，Y001 或者 Y002 也不得电，这样就保证了先接通者优先保持输出。

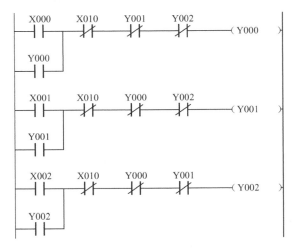

图 2-4-26 优先电路

十、比较电路

对多个输入信号进行比较，根据比较结果进行输出的电路称为比较电路。比较电路如

图 2-4-27 所示，比较电路逻辑关系见表 2-4-1。

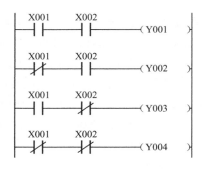

图 2-4-27 比较电路

表 2-4-1 比较电路逻辑关系

X001 的状态	X002 的状态	输 出 信 号
闭合	闭合	Y001
断开	闭合	Y002
闭合	断开	Y003
断开	断开	Y004

第五节 基本指令的应用

应用基本指令设计程序，没有固定模式，必须依靠平时积累的经验，充分利用基本控制程序来实现控制要求。实际应用时大致按照以下几步进行。

1. 理解要求

在理解控制要求的过程中，往往需要绘制动作循环图、电磁元件动作表、时序图及控制要求表等，帮助我们进一步分析控制要求。

2. I/O 配置

根据控制要求选择按钮、行程开关、传感器、指示灯、电磁阀、继电器等元件，分配 I/O 地址，绘制电气控制原理图。

3. 设计程序

首先将生产机械的运动分解为各自独立的简单运动，分别设计这些简单运动的控制程序，然后根据制约关系设计互锁、联锁控制程序，最后设计保护、指示、报警等控制程序。

4. 调试程序

首先对编制好的程序进行模拟调试，发现问题及时修改，直至满足控制要求，然后反复进行现场调试，确保程序准确无误。

下面通过几个实例进一步熟悉基本指令及其应用。

例 2-5-1 实现电动机正反转控制。当按下正转启动按钮 SB1 时,电动机正转运行;按下反转启动按钮 SB2 时,电动机反转运行;按下停止按钮 SB3 时,电动机停止运行。

解:

(1)理解要求。

由于电动机正转和反转不能同时进行,所以需要采用互锁电路实现。

(2)I/O 配置。

电动机正反转控制有 3 个输入信号和 2 个输出信号,电动机正反转控制 I/O 分配表见表 2-5-1,电动机正反转电气控制原理图如图 2-5-1 所示。

表 2-5-1 电动机正反转控制 I/O 分配表

输　入		输　出	
元　件	端 口 地 址	元　件	端 口 地 址
正转启动按钮 SB1	X1	控制正转接触器 KM1	Y1
反转启动按钮 SB2	X2	控制反转接触器 KM2	Y2
停止按钮 SB3	X3		

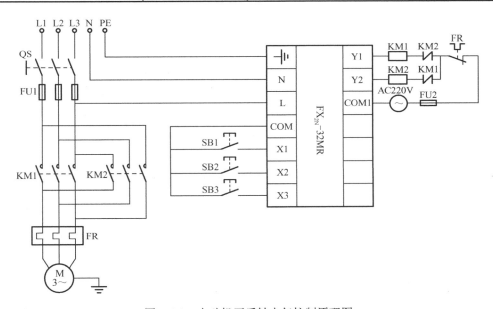

图 2-5-1 电动机正反转电气控制原理图

(3)设计程序。

电动机正反转控制梯形图如图 2-5-2 所示。

(4)调试程序。

例 2-5-2 实现电动机点动与长动控制。在电动机停止状态下,当按下点动按钮 SB1 时,电动机运行;松开 SB1 时,电动机停止运行。在电动机停止状态下,当按下长动按钮 SB2 时,电动机运行;松开 SB2 时,电动机仍保持运行;在电动机连续运行过程中,按下停止按钮 SB3

时，电动机停止运行。

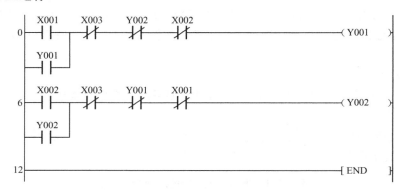

图 2-5-2　电动机正反转控制梯形图

解：

（1）理解要求。

为了实现电动机点动和长动两种控制方式，采用辅助继电器编程比较方便。

（2）I/O 配置。

电动机点动与长动控制有 3 个输入信号和 1 个输出信号，电动机点动与长动控制 I/O 分配表见表 2-5-2，电动机点动与长动电气控制原理图如图 2-5-3 所示。

表 2-5-2　电动机点动与长动控制 I/O 分配表

输　　入		输　　出	
元　　件	端 口 地 址	元　　件	端 口 地 址
点动按钮 SB1	X1	控制电动机接触器 KM1	Y0
长动按钮 SB2	X2		
停止按钮 SB3	X3		

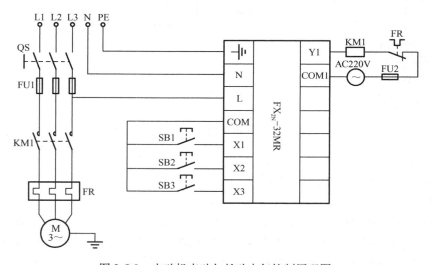

图 2-5-3　电动机点动与长动电气控制原理图

（3）设计程序。

电动机点动与长动控制梯形图如图 2-5-4 所示。

（4）调试程序。

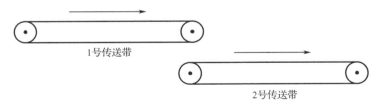

图 2-5-4　电动机点动与长动控制梯形图

例 2-5-3　某车间两条顺序相连的传送带如图 2-5-5 所示。为了避免运送的物料在 2 号传送带上堆积，当按下启动按钮 SB1 时，2 号传送带立即运行，5s 后 1 号传送带才运行；在两条顺序相连的传送带运行过程中，按下停止按钮 SB2 时，1 号传送带立即停止，10s 后 2 号传送带才停止。

图 2-5-5　某车间两条顺序相连的传送带

解：

（1）理解要求。

两条顺序相连的传送带控制属于和时间有关的顺序控制，编程时须使用定时器。

（2）I/O 配置。

两条顺序相连的传送带控制有 2 个输入信号和 2 个输出信号，两条顺序相连的传送带控制 I/O 分配表见表 2-5-3，两条顺序相连的传送带 PLC 控制电路如图 2-5-6 所示。

表 2-5-3　两条顺序相连的传送带控制 I/O 分配表

输　　入		输　　出	
元　　件	端 口 地 址	元　　件	端 口 地 址
启动按钮 SB1	X1	控制 1 号传送带接触器 KM1	Y1
停止按钮 SB2	X2	控制 2 号传送带接触器 KM2	Y2

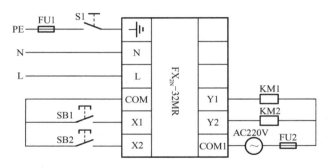

图 2-5-6　两条顺序相连的传送带 PLC 控制电路

（3）设计程序。

两条顺序相连的传送带控制梯形图如图 2-5-7 所示。

图 2-5-7　两条顺序相连的传送带控制梯形图

（4）调试程序。

例 2-5-4　实现单键控制三灯。有一个按钮和黄、绿、红三盏灯，当第一次按下该按钮时，黄灯亮；当第二次按下该按钮时，黄灯灭，绿灯亮；当第三次按下该按钮时，绿灯灭，红灯亮；当第四次按下该按钮时，红灯灭；当第五次按下该按钮，黄灯亮，如此循环。

解：

（1）理解要求。

单键控制三灯属于和次数有关的顺序控制，编程时须使用计数器。

（2）I/O 配置。

单键控制三灯有 1 个输入信号和 3 个输出信号，单键控制三灯的 I/O 分配表见表 2-5-4，单键控制三灯的 PLC 控制电路如图 2-5-8 所示。

表 2-5-4 单键控制三灯的 I/O 分配表

输 入		输 出	
元 件	端 口 地 址	元 件	端 口 地 址
控制按钮 SB1	X1	黄灯 HL1	Y1
		绿灯 HL2	Y2
		红灯 HL3	Y3

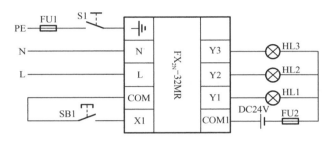

图 2-5-8 单键控制三灯的 PLC 控制电路

（3）设计程序。

单键控制三灯的梯形图如图 2-5-9 所示。

（4）调试程序。

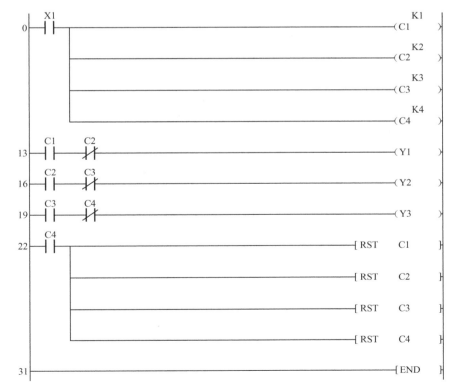

图 2-5-9 单键控制三灯的梯形图

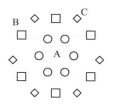

图 2-5-10 花式喷泉组成示意图

例 2-5-5 花式喷泉由 A、B、C 三组喷头组成,如图 2-5-10 所示。当按下启动按钮 SB1 时,A 组先喷 5s 后停止喷,接着 B、C 组同时喷 5s 后 B 组停止喷,接着 C 组再喷 5s 后停止喷,接着 A、B 组同时喷 2s 后 C 组也喷,接着 A、B、C 组同时喷 5s 后全部停止喷,最后 A、B、C 组停止工作 3s 后 A 组再次开始喷 5s 后停止喷,按照上述规律循环进行;当按下停止按钮 SB2 时,花式喷泉立即停止工作。

解:

(1)理解要求。

花式喷泉控制是一个典型的时序循环控制,所以需要绘制时序图帮助我们分析控制要求。根据各负载发生的变化情况绘制时序图,并且在时序图上标注需要使用的定时器编号和各定时器延时时间。花式喷泉控制的时序图如图 2-5-11 所示。

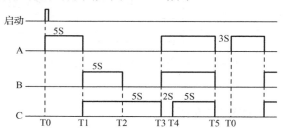

图 2-5-11 花式喷泉控制的时序图

(2)I/O 配置。

花式喷泉控制有 2 个输入信号和 3 个输出信号,花式喷泉控制 I/O 分配表见表 2-5-5,花式喷泉 PLC 控制电路如图 2-5-12 所示。

表 2-5-5 花式喷泉控制 I/O 分配表

输 入		输 出	
元 件	端口地址	元 件	端口地址
启动按钮 SB1	X0	控制 A 组喷头电磁阀 YV1	Y0
停止按钮 SB2	X1	控制 B 组喷头电磁阀 YV2	Y1
		控制 C 组喷头电磁阀 YV3	Y2

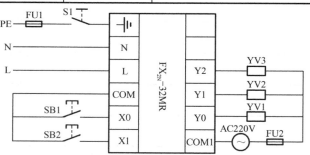

图 2-5-12 花式喷泉 PLC 控制电路

（3）设计程序。

花式喷泉控制的各定时器是按先后顺序接通的，所以用前一个定时器的常开触点接通后一个定时器的线圈，用最后一个定时器的常闭触点断开第一个定时器的线圈，这样就能实现定时器的循环计时。

根据时序图中各负载的上升沿和下降沿编写驱动负载程序，上升沿表示负载接通，采用相应的常开触点；下降沿表示负载断开，采用相应的常闭触点。如果一个周期中一个负载有多次接通与断开的情况，只需将各支路并联。

花式喷泉控制梯形图如图 2-5-13 所示。

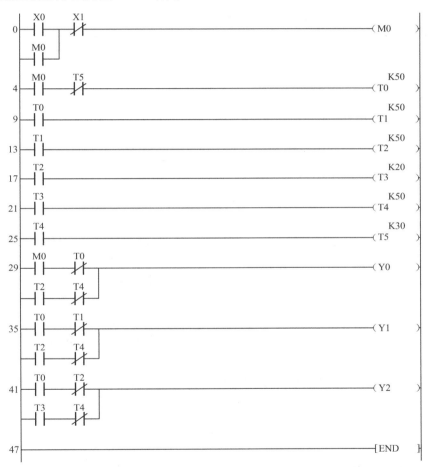

图 2-5-13　花式喷泉控制梯形图

（4）调试程序。

例 2-5-6　某组合机床的运动由液压驱动，该组合机床的运动控制系统结构如图 2-5-14 所示。该组合机床的液压动力滑台的工作过程：当液压动力滑台在原位（压下 SQ1）时，按下启动按钮 SB1，液压动力滑台进入快进工作状态，碰到 SQ2 时转入一次工进工作状态，碰到 SQ3 时转入二次工进工作状态，碰到 SQ4 时转入快退工作状态，碰到 SQ1 后停在原位。液压动力滑台工作过程中电磁阀的动作见表 2-5-6，"+"表示电磁阀得电，"–"表示电磁阀断电。

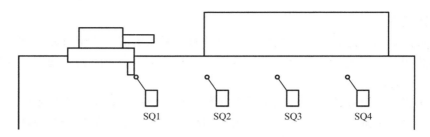

图 2-5-14 组合机床的运动控制系统结构

表 2-5-6 液压动力滑台工作过程中电磁阀的动作

名称 状态	YV1	YV2	YV3	YV4
快进	+	−	+	−
一次工进	+	−	−	−
二次工进	+	−	−	+
快退	−	+	−	−
停止	−	−	−	−

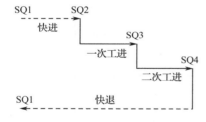

图 2-5-15 液压动力滑台的动作循环图

解：

（1）理解要求。

组合机床的液压动力滑台控制是一个典型的动作顺序控制，所以需要绘制动作循环图帮助我们分析控制要求。根据工作过程中工作状态的变化绘制动作循环图，并且在动作循环图上标注工作状态及相应的行程开关。液压动力滑台的动作循环图如图 2-5-15 所示，箭头指明运动方向，实线代表慢速运动，虚线代表快速运动。

（2）I/O 配置。

组合机床的液压动力滑台控制有 5 个输入信号和 4 个输出信号，液压动力滑台控制 I/O 分配表见表 2-5-7，液压动力滑台的 PLC 控制电路如图 2-5-16 所示。

表 2-5-7 液压动力滑台控制 I/O 分配表

输　入		输　出	
元　件	端口地址	元　件	端口地址
启动按钮 SB1	X0	电磁阀 YV1	Y1
行程开关 SQ1	X1	电磁阀 YV2	Y2
行程开关 SQ2	X2	电磁阀 YV3	Y3
行程开关 SQ3	X3	电磁阀 YV4	Y4
行程开关 SQ4	X4		

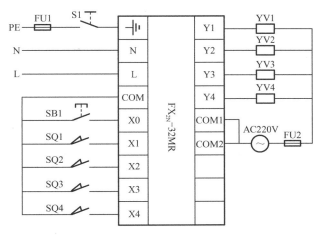

图 2-5-16 液压动力滑台的 PLC 控制电路

（3）设计程序。

组合机床的液压动力滑台控制是一个典型的顺序控制，可以采用顺序功能图实现顺序控制，用多个辅助继电器 M 表示各个工作状态，当某个工作状态被激活时，对应的辅助继电器 M 变为 ON，这样就能通过辅助继电器的状态来描述对应的工作状态。

相应的顺序功能图如图 2-5-17 所示。该图中有顺序相连的三个状态，M2 被激活的条件是它的前一个状态 M1 被激活，并且 X1=ON。M2 被激活后，前一个状态 M1 变为非激活状态。当 M2 被激活后，如果 X2=ON，则 M3 变为激活状态，同时 M2 变为非激活状态。

由于转移条件大多数为短信号，因此要求辅助继电器被激活后能够保持一段时间，以保证状态内的控制命令和动作完成。可以采用"启—保—停"、"置位—复位"及"移位指令"三种方法实现这种顺序控制。

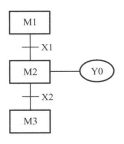

图 2-5-17 顺序功能图

在驱动负载时，如果这个负载只出现一个工作状态，则只需通过对应的辅助继电器 M 的常开触点驱动该负载；如果这个负载出现多个工作状态，则要将多个工作状态对应的辅助继电器 M 的常开触点并联后驱动该负载。

采用"启—保—停"编程方法实现 M2 状态对应的梯形图如图 2-5-18 所示。

图 2-5-18 采用"启—保—停"编程方法实现 M2 状态对应的梯形图

采用"置位—复位"编程方法实现 M2 状态对应的梯形图如图 2-5-19 所示。

采用"移位指令"编程方法实现 M2 状态对应的梯形图如图 2-5-20 所示。

液压动力滑台控制采用"启—保—停"编程方法的梯形图如图 2-5-21 所示。液压动力滑台控制采用"置位—复位"编程方法的梯形图如图 2-5-22 所示。液压动力滑台控制采用"移位指令"编程方法的梯形图如图 2-5-23 所示。

图 2-5-19　采用"置位—复位"编程方法实现 M2 状态对应的梯形图

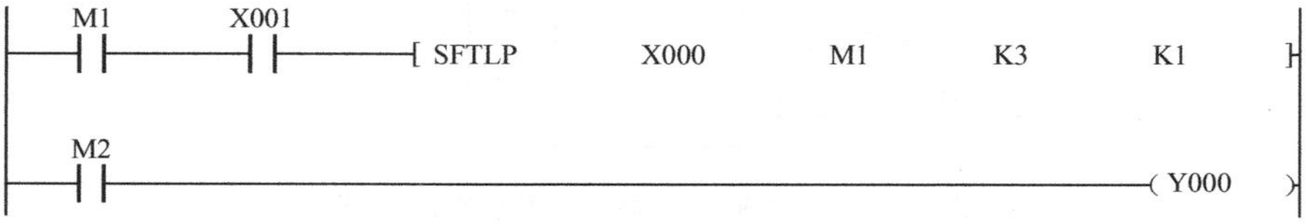

图 2-5-20　采用"移位指令"编程方法实现 M2 状态对应的梯形图

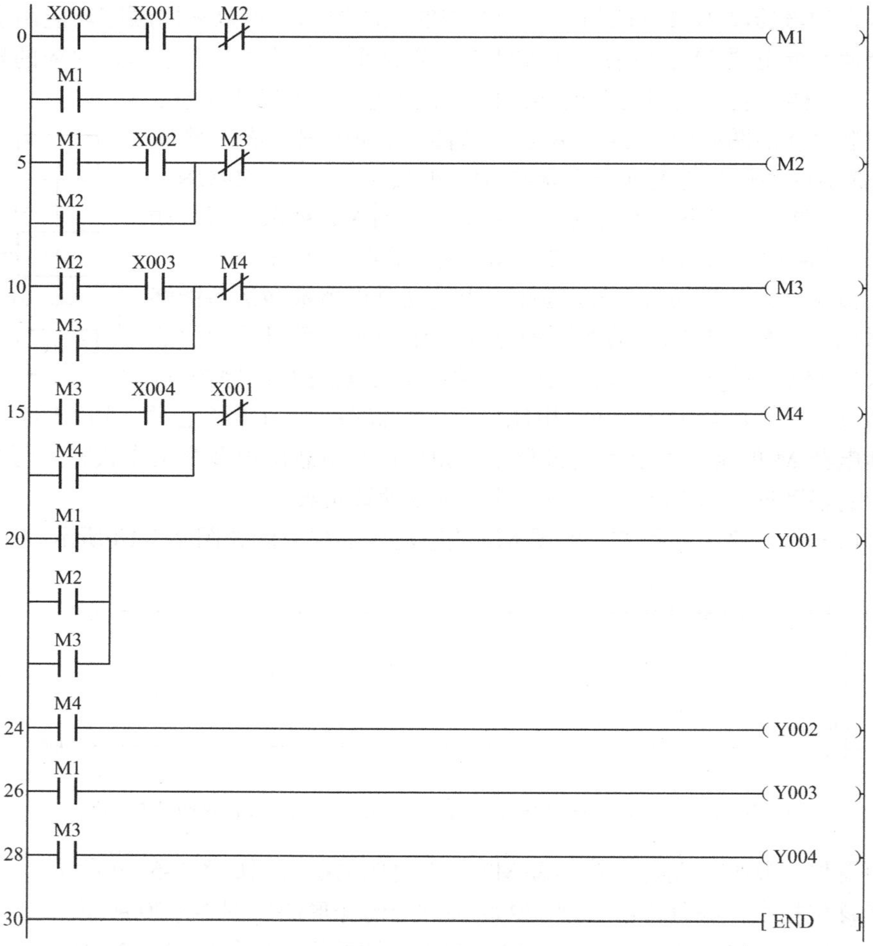

图 2-5-21　液压动力滑台控制采用"启—保—停"编程方法的梯形图

```
     X000   X001
 0 ──┤├────┤├────────────────────────────────────[ SET    M1 ]

     M1     X002
 3 ──┤├────┤├────────────────────────────────────[ SET    M2 ]
                 │
                 └──────────────────────────────[ RST    M1 ]

     M2     X003
 7 ──┤├────┤├────────────────────────────────────[ SET    M3 ]
                 │
                 └──────────────────────────────[ RST    M2 ]

     M3     X004
11 ──┤├────┤├────────────────────────────────────[ SET    M4 ]
                 │
                 └──────────────────────────────[ RST    M3 ]

     M4     X001
15 ──┤├────┤├────────────────────────────────────[ RST    M4 ]

     M1
18 ──┤├────┬─────────────────────────────────────( Y001 )
     M2    │
     ──┤├──┤
     M3    │
     ──┤├──┘

     M4
22 ──┤├───────────────────────────────────────────( Y002 )

     M1
24 ──┤├───────────────────────────────────────────( Y003 )

     M3
26 ──┤├───────────────────────────────────────────( Y004 )

28 ───────────────────────────────────────────────[ END ]
```

图 2-5-22　液压动力滑台控制采用"置位—复位"编程方法的梯形图

```
     X000   X001
 0 ──┤├────┤├──────────────[ SFTLP   X001   M1   K4   K1 ]
     │
     │ M1    X002
     ├─┤├────┤├──┤
     │
     │ M2    X003
     ├─┤├────┤├──┤
     │
     │ M3    X004
     ├─┤├────┤├──┤
     │
     │ M4    X001
     └─┤├────┤├──┤

     M1
23 ──┤├───────────────────────────────────────────( Y001 )
     │
     │ M2
     ├─┤├──┤
```

图 2-5-23　液压动力滑台控制采用"移位指令"编程方法的梯形图

图 2-5-23　液压动力滑台控制采用"移位指令"编程方法的梯形图（续）

（4）调试程序。

步进指令及应用

三菱 FX 系列 PLC 有 STL 和 RET 两个步进指令，步进指令主要用来完成顺序控制，采用步进指令编程具有思路清晰、编程简单及容易掌握等特点。

第一节　步进指令

一、指令功能说明

采用 FX 系列 PLC 的步进指令，可以很方便地对较复杂的顺序控制进行编程，步进指令的格式见表 3-1-1。

表 3-1-1　步进指令的格式

指令名称	助记符	操作数	程序步	梯形图表示
步进开始	STL	S	1	┤ STL　　　S ├
步进结束	RET	无	1	┤RET ├

STL 指令仅对状态继电器 S 有效；RET 指令没有操作数，仅在一系列 STL 指令的最后一步使用一次，否则程序不能运行。

一般情况下，步进梯形图的每一步都由 STL 触点、驱动负载、转移条件及转移目标 4 个部分组成，如图 3-1-1 所示。有时候可以不驱动负载，但是其他三部分必不可少。编写每一步程序时，首先编写 STL 触点，然后驱动相关的负载，最后指定转移条件及目标，先后次序不能颠倒。STL 触点在梯形图中单独占一行，通过 STL　S×× 指令编写 STL 触点；驱动负载可以通过 OUT 或者 SET 指令驱动 Y、M、T、C 的线圈，也可以应用功能指令；单独触点作为转移条件通过 LD 或者 LDI 指令实现，实际应用中也可将各种软元件触点的逻辑组合作为转移条件；顺序连续转移目标通过 SET 指令实现，顺序不连续转移目标通过 OUT 指令实现。

步进梯形图具有主控功能，当 STL 触点接通时，与之相连的电路被驱动；当 STL 触点断开时，与之相连的电路停止执行。当某一步为活动步时，STL 触点闭合，该步的负载被驱动。如图 3-1-1 所示，当 S20 为活动步时，Y000 和 Y010 为 ON，如果该步的转移条件满足，即 X000 为 ON，则 S21 被置位，转移到下一步，自动复位 S20 步。自动复位不仅可以复位状态继电器 S20，使 STL 触点断开，而且可以复位 OUT 驱动的负载，使 Y000 变为 OFF；但是自动复位不能复位 SET 驱动的负载，Y010 仍为 ON，必须采用 RST 指令才能复位。

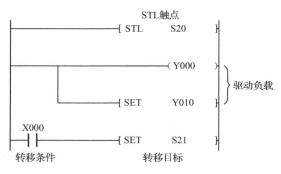

图 3-1-1　步的组成

二、指令使用说明

（1）状态继电器 S 可以按照编号顺序使用，也可以任意选择使用，但是不允许重复使用。

（2）不管是相邻步还是不相邻步，不同的步都可以使用相同的输出继电器 Y 及辅助继电器 M。如图 3-1-2 所示，当 S20 或者 S21 为 ON 时，输出 Y000。在步进梯形图外编写与步中相同的输出继电器 Y，如图 3-1-3 所示，S20 步和步进梯形图外都驱动了 Y000，出现了双线圈的处理，必须注意这一点。

图 3-1-2　输出继电器重复使用

图 3-1-3　步进梯形图的双线圈

（3）在步进转移过程中，会出现在一个扫描周期的时间内相邻两步同时动作的可能。因此，为了避免不能同时接通的一对输出同时接通，需要在可编程控制器外部及程序中设置互锁，互锁程序如图 3-1-4 所示。

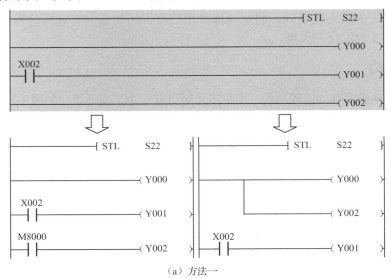

图 3-1-4　互锁程序

（4）在步进转移过程中，会出现在一个扫描周期的时间内相邻两步同时动作的可能，如果在相邻两步中使用同一个定时器，就可能使定时器无法复位，所以在相邻步中不能使用同一个定时器，但是在不相邻步中可以使用同一个定时器。

（5）尽管计数器 C 线圈是通过 OUT 指令驱动的，但在步转移时，其不会自动复位，需要通过 RST 指令复位。

（6）在进行负载驱动时，从步中母线开始写入 LD 或者 LDI 指令驱动负载后，如果再写入不需要触点的驱动指令，将会变为不能变换的梯形图，需要通过插入常闭触点或者改变位置的方法修改梯形图，如图 3-1-5（a）所示；若从步中母线开始直接使用 MPS、MRD 及 MPP 指令，也会变为不能变换的梯形图，必须在 LD 或者 LDI 指令后使用，所以需要通过插入常闭触点来修改梯形图，如图 3-1-5（b）所示，但是可以出现图 3-1-5（c）所示的梯形图。

（a）方法一

图 3-1-5　负载驱动方法

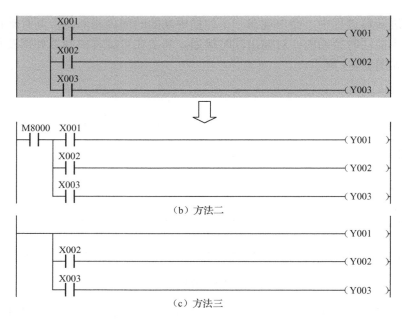

图 3-1-5 负载驱动方法（续）

（7）在中断程序和子程序中不能使用步进指令。在步进梯形图中不禁止使用跳转指令，但是动作复杂，建议不要使用。在步进梯形图中不能使用 MC、MCR 指令。

（8）初始步必须位于其他步前面，可以由其他步驱动，但是运行开始时必须用其他方法预先驱动，使之处于工作状态，一般采用 M8002 触点驱动。初始步以外的一般步必须通过其他步驱动，没有被步以外的程序驱动的情况。

第二节　步进梯形图的流程结构

根据步与步之间的连接形式，将步进梯形图的流程结构分为单流程结构、选择性分支与汇合和并行性分支与汇合三大类。

一、单流程结构

单流程结构是最简单的流程结构，步与步之间只有一个工作通道，如图 3-2-1 所示。单流程结构只有一个初始步，每个步只有一个转移条件和转移目标。一般情况下，只有一个步被激活。设计单流程结构的程序时，要注意结束步编程，可根据具体情况，选择循环或者复位处理。

```
   M8002
   ─┤├──────────────────────────[ SET   S0  ]

   ─────────────────────────────[ STL   S0  ]

   X000
   ─┤├──────────────────────────[ SET   S20 ]

   ─────────────────────────────[ STL   S20 ]
```

图 3-2-1　单流程结构

```
                                                              ( Y000  )
       X001
       ─┤├─                                           ─[ SET    S21 ]
                                                      ─[ STL    S21 ]
                                                              ( Y001  )
       X002
       ─┤├─                                           ─[ RST    S21 ]
                                                      ─[ RET ]
```

图 3-2-1 单流程结构（续）

二、选择性分支与汇合

从多个分支流程中选择一个分支流程执行称为选择性分支，选择性汇合是多个分支流程通过不同的转移条件向统一的步进行的合并连接，支路不能超过 8 条。如图 3-2-2 所示，在 S0 步根据转移条件 X000 和 X001，选择一个分支执行。当 X000 为 ON 时，执行 S20 分支；当 X001 为 ON 时，执行 S30 分支。执行 S20 或者 S30 都会使 S0 自动复位。任何时候，X000 和 X001 都不能同时接通。S40 为汇合步，通过 S20 和 S30 中任意一个驱动。选择性分支与汇合编程原则：先集中进行分支处理，然后进行各分支编程，最后集中进行汇合处理。

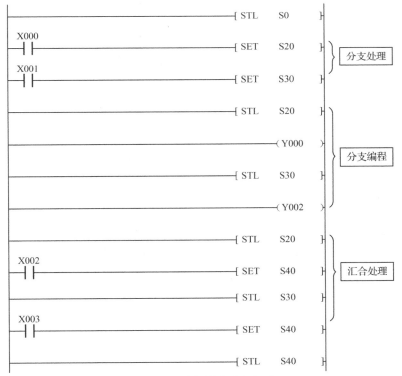

图 3-2-2 选择性分支与汇合

三、并行性分支与汇合

多个分支同时执行的流程称为并行性分支，并行性汇合是多个分支流程向统一的步进行的合并连接，支路不能超过 8 条。如图 3-2-3 所示，在 S0 步转移条件 X000 接通，同时执行 S20 和 S30 分支，自动复位 S0；S20 和 S30 全部运行结束且 X001 为 ON 时，汇合 S40，同时复位 S20 和 S30，这种汇合又称等待汇合，先结束流程要等待所有其他流程结束才可以汇合。并行性分支与汇合编程原则：先集中进行分支处理，然后进行各分支编程，最后集中进行汇合处理。

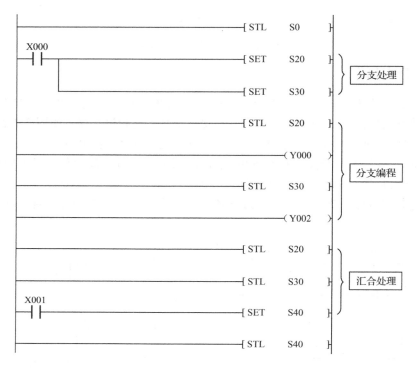

图 3-2-3　并行性分支与汇合

四、特殊情况处理

在步进梯形图中存在非连续状态的转移，称为特殊情况处理。特殊情况处理包括循环、跳转、分离及复位 4 种情况的处理，其中循环、跳转及分离使用 OUT 指令，复位使用 RST 指令。如图 3-2-4 所示，S21 步是通过 X002 常开触点复位状态器 S21，S21 被复位后，Y001 线圈断电。复位处理和转移的效果相同，通过复位处理使正在运行的步停止运行，可以在系统中增加暂停操作。

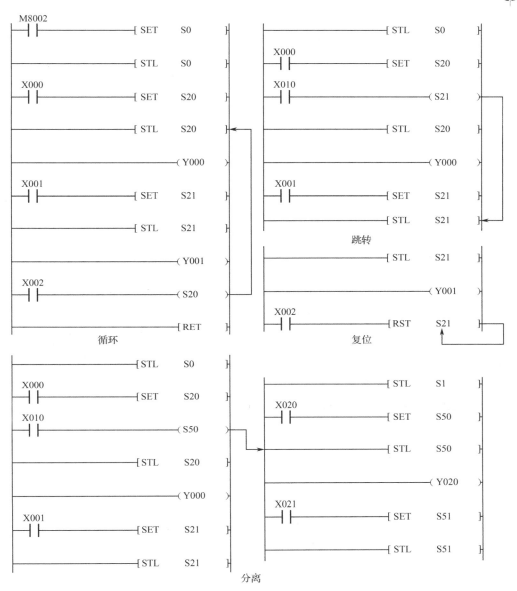

图 3-2-4　特殊情况处理

五、步进梯形图中常用的特殊辅助继电器

为了有效编制步进梯形图程序，往往需要使用一些特殊辅助继电器，常用的特殊辅助继电器见表 3-2-1。

表 3-2-1　常用的特殊辅助继电器

特殊辅助继电器编号	名　　称	功能及用途
M8000	RUN 监视	PLC 运行过程中一直接通的继电器，可作为驱动程序的输入条件或者 PLC 运行状态的显示使用

特殊辅助继电器编号	名　　称	功能及用途
M8002	初始脉冲	在 PLC 由 STOP 切换到 RUN 的瞬间，仅仅接通一个扫描周期的继电器，用于程序的初始设定或者初始步置位
M8040	禁止转移	驱动该继电器，则禁止在所有步之间转移。在禁止转移状态下，步内的程序仍然动作，输出线圈不会自动断开
M8041	开始转移	在自动运行时能够进行初始步开始的转移
M8042	启动脉冲	启动按钮按下的输出脉冲
M8043	回归完成	在原点回归模式的结束步动作
M8044	原点条件	在检测出原点时动作
M8045	禁止所有输出复位	在模式切换时，禁止所有输出复位
M8046	STL 动作	驱动 M8047，S0～S899 中任何一步接通时，M8046 接通；用于避免与其他流程同时启动或者工序的动作标志
M8047	STL 监视有效	驱动该继电器，则将正在动作的状态器（S0～S899）的编号依次自动保存到 D8040～D8047
M8048	信号报警器动作	驱动 M8049，S900～S999 中任何一步接通时，M8048 接通
M8049	信号报警器有效	驱动该继电器，则将正在动作的报警状态器的最小编号自动保存到 D8049

第三节　步进指令的应用

步进指令是专为顺序控制设立的，采用步进指令可以简单、高效地设计顺序控制程序。使用步进指令编程大致按照以下几步进行。

1. I/O 配置

分析控制过程和工艺要求，分配 I/O 地址，绘制电路原理图，连接电路。

2. 编制程序

首先将控制过程分解为若干工步，然后确定每步的状态继电器、负载及转移条件，最后绘制步进梯形图。

3. 调试程序

对编制好的程序进行调试。

以上工作中，最重要的是工步划分。对于单机设备，一般情况下，按照动作的先后顺序进行工步划分；对于生产流水线，除了按照动作的先后顺序划分外，也可按照工艺流程的时间进行划分。工步划分从系统整体功能入手，先划分为几个大步，然后再将大步划分为更详细的工步。

下面通过几个实例进一步熟悉步进指令及其应用。

例 3-3-1　两种液体混合装置如图 3-3-1 所示。YV1 电磁阀控制液体 A 流入，YV2 电磁阀控制液体 B 流入，YV3 电磁阀控制混合液体流出，H、M、L 为高、中、低液位感应器，M 为搅拌机。控制要求：当按下启动按钮时，YV1 打开，流入液体 A，满至 M 处的，YV1 关闭，YV2 打开，流入液体 B，液体满至 H 处时，YV2 关闭，搅拌机 M 开始搅拌，搅拌 8s 后停止，然后 YV3 打开，流出混合液体；当混合液减至 L 处时，延时 10s 后关闭电磁阀 YV3，完成一个周期，然后自动进入下一个周期运行；在两种液体混合的过程中，按下停止按钮，直到一个周期完成才能停止。

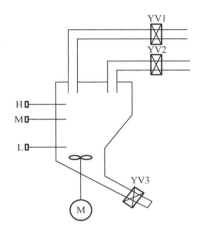

图 3-3-1 两种液体混合装置

解：

（1）I/O 配置。

两种液体混合装置的控制有 5 个输入信号和 4 个输出信号，其 I/O 分配表见表 3-3-1。

表 3-3-1 两种液体混合装置控制的 I/O 分配表

输 入		输 出	
元 件	端 口 地 址	元 件	端 口 地 址
启动按钮	X0	电磁阀 YV1	Y1
停止按钮	X1	电磁阀 YV2	Y2
低位传感器 L	X2	电磁阀 YV3	Y3
中位传感器 M	X3	搅拌机 M	Y4
高位传感器 H	X4		

（2）编制程序。

两种液体混合装置控制是单流程顺序控制，控制过程大致可分为初始步、流入液体 A、流入液体 B、搅拌及流出混合液体 5 个工步，各工步的状态继电器、驱动负载及转移条件见表 3-3-2。按照各工步的状态继电器、驱动负载及转移条件编制步进梯形图，如图 3-3-2 所示。

表 3-3-2 各工步的状态继电器、驱动负载及转移条件

工　步	状态继电器名称	驱 动 负 载	转 移 条 件
初始步	S0	无	M0
流入液体 A	S20	Y001	X003
流入液体 B	S21	Y002	X004
搅拌	S22	Y004、T0	T0
流出混合液体	S23	Y3、T1、M1	T1

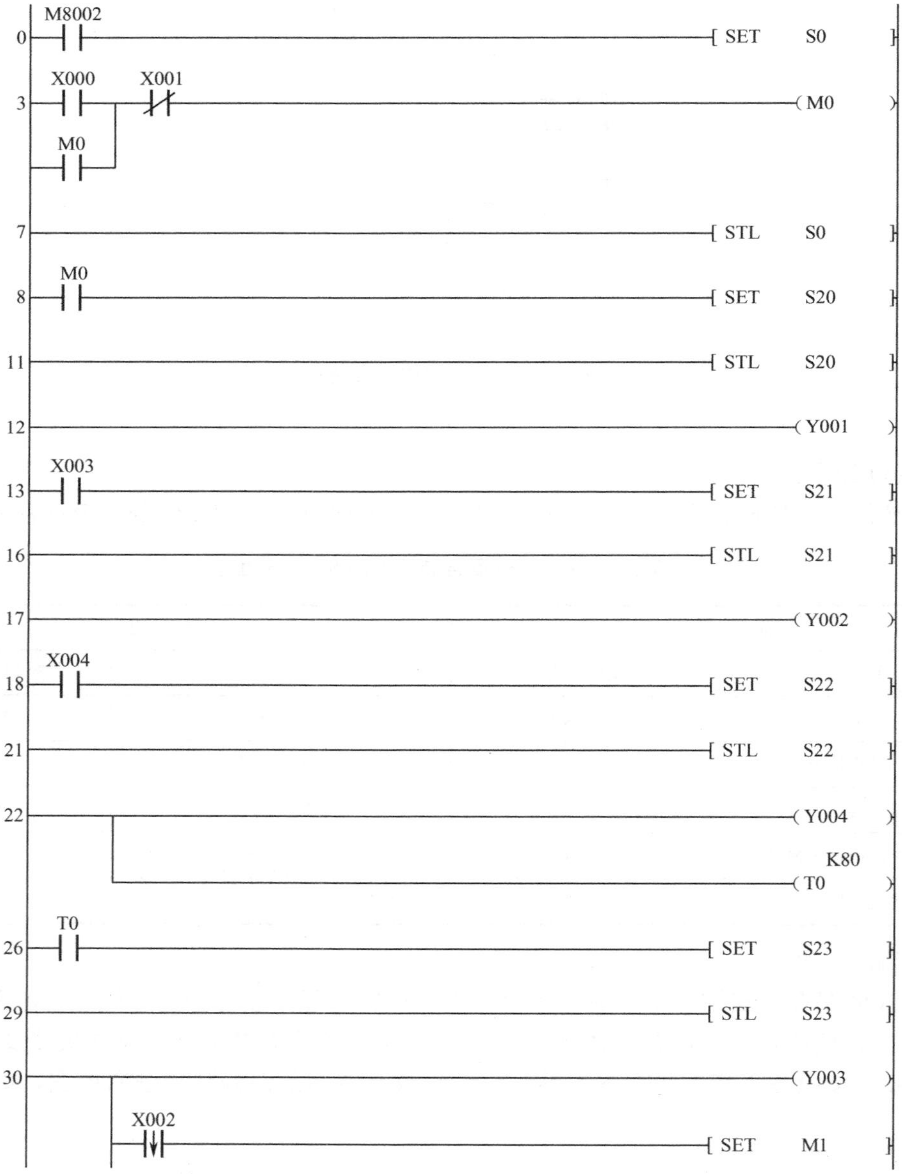

图 3-3-2 两种液体混合装置控制步进梯形图

图 3-3-2 两种液体混合装置控制步进梯形图（续）

（3）调试程序。

例 3-3-2 送料小车如图 3-3-3 所示，当小车停在初始位置 A 点时，按下启动按钮，在 A 点装料，装料时间为 5s，装完料后驶向 B 点卸料，B 点卸料时间是 6s，卸完料后返回 A 点装料，装完料后驶向 C 点卸料，C 点卸料时间是 8s，卸完料后又返回 A 点装料，如此循环，分别给 B、C 两点送料；按下停止按钮时，小车完成当前送料返回 A 点后停止。

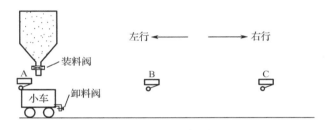

图 3-3-3 送料小车

解:

（1）I/O 配置。

送料小车控制有 5 个输入信号和 4 个输出信号，其 I/O 分配表见表 3-3-3。

表 3-3-3 送料小车控制 I/O 分配表

输 入		输 出	
元 件	端 口 地 址	元 件	端 口 地 址
启动按钮	X000	装料阀	Y001
停止按钮	X001	卸料阀	Y002
位置 A 行程开关	X002	小车右行	Y003
位置 B 行程开关	X003	小车左行	Y004
位置 C 行程开关	X004		

（2）编制程序。

送料小车控制大致可分为装料、送料、卸料及返回等工步，可采用选择性分支编制程序。由于小车送料到 C 点要经过 B 点，所以不能只通过位置 B 和位置 C 行程开关区分小车送料到

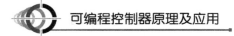

B 点还是到 C 点，还需要引入 M1 触点才能区分小车送料到 B 点还是到 C 点。送料小车控制步进梯形图如图 3-3-4 所示。

（3）调试程序。

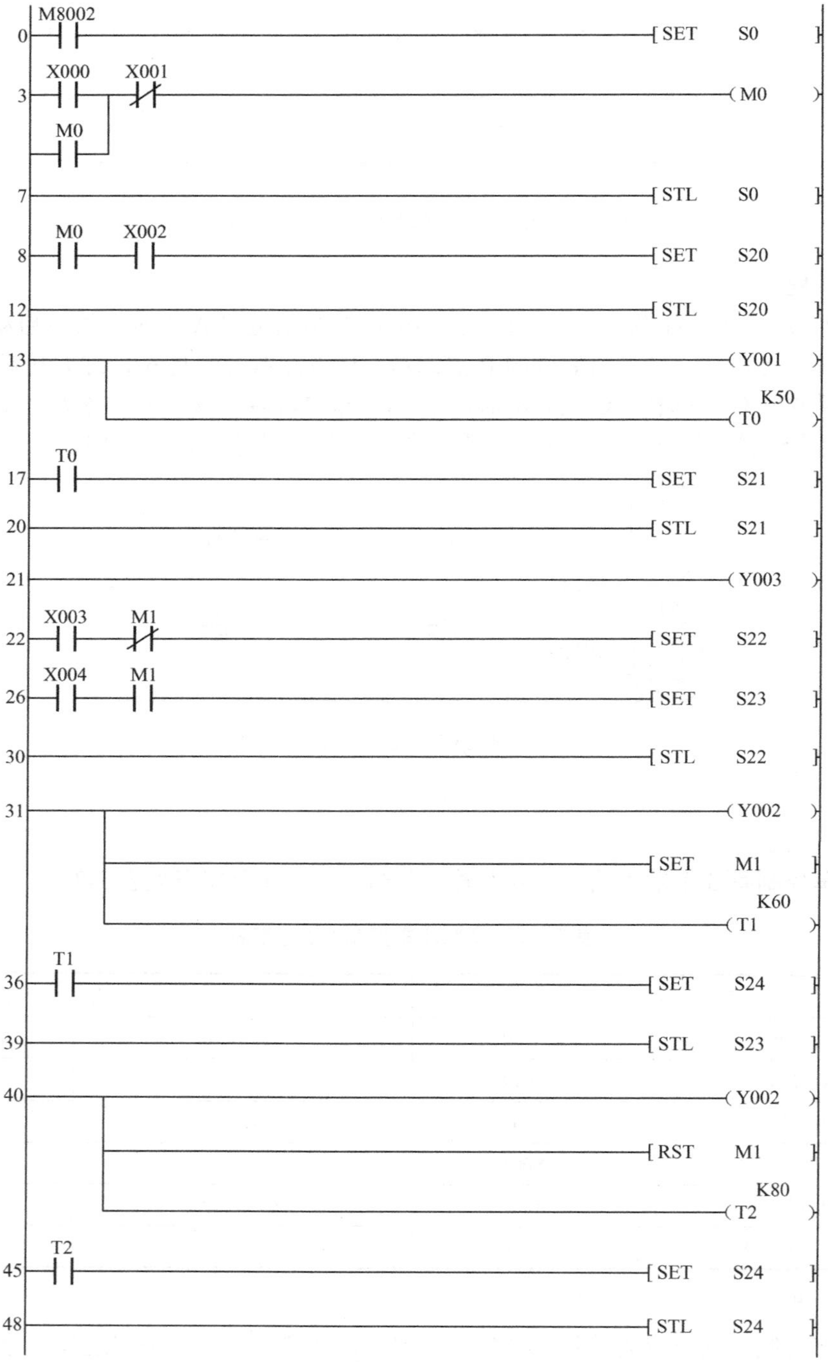

```
 0   M8002                                              ─[ SET    S0 ]
     ┤├

 3   X000   X001                                        ─( M0 )
     ┤├    ┤/├
     M0
     ┤├

 7                                                      ─[ STL    S0 ]

 8   M0    X002                                         ─[ SET    S20 ]
     ┤├    ┤├

12                                                      ─[ STL    S20 ]

13                                                      ─( Y001 )
                                                              K50
                                                         ─( T0 )

17   T0                                                 ─[ SET    S21 ]
     ┤├

20                                                      ─[ STL    S21 ]

21                                                      ─( Y003 )

22   X003   M1                                          ─[ SET    S22 ]
     ┤├    ┤/├

26   X004   M1                                          ─[ SET    S23 ]
     ┤├    ┤├

30                                                      ─[ STL    S22 ]

31                                                      ─( Y002 )
                                                         ─[ SET    M1 ]
                                                              K60
                                                         ─( T1 )

36   T1                                                 ─[ SET    S24 ]
     ┤├

39                                                      ─[ STL    S23 ]

40                                                      ─( Y002 )
                                                         ─[ RST    M1 ]
                                                              K80
                                                         ─( T2 )

45   T2                                                 ─[ SET    S24 ]
     ┤├

48                                                      ─[ STL    S24 ]
```

图 3-3-4   送料小车控制步进梯形图

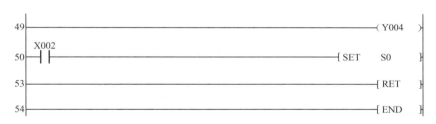

图 3-3-4 送料小车控制步进梯形图（续）

例 3-3-3 十字路口交通灯如图 3-3-5 所示。按下启动按钮，十字路口交通灯按照控制时序循环工作；按下停止按钮，十字路口交通灯立即停止工作。十字路口交通灯控制时序见表 3-3-4。

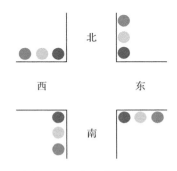

图 3-3-5 十字路口交通灯

表 3-3-4 十字路口交通灯控制时序

南北	信号灯	绿灯亮	黄灯闪烁	红灯亮	
方向	时间	25s	5s（5次）	30s	
东西	信号灯	红灯亮		绿灯亮	黄灯闪烁
方向	时间	30s		25s	5s（5次）

解：

（1）I/O 配置。

十字路口交通灯控制有 2 个输入信号和 6 个输出信号，其 I/O 分配表见表 3-3-5。

表 3-3-5 十字路口交通灯控制的 I/O 分配表

输　入		输　出	
元　件	端口地址	元　件	端口地址
启动按钮	X000	南北方向红灯	Y001
停止按钮	X001	南北方向绿灯	Y002
		南北方向黄灯	Y003
		东西方向红灯	Y004

输　　入		输　　出	
元　　件	端口地址	元　　件	端口地址
		东西方向绿灯	Y005
		东西方向黄灯	Y006

（2）编制程序。

由于十字路口交通灯的南北方向和东西方向信号灯同时工作，所以可以使用并行性分支编制程序，南北方向的分支分为绿灯亮、黄灯闪烁、红灯亮三步，东西方向的分支分为红灯亮、绿灯亮、黄灯闪烁三步。黄灯按照 1 次/秒规律闪烁，可以使用 M8013 编程，停止可以使用成批复位指令（ZRST）实现。十字路口交通灯控制步进梯形图如图 3-3-6 所示。

（3）调试程序。

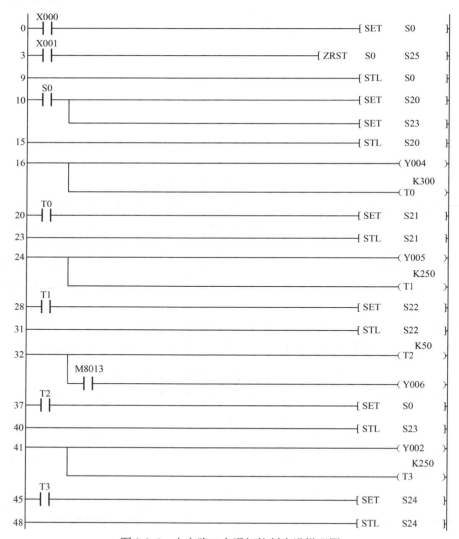

图 3-3-6　十字路口交通灯控制步进梯形图

图 3-3-6 十字路口交通灯控制步进梯形图（续）

第四章

顺序功能图及应用

为了方便、高效地设计顺序控制程序，PLC 设计人员专门开发了供设计顺序控制程序用的顺序功能图。采用顺序功能图进行程序设计，具有流程清晰、简单的特点。顺序功能图已被国际电工委员会（IEC）推荐为 PLC 首选编程语言，近年来得到了广泛应用。

第一节　顺序控制

顺序控制是 PLC 的重要应用之一。所谓顺序控制，就是按照生产工艺所要求的动作规律，在各个输入信号的作用下，根据内部的状态和时间顺序，使生产过程的各个执行机构自动地、有秩序地进行操作。

在顺序控制中，生产过程是按照顺序、有步骤地连续工作，因此，可以将一个生产过程分解为若干步骤，每一步对应生产过程中的一个控制任务，也称一个工步。在顺序控制中，生产工艺要求每一个工步必须严格按照规定的顺序执行，否则会造成严重的后果，所以要求每一个工步都要设置一个控制元件，以确保任何时候系统都能够安全工作。

在顺序控制的每个工步中，都应包括完成相应控制任务的执行机构及转移到下一个工步的转移条件。当顺序控制执行到某一工步时，该工步对应的控制元件被驱动，控制元件使该工步的执行机构动作；当向下一个工步转移的条件满足时，该工步对应的控制元件自动复位，下一个工步的控制元件被驱动，完成该工步的控制任务。

下面以送料小车为例来说明顺序控制过程。如图 4-1-1 所示，小车初始位置在 A 点，按下启动按钮，小车在 A 点装料，装料时间为 5s，装完料后驶向 B 点，到达 B 点后卸料，卸料时间是 6s，卸完料后又返回 A 点装料，如此循环运行。

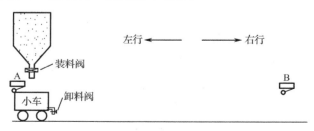

图 4-1-1　送料小车

通过分析送料小车的控制过程，可以将控制过程分解为准备、装料、右行、卸料及左行 5个工步，动作流程图如图 4-1-2 所示。在准备步，如果小车已停在 A 点，按下启动按钮，将转移到装料工步，打开装料阀，驱动 5s 定时器，装料时间 5s 到，关闭装料阀，复位 5s 定时器，转移到右行工步，驱动小车右行，到达 B 点，小车停止，转移到卸料工步，打开卸料阀，驱动 6s 定时器，卸料时间 6s 到，关闭卸料阀，复位 6s 定时器，转移到左行工步，驱动小车左行，到达 A 点后小车停止，然后再次转移到装料工步，如此循环运行。

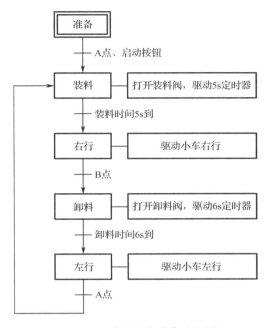

图 4-1-2 送料小车动作流程图

从动作流程图可以看出，每个方框表示一个工步（双线方框表示系统准备步），方框之间用带箭头的直线相连，箭头方向表示工步转移方向，箭头上的短横线表示转移条件，当转移条件得到满足时实现转移（上一个工步动作结束，下一个工步动作开始），工步方框右边的长方框描述了该工步控制的执行机构。

通过以上分析可以总结出顺序控制具有以下特点。

（1）每个工步都应分配一个控制元件，以确保顺序控制能够正常进行。

（2）每个工步都具有驱动负载的能力，能使该工步的执行机构动作。

（3）每个工步都具有转移条件，在转移条件得到满足时，都会转移到目标工步，而该工步会自动复位。

第二节 顺序功能图程序设计

顺序功能图是在顺序控制的动作流程图基础上发展起来的，现在已成为顺序控制的首选编程语言。顺序功能图（Sequential Function Chart，SFC）也称状态转移图，是一种按照系统工艺流程进行编程的图形编程语言。采用顺序功能图进行顺序控制程序设计，只需使用简单的逻辑指令就可以完成程序的编写，无须考虑信号之间复杂的互锁条件，近年来已经在顺序控制领域得到了广泛应用。

一、顺序功能图

由于顺序功能图是在顺序控制的动作流程图基础上发展起来的编程语言，所以使用顺序功能图时，首先要将顺序控制分解为若干工步，每个工步对应顺序功能图的一个工作状态。同样，顺序功能图中一个完整的工作状态也必须包括控制元件、驱动负载、转移条件及转移方向四部分。工作状态也称"步"，一个工作状态对应一个步，在 SFC 中驱动负载也称"运行输出"。

1. 步的类型

SFC 中的步是控制系统的一个工作状态，指控制对象某一特定的工作情况。步分为初始步、一般步及空步三种类型。

1）初始步

初始步是系统等待启动命令而相对静止的步，可以有运行输出，也可以没有运行输出，表示符号为□。

2）一般步

一般步相当于控制系统的一个阶段，一般有运行输出，表示符号为□。

3）空步

只有转移，没有运行输出的步称为空步；空步一般用于对转移条件进行隔离，表示符号为□。

2. 步的组成

一个完整的步包括控制元件、运行输出、转移条件及转移方向四部分。

1）控制元件

控制元件采用状态继电器 S 表示，初始步的控制元件采用 S0～S9 这 10 个状态继电器表示，一般步的控制元件采用 S20 以后的状态继电器表示。

2）运行输出

运行输出是根据控制要求进行逻辑运算，可以采用 OUT 或者 SET 指令驱动 M、Y、T、C 等线圈，也可以应用功能指令。运行输出在对应步的右侧，并且直接和该步相连，如图 4-2-1 所示。

3）转移条件及转移方向

转移条件用"短横线"表示，转移方向一般用"长竖线"表示，转移条件和转移方向如图 4-2-2 所示。

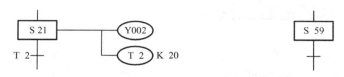

图 4-2-1　运行输出　　　　　　　图 4-2-2　转移条件和转移方向

转移条件可以是单一的，也可以是多个元件串、并联组合。对于自上而下的正常转移方向，一般不标记箭头；对于其他转移方向，必须用箭头标明。

3. 步的使用说明

（1）在 SFC 程序中，步具有主控功能，如果某一步被激活，则执行该步相关的负载；如果某一步没有被激活，则该步相关的负载不能得到执行。当转移条件满足时，激活下一步，自动复位当前步。自动复位不仅可以复位状态继电器，而且可以复位 OUT 驱动的负载，但是自动复位不能复位 SET 驱动的负载，必须采用 RST 指令才可以复位。

（2）状态继电器 S 可以按照编号顺序使用，也可以任意选择使用，但是不允许重复使用。

（3）不管是相邻步还是不相邻步，不同的步都可以使用相同的输出继电器 Y 及辅助继电器 M。在相邻步中不能使用相同的定时器 T，但是在不相邻步中可以使用相同的定时器 T，定时器线圈重复使用情况如图 4-2-3 所示。

（4）尽管计数器 C 线圈是通过 OUT 指令驱动的，但是在步转移时，其不会自动复位，需要通过 RST 指令复位。

（5）在相邻步中为了避免不能同时接通的一对输出同时接通，需要在可编程控制器外部及程序中设置互锁，输出的互锁程序如图 4-2-4 所示。

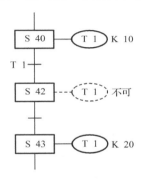

图 4-2-3　定时器线圈重复使用情况

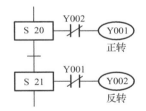

图 4-2-4　输出的互锁程序

（6）在中断程序和子程序中不能使用 SFC 块。在 SFC 块中不禁止使用跳转指令，但是动作复杂，建议不要使用。在 SFC 块中不能使用 MC、MCR 指令。

（7）每个 SFC 块至少有一个初始步，并且初始步必须位于 SFC 块最前面，在开始运行前用 SFC 块以外的触点预先驱动，而且初始步的驱动程序必须位于 SFC 块前面，一般采用 M8002 触点驱动。程序运行后，初始步也可以由其他步驱动。具有多个初始步的 SFC 块应将各初始步分离编程。如图 4-2-5 所示，先编制初始步为 S3 的 SFC 块程序，再编制初始步为 S4 的 SFC 块程序。不同 SFC 块之间可以跳转，也可以使用其他 SFC 块的状态继电器 S 触点进行编程。

（8）初始步以外的步都必须通过其他步驱动，没有被步以外的程序驱动的情况。

下面根据送料小车动作流程图绘制送料小车顺序功能图。

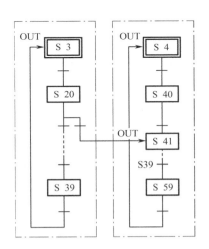

图 4-2-5　初始步分离编程

（1）根据控制要求分配 I/O 地址，送料小车 I/O 地址分配表见表 4-2-1。

表 4-2-1　送料小车 I/O 地址分配表

输入信号名称	输入端子编号	输出信号名称	输出端子编号
启动按钮	X0	装料阀	Y0
A 点行程开关	X1	卸料阀	Y1
B 点行程开关	X2	小车右行	Y2
		小车左行	Y3

（2）根据送料小车动作流程图分配步，见表 4-2-2。

表 4-2-2　送料小车步分配表

步　名　称	控 制 元 件
准备	S0
装料	S20
右行	S21
卸料	S22
左行	S23

（3）确定送料小车每步驱动的负载，见表 4-2-3。

表 4-2-3　送料小车每步的负载表

步　名　称	驱 动 负 载
准备（S0）	无
装料（S20）	装料阀 Y0，定时器 T0，定时 5s
右行（S21）	小车右行 Y2
卸料（S22）	卸料阀 Y1，定时器 T1，定时 6s
左行（S23）	小车左行 Y3

（4）确定送料小车每步的转移条件及转移目标，见表 4-2-4。初始步在开始运行前用 SFC 程序以外的触点预先驱动，一般采用 M8002 触点驱动。

表 4-2-4　送料小车每步的转移条件及转移目标表

步　名　称	转　移　条　件	转　移　目　标
准备（S0）	A 点 X1 且按下启动按钮 X0	装料（S20）
装料（S20）	T0 常开触点	右行（S21）
右行（S21）	B 点 X2	卸料（S22）
卸料（S22）	T1 常开触点	左行（S23）
左行（S23）	A 点 X1	装料（S20）

（5）绘制送料小车顺序功能图，如图 4-2-6 所示。

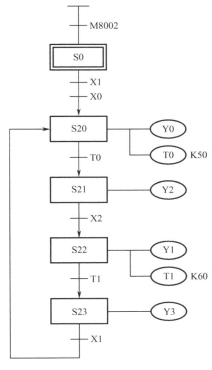

图 4-2-6　送料小车顺序功能图

二、SFC 的流程结构

根据步与步之间的连接形式，可以将 SFC 的流程结构分为单流程串联结构和多流程并联结构两大类。

1. 单流程串联结构

步与步之间只有一个工作通道的流程结构称为单流程串联结构，如图 4-2-7 所示。单流程串联结构具有以下特点。

（1）单流程串联结构只有一个初始步。

（2）步与步之间采用自上而下的串联连接。

（3）步之间的转移方向始终是自上而下（除初始步和结束步外）。

（4）除转移瞬间外，通常只有一个步被激活。

2. 多流程并联结构

根据分支与汇合的连接方式，多流程并联结构分为选择性分支与汇合、并行性分支与汇合两类。

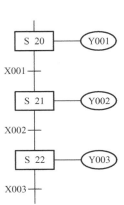

图 4-2-7　单流程串联结构

1）选择性分支与汇合

选择性分支与汇合处，连接横线采用单线，各个分支与汇合的转移条件不同，分支的转移条件位于连接横线之后，汇合的转移条件位于连接横线之前，流程结构如图 4-2-8 所示。选择性分支与汇合连接的并联工作通道中，只有一个通道工作，定时器线圈和输出线圈可以重复使用。

2）并行性分支与汇合

并行性分支与汇合处，连接横线采用双线，各个分支与汇合的转移条件相同，分支的转移条件位于连接横线之前，汇合的转移条件位于连接横线之后，流程结构如图4-2-9所示。并行性分支与汇合连接的并联工作通道同时工作，所以定时器线圈和输出线圈不能重复使用。

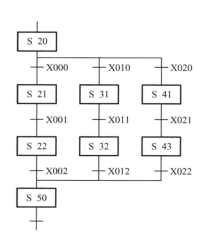

图4-2-8　选择性分支与汇合流程结构

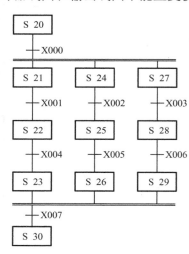

图4-2-9　并行性分支与汇合流程结构

三、特殊情况处理

在SFC程序设计中存在非连续状态的转移，即特殊情况处理。一般情况下，向上转移的流程称为"循环"，向下转移的流程称为"跳转"，向本流程以外转移的流程称为"分离"，进行本状态的重复称为"复位"，如图4-2-10所示。

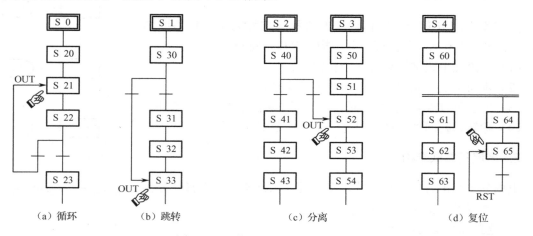

（a）循环　　　　（b）跳转　　　　（c）分离　　　　（d）复位

图4-2-10　特殊情况处理流程结构

四、SFC 程序设计应注意的问题

实际设计 SFC 程序时，除了遵守 SFC 程序设计的一般原则外，还必须注意以下问题。

（1）步之间不能直接连接，必须通过转移条件进行隔离，如图 4-2-11 所示。

（2）转移条件之间不能直接连接，必须进行转移条件处理，如图 4-2-12 所示；也可以设置空步处理。

（3）分支与汇合不能交叉，遇到交叉时，应采用分离编程，如图 4-2-13 所示。

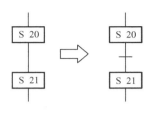

图 4-2-11　步间连接

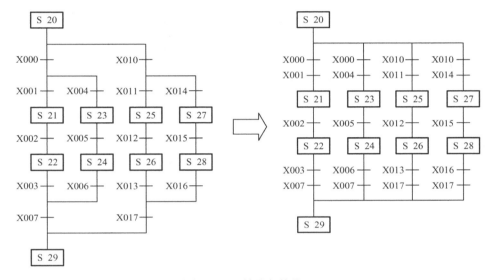

图 4-2-12　转移条件处理

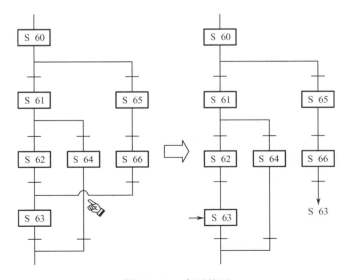

图 4-2-13　交叉处理

（4）一个初始步下的并联分支最多 8 条，如果分支下还有分支，并联分支最多 16 条，如图 4-2-14 所示。

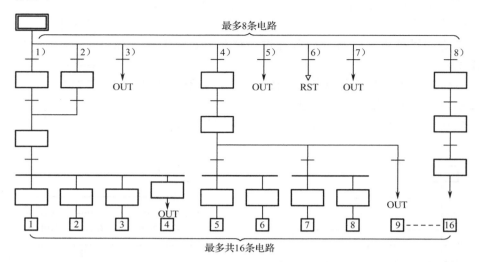

图 4-2-14　分支数目限定

（5）当 SFC 程序具有分支时，不能在汇合线及汇合线前的状态进行状态转移或者复位处理，如果要进行转移或者复位处理，就必须设置空步，如图 4-2-15 所示。

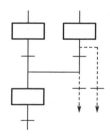

图 4-2-15　分支汇合处的状态转移或者复位

（6）分支和汇合不能通过转移条件连接，必须插入空步，如图 4-2-16 所示。

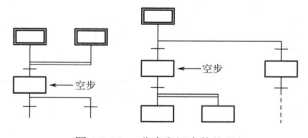

图 4-2-16　分支和汇合的处理

（7）并行性分支的转移条件位于双横线之前，并行性汇合的转移条件位于双横线之后，转移条件不符合要求时必须处理，如图 4-2-17 所示。

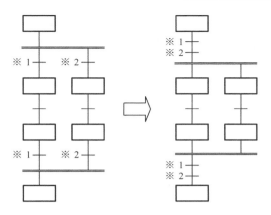

图 4-2-17　并行性分支与汇合的转移条件处理

（8）选择性分支的转移条件不能相同，有歧义时必须进行处理，如图 4-2-18 所示。

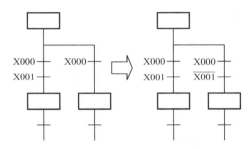

图 4-2-18　歧义分支的转移条件处理

（9）不能执行的分支与汇合组合如图 4-2-19 所示。

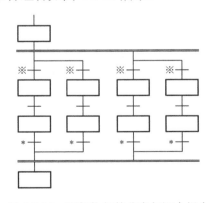

图 4-2-19　不能执行的分支与汇合组合

五、SFC 的程序结构

SFC 程序一般分为梯形图块和 SFC 块，梯形图块用于初始化及紧急停止等非顺序控制程序，SFC 块用于顺序控制程序；一个 SFC 程序最多有 10 个 SFC 块（每个 SFC 块最多有 512 步），一个 SFC 程序最多有 11 个梯形图块，SFC 块可以相邻建立，但是梯形图块不能相邻建立。SFC 的程序结构如图 4-2-20 所示。

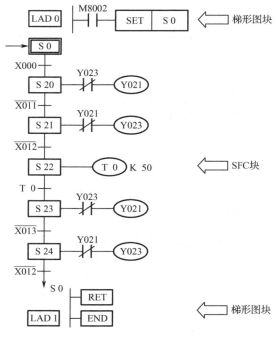

图 4-2-20 SFC 的程序结构

第三节 顺序功能图程序编辑

本节主要介绍通过 FX 系列 PLC 编程软件 GX Developer 进行 SFC 程序编辑。

一、创建新工程

单击 ▢ 图标，弹出"创建新工程"对话框，进行"PLC 系列"和"PLC 类型"选择后，在"程序类型"选项区中选择"SFC"，在新建文件时可以进行工程名设定，先选中"设置工程名"复选框，然后设定"驱动器/路径"、"工程名"及"索引"，最后单击 确定 按钮即可，如图 4-3-1 所示。

图 4-3-1 "创建新工程"对话框

二、块列表窗口

新建工程结束后就弹出块列表窗口,如图 4-3-2 所示。一般情况下,块列表窗口中将列出程序中所有梯形图块和 SFC 块。

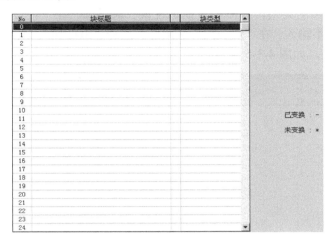

图 4-3-2　块列表窗口

三、梯形图块编辑

双击块列表窗口中的某块,弹出"块信息设置"对话框,如图 4-3-3 所示。在"块标题"文本框中可以输入相关信息,也可以不输入,在"块类型"选项区中选择"梯形图块",最后单击　执行　按钮,弹出梯形图块编辑窗口,进行梯形图编辑,编辑完毕必须进行转换(F4),如图 4-3-4 所示。

图 4-3-3　"块信息设置"对话框

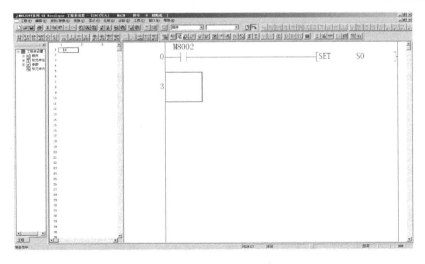

图 4-3-4　梯形图块编辑窗口

四、SFC 块编辑

双击工程数据列表窗口中的"程序"→"MAIN"或者单击菜单栏中的关闭按钮，返回块列表窗口。

双击块列表窗口中的某块，弹出"块信息设置"对话框，在"块标题"文本框中可以输入相关信息，也可以不输入，在"块类型"选项区中选择"SFC 块"，最后单击 执行 按钮，弹出 SFC 块编辑窗口，如图 4-3-5 所示。

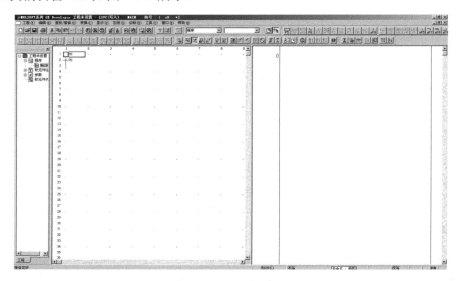

图 4-3-5　SFC 块编辑窗口

1. 步编辑

在 SFC 编辑区适当的位置单击鼠标左键，出现光标，再单击囻，弹出图 4-3-6 所示的对话框，输入步的图标号，要求其编号和状态元件的编号一致，最后单击 确定 按钮，出现□?10，单击□?10，然后将鼠标移入梯形图编辑区单击，进行相关梯形图编辑，编辑完毕必须进行转换（F4）。

图 4-3-6　步输入

□?10表示该步没有运行输出；如果该步有运行输出，并且进行了梯形图编辑和转换，则"?"将自动消失。

2. 转移条件编辑

在 SFC 编辑区适当的位置单击鼠标左键，出现光标，再单击F5，弹出图 4-3-7 所示的对话框，输入转移条件编号，单击 确定 按钮，出现 十?3 ，单击 十?3 ，然后将鼠标移入梯形图编辑区单击，进行转移条件梯形图编辑，编辑完毕必须进行转换（F4）。

图 4-3-7　转移条件输入

在 SFC 程序中转移用"TRAN"表示，如图 4-3-8 所示，不能用"SET　S××"语句表示，单击 或 ，会自动输入 [Tran]；当转移条件编辑完成并转换后，转移条件旁边的"?"将自动消失。

图 4-3-8　转移的表示

3. 跳转与复位编辑

在需要跳转的位置单击 ，弹出图 4-3-9 所示的对话框，输入跳转目的步的编号，单击 确定 按钮。如果跳转目标在同一 SFC 块中，在跳转目标的步中会出现一个小黑点；如果跳转目标不在同一 SFC 块中，在跳转目标的步中不会出现跳转目标标记。编辑完毕必须进行转换（F4）。

图 4-3-9　跳转输入

如果在上述对话框中"步属性"选择"[R]"，则表示复位目的步的编号，这时符号 将变为 。

4. 分支编辑

一般通过分支图标进行分支程序编辑，分支图标分为两类，操作方法不同，但是作用相同。

1）生成线图标

这类图标生成指定长度的图标，如图 4-3-10 所示。

2）画线图标

这类图标通过动态画线生成图标，如图 4-3-11 所示。用鼠标画线时，出现蓝色细线时才可以松开鼠标，否则会输入失败。

图 4-3-10　生成线图标　　　　　图 4-3-11　画线图标

通过"∣"（垂直线）可以替换运行输出和转移条件，通过 x_{sF9} 可以删除画线的连线和生成线的连线。

通过生成线进行分支汇合时，会弹出"SFC 符号输入"对话框，要输入生成线的长度，1个基本单位长度为 1 个列宽；向鼠标左边生成线为"-"，向鼠标右边生成线为"+"。

5. 从 Enter 键开始操作

对于在列方向连续的步（□）和转移（†）项，从 Enter 键开始操作是一种有效的方法。

五、整体转换

梯形图块和 SFC 块的程序是分别编制的，所以编辑完所有程序后，必须进行整体转换 █（Alt+Ctrl+F4）。程序转换 █（F4）能够转换正在编辑的梯形图或者 SFC 块之一，整体转换 █（Alt+Ctrl+F4）可以同时转换正在编辑的梯形图和 SFC 块。

六、程序类型转化

选择"工程"菜单，然后选择"编辑数据"，执行"改变程序类型"命令，弹出"改变程序类型"对话框，进行程序类型转化，如图 4-3-12 所示。

图 4-3-12 "改变程序类型"对话框

1）SFC 不能转换为梯形图情况的处理

如果在块列表窗口中有未转换的块、未登记的块及相邻的梯形图块，必须选择"变换"菜单，执行"块变换（编辑中的所有块）"命令，才能转换为梯形图程序，如图 4-3-13 所示。

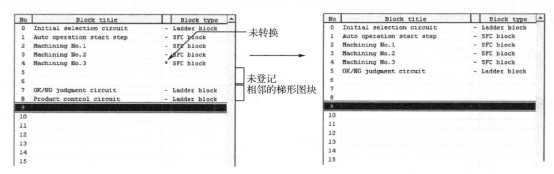

图 4-3-13 SFC 不能转换为梯形图情况的处理

2）梯形图不能转换为 SFC 情况的处理

在步进梯形图程序中，并行性分支可以立即进行跳转，为了能够转换为 SFC 程序，必须先在分支后插入空步，再进行跳转，如图 4-3-14 所示。

在步进梯形图程序中，选择性分支可以使用 MPS、MRD、MPP 指令进行转移处理，为了能够转换为 SFC 程序，必须修改转移条件的梯形图，如图 4-3-15 所示。

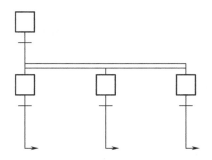

图 4-3-14　并行性分支的跳转处理

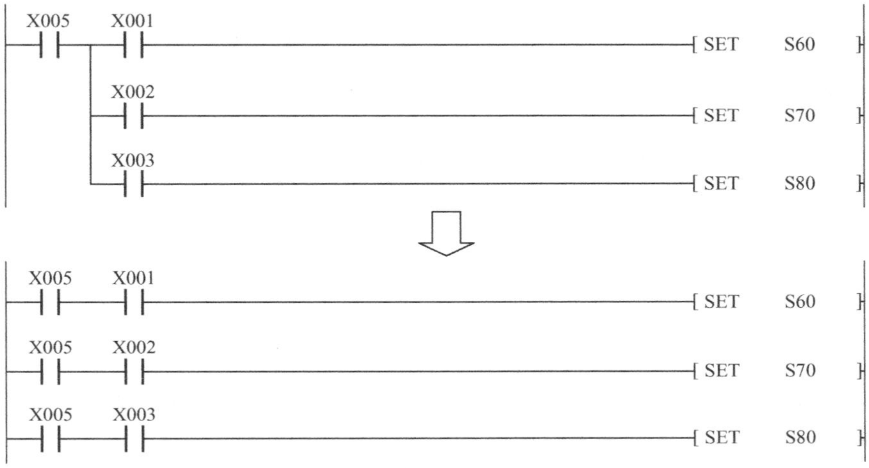

图 4-3-15　选择性分支转移条件的修改

在步进梯形图程序中，可以按照运行输出对转移条件进行编程，为了能够转换为 SFC 程序，将转移条件改进为独立电路块，如图 4-3-16 所示。

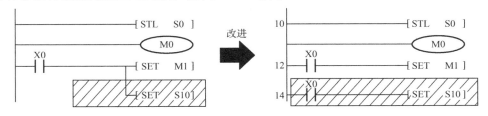

图 4-3-16　转移条件的改进

七、在线操作

1. 读/写操作

选择"在线"菜单，执行"PLC 读取"或"PLC 写入"命令，可在整个步范围内读/写，不支持"部分读/写"和"RUN 写入"。

2. 监视

选择"在线"菜单，然后选择"监视"，执行"监视模式"或"监视停止"命令。监视和编辑不能同时进行。单击 ⊞ 将执行"自动滚屏监视"。

第四节　顺序功能图的应用

顺序功能图是顺序控制的首选编程语言，采用顺序功能图可以方便、高效地设计顺序控制程序。使用顺序功能图进行顺序控制程序设计大致按照以下几步进行。

1. I/O 配置

分析控制过程和工艺要求，分配 I/O 地址，绘制电路原理图，连接电路。

2. 编制程序

首先将控制过程分解为若干工步，然后确定每步的状态继电器、负载及转移条件，最后绘制顺序功能图。

3. 调试程序

对编制好的程序进行调试。

下面通过几个实例进一步熟悉顺序功能图及其应用。

例 4-4-1　离心式选矿机工作示意图如图 4-4-1 所示。当按下启动按钮时，断矿阀 A 打开，矿流进入离心式选矿机，50s 后关闭断矿阀 A，暂停 5s 打开分矿阀 B，离心式选矿机旋转，将精矿和尾矿分开，30s 后关闭分矿阀 B，暂停 5s 打开冲矿阀 C，进行冲水，10s 后关闭冲矿阀 C，暂停 5s 打开断矿阀 A，如此循环进行选矿。当按下停止按钮时，选矿机直到完成一个周期后才停止。

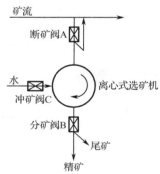

图 4-4-1　离心式选矿机工作示意图

解：

（1）I/O 配置。

离心式选矿机的自动控制系统有 2 个输入信号和 3 个输出信号，离心式选矿机的 I/O 分配表见表 4-4-1。

表 4-4-1　离心式选矿机的 I/O 分配表

输　入		输　出	
元　件	端 口 地 址	元　件	端 口 地 址
启动按钮	X0	断矿阀 A	Y1
停止按钮	X1	分矿阀 B	Y2
		冲矿阀 C	Y3

（2）编制程序。

离心式选矿机的控制是单流程顺序控制，控制过程大致可分为初始步、打开断矿阀 A、打开分矿阀 B、打开冲矿阀 C 及暂停等工步，离心式选矿机控制的顺序功能图如图 4-4-2 所示。

（3）调试程序。

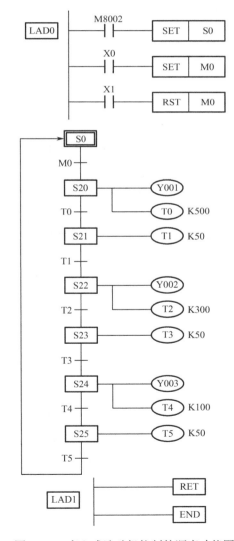

图 4-4-2　离心式选矿机控制的顺序功能图

例 4-4-2 大小球分拣工作示意图如图 4-4-3 所示。大小球分拣设备运行前停在上限位和左限位，并且电磁铁处于不得电状态，称为原点位置。当设备处于原点位置时，按下启动按钮，设备将按照下降→吸球→上升→右移→下降→放球→上升→左移的顺序依次动作，如此循环，将大小球分拣到相应的容器中。

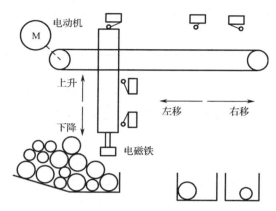

图 4-4-3 大小球分拣工作示意图

解：

（1）I/O 配置。

大小球分拣的自动控制系统有 6 个输入信号和 5 个输出信号，大小球分拣的 I/O 分配表见表 4-4-2。

表 4-4-2 大小球分拣的 I/O 分配表

输　　入		输　　出	
元　　件	端 口 地 址	元　　件	端 口 地 址
启动按钮	X0	控制左移的接触器	Y1
左限位	X1	控制右移的接触器	Y2
上限位	X2	控制上升的接触器	Y3
下限位	X3	控制下降的接触器	Y4
大球容器限位	X4	控制电磁铁的接触器	Y5
小球容器限位	X5		

（2）编制程序。

大小球分拣的控制是选择性分支与汇合的流程，设备在原点位置下降 3s，下限位 X3 是否动作为分支点，大小球容器限位为汇合点；为了可靠吸放球，需要在吸放球时延时 1s。大小球分拣控制的顺序功能图如图 4-4-4 所示。

（3）调试程序。

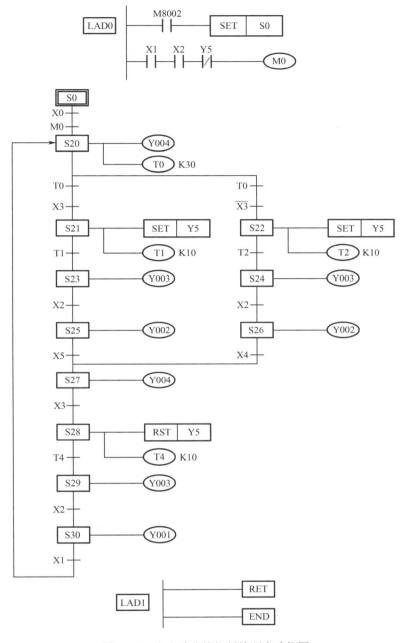

图 4-4-4　大小球分拣控制的顺序功能图

例 4-4-3　某组合钻床用来加工圆盘零件上均匀分布的 6 个孔,组合钻床钻孔工作示意图如图 4-4-5 所示。放置好圆盘零件,按下启动按钮,零件被夹紧,当夹紧压力继电器为 ON 时,大小钻头同时下降进给,大钻头进给到大钻头的下限位后上升退回,大钻头退回到大钻头的上限位后停止上升;小钻头进给到小钻头的下限位后上升退回,小钻头退回到小钻头的上限位后停止上升。当大小钻头都退回到位后,圆盘零件旋转 120°,旋转到位后又开始钻第二对孔,三对孔都加工完后松开圆盘零件,松开到位后组合钻床停止工作,等待加工下一个圆盘零件。

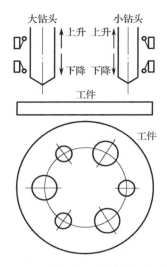

图 4-4-5　组合钻床钻孔工作示意图

解：

（1）I/O 配置。

组合钻床钻孔的自动控制系统有 8 个输入信号和 7 个输出信号，组合钻床钻孔的 I/O 分配表见表 4-4-3。

表 4-4-3　组合钻床钻孔的 I/O 分配表

输　入		输　出	
元　件	端 口 地 址	元　件	端 口 地 址
启动按钮	X0	大钻头上升	Y1
夹紧压力继电器	X1	大钻头下降	Y2
大钻头的上限位	X2	小钻头上升	Y3
大钻头的下限位	X3	小钻头下降	Y4
小钻头的上限位	X4	零件夹紧	Y5
小钻头的下限位	X5	零件旋转	Y6
旋转到位限位	X6	零件松开	Y7
松开到位限位	X7		

（2）编制程序。

组合钻床钻孔的控制是并行性分支与汇合的流程，夹紧压力继电器为 ON 是分支点，大小钻头都退回到位是汇合点。组合钻床钻孔控制的顺序功能图如图 4-4-6 所示。

（3）调试程序。

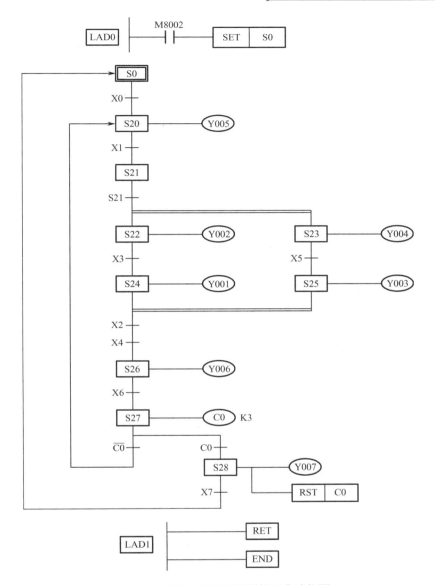

图 4-4-6　组合钻床钻孔控制的顺序功能图

常用功能指令及应用

复杂的控制系统通常要求具有数据处理、过程控制等功能，使用基本逻辑指令不能实现这些功能，必须采用功能指令。功能指令也称应用指令，实际上就是一系列实现不同功能的子程序。FX 系列 PLC 的功能指令分为程序流程控制指令、传送与比较指令、算术与逻辑运算指令、移位和循环指令、数据处理指令及方便指令等。FX 系列 PLC 具有丰富的功能指令，充分应用功能指令，不仅能使编程快捷简单，而且可以降低控制系统的成本。

第一节　功能指令的基本规则

一、指令格式

功能指令的格式见表 5-1-1，包括操作码和操作数。操作码表示是什么操作，一般用助记符表示。操作数包括源操作数 S、目标操作数 D 及其他操作数 m 和 n。执行指令时，内容没有变化的操作数称为源操作数，内容发生变化的操作数称为目标操作数。其他操作数通常采用常数，对源操作数和目标操作数进行补充说明。

表 5-1-1　功能指令的格式

操作码	操 作 数		
（助记符）	S	D	m 和 n
表示是什么操作	源操作数	目标操作数	其他操作数

S、D、m 及 n 根据具体的指令是可选的；S、D、m 及 n 不止一个，用 S1、S2，D1、D2，m1、m2，n1、n2 等表示；S、D 使用变址功能时，用 S·、D·表示。

移位传送指令的梯形图如图 5-1-1 所示。操作码 SMOV 表示移位传送。指令执行时，首先将源操作数 D1 中的数据转换为 BCD 码，然后将源操作数 D1 中从第 4 位（其他操作数 K4）开始连续 2 位（其他操作数 K2）的 BCD 码，传送给目标操作数 D2 的 BCD 码中从第 3 位（其他操作数 K3）开始连续 2 位。

图 5-1-1　移位传送指令的梯形图

功能指令的程序步通常为 1 步，根据操作数是 16 位或 32 位，会变为 2 步或 4 步。有些功能指令只有操作码，无操作数，但大多数功能指令有 1~5 个操作数。操作数的对象软元件见表 5-1-2。

表 5-1-2　操作数的对象软元件

位 元 件					位元件组合及字元件									常 数	
X	Y	M	S	D□.b	KnX	KnY	KnM	KnS	T	C	D	V	Z	K	H

二、数据长度

根据功能指令处理的数据大小，将数据长度分为 16 位和 32 位两种，功能指令助记符前加"D"表示处理 32 位数据，而不加"D"表示处理 16 位数据，如图 5-1-2 所示。

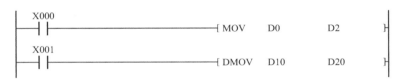

图 5-1-2　功能指令的数据长度

处理 32 位数据时，使用相邻的两个软元件，指定的软元件为低 16 位，与之相邻的软元件为高 16 位。指定软元件的地址编号用奇数、偶数均可，建议指定的软元件统一采用偶数编号。

三、执行方式

根据功能指令的执行方式，将功能指令分为连续执行型和脉冲执行型两种。功能指令助记符后加"P"，表示脉冲执行型，在 X1 发生 OFF→ON 变化时执行一次；而不加"P"，表示连续执行型，在 X0 为 ON 期间，每个扫描周期都要执行一次，如图 5-1-3 所示。

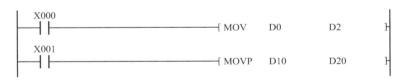

图 5-1-3　功能指令的执行方式

在基本指令中，微分输出指令和脉冲边沿检测指令也具有脉冲执行的功能，所以也可以使用这些指令实现功能指令脉冲执行方式。脉冲边沿检测指令的脉冲执行如图 5-1-4 所示，微分输出指令的脉冲执行如图 5-1-5 所示。

图 5-1-4　脉冲边沿检测指令的脉冲执行

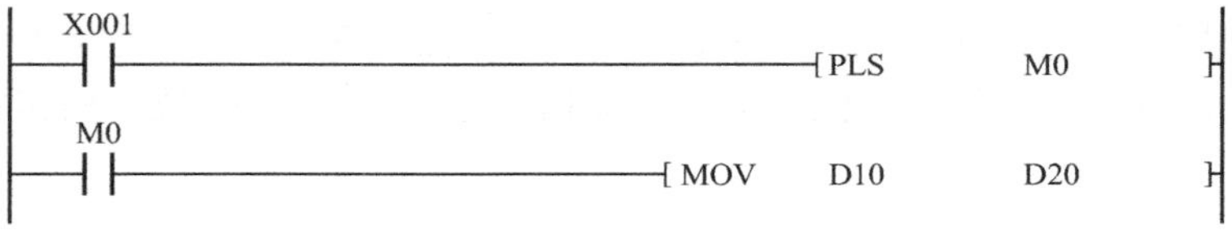

```
      X001
      ─┤├─────────────────────────────────┤ PLS      M0    ├
      M0
      ─┤├─────────────────────────┤ MOV     D10      D20   ├
```

图 5-1-5　微分输出指令的脉冲执行

四、寻址方式

寻找操作数的存放地址称为寻址，PLC 的寻址方式包括立即寻址、直接寻址及变址寻址三种。

1. 立即寻址及直接寻址

立即寻址的操作数为十进制或者十六进制的常数，直接寻址的操作数为存放数据的地址。如图 5-1-6 所示，源操作数 K10 为立即寻址，目标操作数 D10 为直接寻址。

```
      M0
      ─┤├─────────────────────────┤ MOV     K10      D10   ├
```

图 5-1-6　立即寻址及直接寻址

2. 变址寻址

通过变址寄存器 V/Z 修改地址的寻址方式称为变址寻址，变址寄存器 V/Z 中存放地址的偏移量，变址寻址实际上是一种间接寻址方式。FX 系列 PLC 的步进指令不存在变址寻址，D□.b 不能使用变址修饰。

变址寻址如图 5-1-7 所示，通过初始脉冲 M8002 使 V0 中的值变为 K4（使用初始脉冲 M8002，可以使功能指令在 PLC 运行期间执行一次），K1X4V0 变址操作后的地址编号为 K4+K4=K8，输入继电器 X 采用八进制地址编号，所以变址操作后的地址为 K1X10 而不是 K1X8。当 X0 为 ON 时，将 X10～X13 的状态传送给 D0。

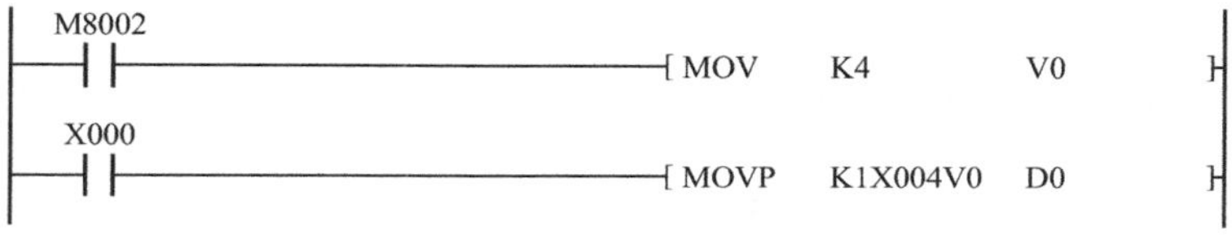

```
      M8002
      ─┤├─────────────────────────┤ MOV     K4       V0    ├
      X000
      ─┤├─────────────────────────┤ MOVP    K1X004V0  D0   ├
```

图 5-1-7　变址寻址

某些功能指令在使用时受到使用次数的限制，通过变址寻址可以在程序中多次使用，从而得到和实际多次使用相同的效果。PWM 指令的变址寻址如图 5-1-8 所示，当 X1 为 ON 时，Z0=0，X0 为 ON 时 PWM 指令的脉冲从 Y0 输出；当 X1 为 OFF 时，Z0=1，Y0Z0 变址操作后的地址为 Y1，X0 为 ON 时 PWM 指令的脉冲从 Y1 输出。这样，利用变址寻址实现了二次使用 PWM 指令。

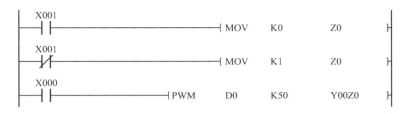

图 5-1-8 PWM 指令的变址寻址

五、标志位

标志位是 PLC 的一些特殊辅助继电器，有些功能指令的执行结果会影响标志位，有些功能指令的执行模式会受到标志位的控制。标志位包括一般标志位、运算出错标志位及扩展功能标志位。

1. 一般标志位

常用的一般标志位见表 5-1-3。这些标志位在功能指令执行时会变为 ON 或者 OFF，但是在功能指令不执行时或者出现错误时不变化。

标志位的动作与数值正负的关系如图 5-1-9 所示。使用同一标志位的功能指令有多个时，应在各功能指令后面编写标志位，也可以通过辅助继电器在程序其他位置使用，如图 5-1-10 所示。

表 5-1-3 常用的一般标志位

特殊辅助继电器编号	名　称	功　能
M8020	零标志位	运算结果为 0 时为 ON
M8021	借位标志位	减法运算结果小于负的最小值时为 ON
M8022	进位标志位	加法运算结果大于正的最大值时为 ON，循环移位指令使用时可能会出现 ON
M8029	执行完成标志位	DSW 等指令执行完成时为 ON

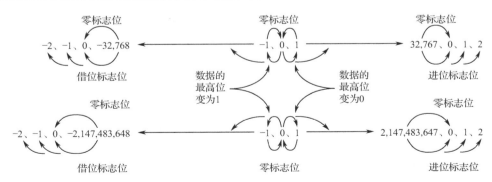

图 5-1-9 标志位的动作与数值正负的关系

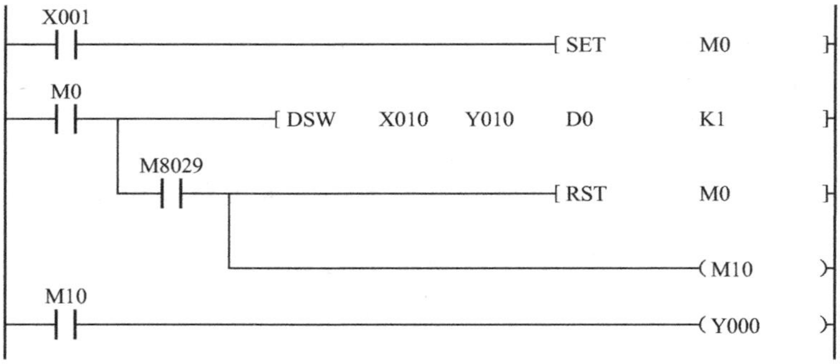

图 5-1-10 同一标志位有多个的情况处理

2. 运算出错标志位

功能指令的结构、对象软元件及编号范围等出现错误时，运算执行过程也会出现错误，运算出错标志位会动作，并且会记录出错的信息。运算出错标志位见表 5-1-4。

表 5-1-4 运算出错标志位

特殊辅助继电器编号	名　称	功　能	出错的信息记录
M8067	运算出错	发生新错误时，错误代码及错误发生步号将被依次更新	错误代码存放在 D8067 中 错误发生步号存放在 D8069 中
M8068	运算出错锁存	发生新错误时不更新内容	错误发生步号存放在 D8068 中

3. 扩展功能标志位

在部分功能指令中，使用该功能的扩展功能标志位，可以进行功能扩展。如图 5-1-11 所示，当 X0 接通时，交换 D0 和 D1 中的内容；当 X1 接通时，先驱动 M8160，并且将 XCH 指令的源操作数和目标操作数都指定为 D10，这样就将 D10 的高 8 位和低 8 位进行交换。

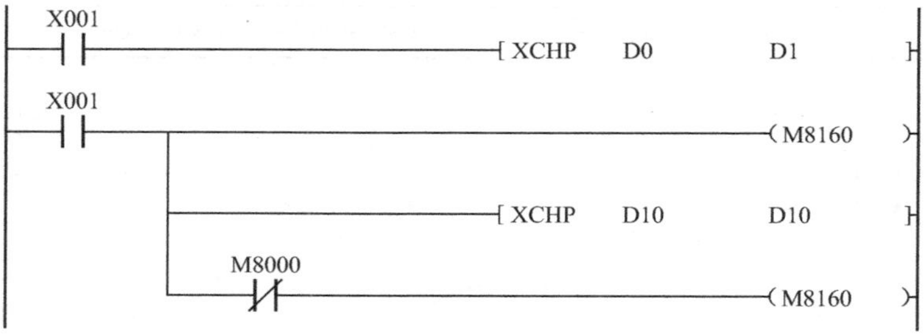

图 5-1-11 扩展功能标志位的使用

六、指令使用次数的限制

在功能指令中，有些指令只能在指定的次数内编程，禁止重复使用，如 IST 指令；有些指令虽然可以多次编程，但是有同时动作点数的限制，如 RS 指令。

第二节 程序流程指令及应用

一、条件跳转

1. 指令格式

条件跳转指令格式见表 5-2-1。

表 5-2-1 条件跳转指令格式

指 令 名 称	助 记 符	操 作 数 D·	程 序 步
条件跳转	CJ	P0～P127	CJ 和 CJP，3 步 标记 P，1 步

2. 指令功能说明

如图 5-2-1 所示，当 X0 为 ON 时，执行跳转指令，程序跳转到标记 P10 处；当 X0 为 OFF 时，不执行跳转指令，程序按原顺序执行。

3. 指令使用说明

（1）可以在比跳转指令步号小的位置编写标记，这样可能会使扫描时间超过 200ms（默认设置），发生看门狗定时器出错，请务必注意，如图 5-2-2 所示。

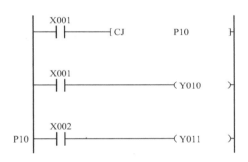

图 5-2-1 条件跳转指令功能说明

图 5-2-2 向比跳转指令步号小的位置跳转

（2）多个跳转指令可以向一个标记跳转，如图 5-2-3 所示。

（3）使用跳转指令时，指针 P 不能重复使用。

（4）CALL 指令和 CJ 指令不能共用指针。

（5）指针 P63 表示向 END 步跳转，无须在 END 处输入标记 P63。

（6）无条件跳转如图 5-2-4 所示。

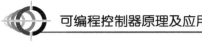

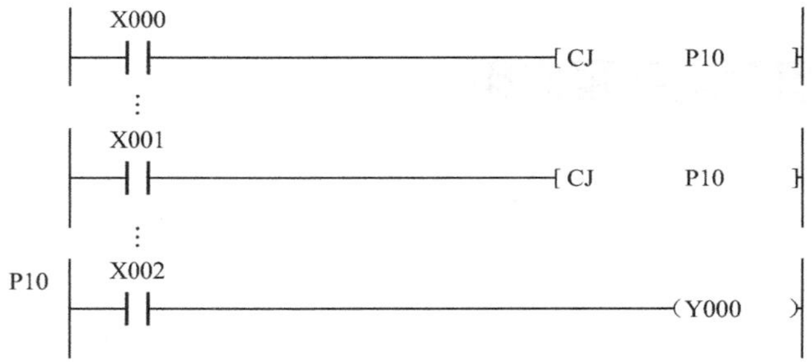

图 5-2-3　多个跳转指令向一个标记跳转

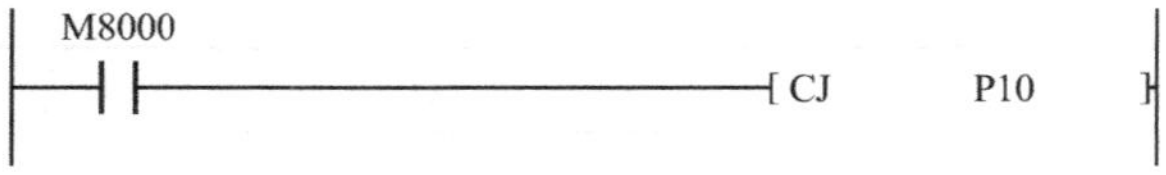

图 5-2-4　无条件跳转

（7）如图 5-2-5 所示，当 X023 从 OFF 变为 ON 一个扫描周期后，才执行 CJ　P9 指令，这样可以将 CJ　P9 指令和标记 P9 之间的输出全部断开后再跳转。

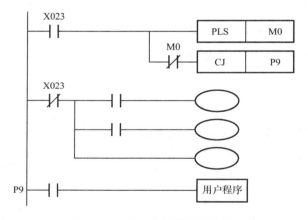

图 5-2-5　输出全部断开后跳转

（8）如图 5-2-6 所示，当 X000 为 ON 时，执行 CJ　P9 指令，程序跳转到标记 P9 处；当 X000 为 OFF 时，程序按顺序执行，执行到 CJ　P10 指令时，程序跳转到标记 P10 处。跳转中的线圈动作见表 5-2-2。由于跳转将程序分为跳转中和跳转外两部分，所以对 Y001 可以执行双线圈程序，当 X000 为 ON 时，通过 X011 动作；当 X000 为 OFF 时，通过 X001 动作。

（9）对于定时器及计数器，即使它们的线圈被跳转，跳转外的复位指令仍然有效。如图 5-2-7 所示，T246 的线圈被跳转，但是当 X002 接通时，仍然可以对 T246 复位。对于定时器及计数器，执行 RST 指令后被跳转，定时器及计数器的复位状态会被保持，通过执行复位 OFF 的程序，可解除复位保持。如图 5-2-8 所示，当 X011 为 ON 时，执行 RST　C0 指令后被跳转，计数器 C0 将保持复位状态，即使 X012 为 ON，当前值仍然为 0。如图 5-2-9 所示，解除 C0 复位状态。

```
        X000
        ──┤├──────────────────────────────────[CJ        P9    ]─┤

        X001
        ──┤├──────────────────────────────────────────────( Y001    )─┤

        X002                                              K100
        ──┤├──────────────────────────────────────────────( T2     )─┤

        X003                                              K100
        ──┤├──────────────────────────────────────────────( T246   )─┤

        X004                                              K4
        ──┤├──────────────────────────────────────────────( C4     )─┤

        X005
        ──┤├──────────────────────────────────[RST       T246  ]─┤

        X006
        ──┤├──────────────────────────────────[RST       C4    ]─┤

        X007
        ──┤├──────────────────────────[MOV     K3        P9    ]─┤

        X000
   P9   ──┤/├──────────────────────────────────[CJ        P10   ]─┤

        X011
        ──┤├──────────────────────────────────────────────( Y001    )─┤

        X012
   P10  ──┤├──────────────────────────────────────────────( Y012    )─┤
```

图 5-2-6 跳转中的线圈动作梯形图

```
        X000
        ──┤├──────────────────────────────────[CJ        P9    ]─┤

        X001                                              K100
        ──┤├──────────────────────────────────────────────( T246   )─┤

        X002
   P9   ──┤├──────────────────────────────────[RST       T246  ]─┤
```

图 5-2-7 定时器线圈被跳转时复位仍有效的梯形图

表 5-2-2 跳转中的线圈动作

名 称	跳转前的触点状态	跳转中的线圈动作	备 注
Y001	X001 为 OFF	Y001 为 OFF	Y、M 和 S 软元件与 Y1 情况一样
	X001 为 ON	Y001 为 ON	
T002	X002 为 OFF	定时器不工作	10ms 及 100ms 其他定时器（除 T192～T199 外）和 T2 情况一样
	X002 为 ON	定时中断,当 X000 为 OFF 时继续定时	

续表

名　称	跳转前的触点状态	跳转中的线圈动作	备　注
T246	X003 为 OFF	定时器不工作	1ms 其他定时器和 T246 情况一样。T192～T199 的线圈被驱动后，即使跳转，定时仍继续进行，输出触点也会动作
	X005 为 OFF		
	X003 为 ON	定时继续，当 X000 为 OFF 时触点才动作	
	X005 为 OFF		
C4	X004 为 OFF	计数器不工作	其他计数器和 C4 情况一样。C235～C255 的线圈被驱动后，即使跳转，计数仍继续进行，输出触点也会动作
	X006 为 OFF		
	X004 为 ON	计数中断，当 X0 为 OFF 时继续计数	
	X006 为 OFF		
MOV	X007 为 OFF	不执行指令	跳转中不执行功能指令，但是 FNC52～58 的动作继续
	X007 为 ON		

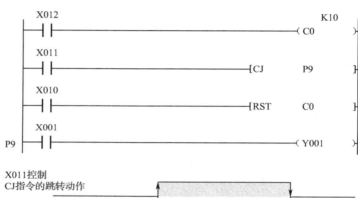

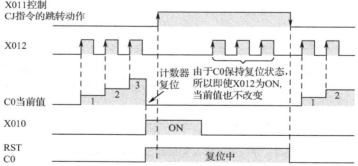

图 5-2-8　RST 指令被跳转的梯形图及时序图

（10）置 ON 软元件被跳转后，置 ON 状态将被保持，可以在跳转外通过复位指令解除保持。

二、子程序

1. 指令格式

子程序指令格式见表 5-2-3。

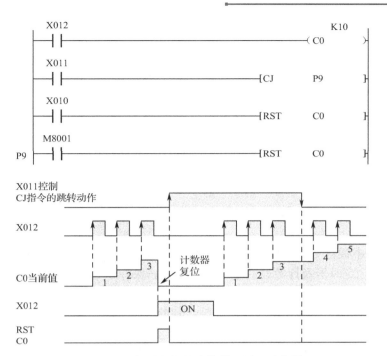

图 5-2-9 解除复位状态的梯形图及时序图

表 5-2-3 子程序指令格式

指令名称	助记符	操作数	程序步
		D·	
子程序调用	CALL	P0~P62 P64~P127	CALL 和 CALLP，3 步 标记 P，1 步
主程序结束	FEND	无	1 步
子程序返回	SRET	无	1 步

2. 指令功能说明

如图 5-2-10 所示，当 X000 为 ON 时，执行 CALL 指令，程序跳转到标记 P0 处，执行 P0 处子程序；当执行到 SRET 时，返回到 CALL 指令的下一步。

```
      X000
      ┤├──────────────────[CALL    P0 ]

      ──────────────────────────[ FEND ]

      P0  X001
      ────┤├────────────────────( Y000 )

      ──────────────────────────[ SRET ]

      ──────────────────────────[ END ]
```

图 5-2-10 子程序指令功能说明

3. 指令使用说明

（1）由于 P63 表示向 END 步跳转，所以不能作为 CALL 指令的指针使用。

（2）CALL 指令和 CJ 指令不能共用指针。

（3）子程序必须写在 FEND 和 END 之间，子程序标记 P 编写在 FEND 的后面，子程序以 SRET 指令结束。

（4）编写子程序及中断子程序时须使用 FEND 指令；FEND 指令和 END 指令具有相同的功能，执行 FEND 指令时先进行输出处理、输入处理及看门狗定时器刷新，然后返回程序 0 步。

（5）子程序可以再调用子程序，形成子程序嵌套，如图 5-2-11 所示。整体而言，最多允许 5 层嵌套。

（6）在子程序中被置 ON 的软元件，在程序结束时被保持；在子程序中对定时器及计数器执行 RST 指令后，定时器及计数器的复位状态也会被保持。对于输出保持，可以在主程序中进行复位，解除输出保持；对于复位保持，可以在子程序中执行复位 OFF 的程序，解除复位保持。保持的梯形图及时序图如图 5-2-12 所示，解除保持的梯形图及时序图如图 5-2-13 所示。

图 5-2-11　子程序嵌套

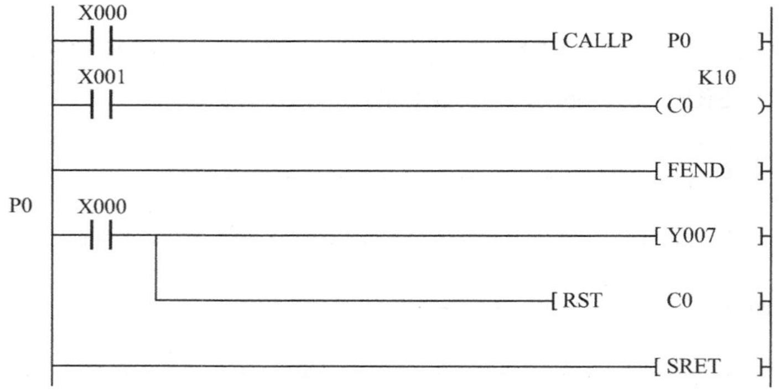

图 5-2-12　保持的梯形图及时序图

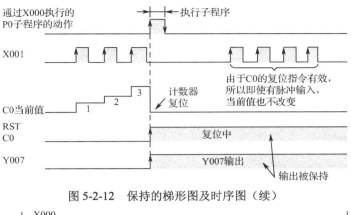

图 5-2-12　保持的梯形图及时序图（续）

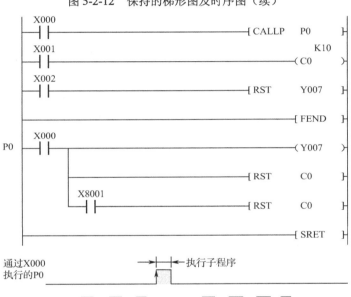

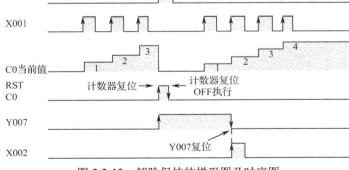

图 5-2-13　解除保持的梯形图及时序图

三、中断

1. 指令格式

中断指令格式见表 5-2-4。

表 5-2-4　中断指令格式

指 令 名 称	助 记 符	操 作 数	程 序 步
允许中断	EI	无	1 步
禁止中断	DI	无	1 步
中断返回	IRET	无	1 步

2. 指令功能说明

如图 5-2-14 所示，在主程序 EI～DI 之间，当检测到 X002 的上升沿时，程序跳转到标记 I201 处，执行 I201 处的中断子程序；当执行到 IRET 时，返回到主程序。

3. 指令使用说明

（1）中断子程序标记 I 必须编写在 FEND 的后面，而且不能重复；中断子程序必须写在 FEND 和 END 之间，中断子程序以 IRET 指令结束。

（2）中断子程序同样具有输出及复位保持的特点，解除保持的方法和子程序一样。

（3）通常情况下 PLC 为禁止中断状态，通过 EI 使 PLC 变为允许中断状态才可以进行中断处理，在主程序中 EI～DI 之间或者 EI～FEND 之间为允许中断，DI～EI 之间或者 DI～FEND 之间为禁止中断。如果在中断禁止期间发生了中断，则中断信号会被存储，并在 EI 指令后被执行。

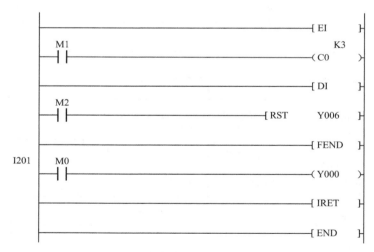

图 5-2-14　中断指令功能说明

（4）一般情况下，中断子程序优先于主程序；多个中断依次发生时，以先发生的为优先；同时发生多个中断时，以小的指针编号为优先。

（5）执行中断子程序的过程中，禁止其他中断；但是如果中断子程序中编写了 EI 和 DI 指令，在条件满足的情况下，可以执行一次中断嵌套处理。

（6）被中断指针使用的输入继电器编号，不能和高速计数器及 SPD 等功能指令使用的输入继电器编号重复。

四、循环

1. 指令格式

循环指令格式见表 5-2-5。

表 5-2-5　循环指令格式

指令名称	助记符	操作数	程序步
		S·	
循环范围开始	FOR	K、H、KnX、KnY、KnM、KnS、T、C、D、V、Z	3 步
循环范围结束	NEXT	无	1 步

2. 指令功能说明

如图 5-2-15 所示，当程序执行到 FOR～NEXT 指令时，对 FOR 与 NEXT 之间的程序重复执行 5 次，然后才执行 NEXT 指令后面的程序。

图 5-2-15　循环指令功能说明

3. 指令使用说明

（1）FOR 指令与 NEXT 指令必须成对使用，而且指令顺序不能颠倒。

（2）循环次数的范围为 1～32767，如果指定循环次数在 -32768～0 范围内，系统会自动按照 1 处理。

（3）循环次数多时，可能使扫描时间超过 200ms（默认设置），发生看门狗定时器出错，请务必注意。

（4）FOR～NEXT 指令可以实现嵌套，如图 5-2-16 所示。嵌套最多允许 5 层。

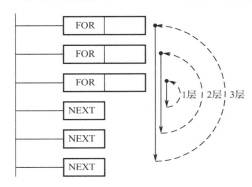

图 5-2-16　FOR～NEXT 指令嵌套

（5）如果不想执行 FOR～NEXT 循环，可使用跳转指令，使之跳转，如图 5-2-17 所示。

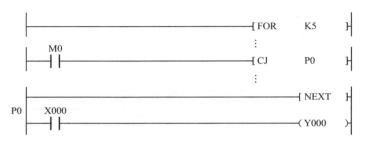

图 5-2-17　FOR～NEXT 循环中的跳转

五、监视定时器

监视定时器也称警戒时钟、看门狗定时器。在顺序控制程序中，执行 WDT 指令可刷新监视定时器。

1. 指令格式

监视定时器指令格式见表 5-2-6。

表 5-2-6　监视定时器指令格式

指 令 名 称	助 记 符	操 作 数	程 序 步
监视定时器	WDT	无	WDT 和 WDTP，1 步

2. 指令功能说明

当 PLC 的扫描周期超过 200ms（默认设置）时，PLC 面板上的 CPU 出错指示灯亮，同时 PLC 停止工作，如果在程序中适当的位置插入 WDT 指令刷新监视定时器，可以使程序继续运行。可将扫描周期为 240ms 的程序一分为二，在程序中间插入 WDT 指令，如图 5-2-18 所示。

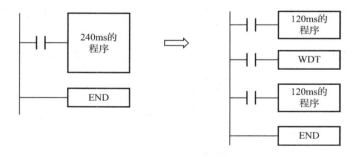

图 5-2-18　WDT 指令功能说明

3. 指令使用说明

通过更改 D8000 的内容，可以改变监视定时器的检测时间，如图 5-2-19 所示。

```
    M8002
 ───┤ ├──────────────────────────────[MOV      K300      D8000 ]
            如果没有WDT指令，则在
            END处理时，D8000的值
            才有效
                                                         [WDT  ]
```

图 5-2-19　修改监视定时器的时间

六、指令应用

例 5-2-1　某电动机有两种工作模式，两种工作模式在电动机停止状态下，通过转换开关进行切换。当转换开关在左挡位（常闭触点闭合，常开触点断开）时，为调试模式；当转换开关在右挡位（常闭触点断开，常开触点闭合）时，为运行模式。在调试模式下，按下点动按钮时，电动机运行；松开点动按钮时，电动机停止运行。在运行模式下，按下启动按钮时，电动机运行 1 分钟后停止；如果在电动机运行过程中按下停止按钮，则电动机停止运行。

解：两种工作模式不可能同时运行，可以采用跳转指令实现。两种工作模式电动机控制的 I/O 分配表见表 5-2-7，两种工作模式电动机控制的梯形图如图 5-2-20 所示。

表 5-2-7　两种工作模式电动机控制的 I/O 分配表

输　　入		输　　出	
元　　件	端口地址	元　　件	端口地址
启动按钮	X000	控制电动机的接触器	Y000
停止按钮	X001		
点动按钮	X002		
转换开关	X003		

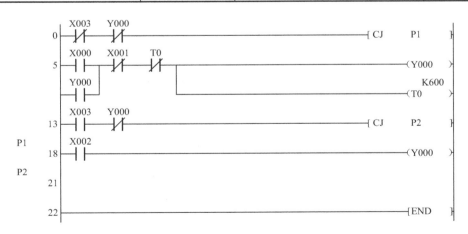

图 5-2-20　两种工作模式电动机控制的梯形图

例 5-2-2　有一个四路抢答器包括主持人台和四路抢答台两部分，主持人台设有开始和复位两个按钮，各抢答台有一个抢答按钮和一个指示灯。四路抢答器控制要求：当主持人按下开始按钮后，四位抢答者开始抢答，最先抢答成功者相应抢答台上的指示灯亮，其余抢答者

可编程控制器原理及应用

再按抢答按钮则无效；当主持人确认抢答结果后，按下复位按钮，清除相关数据，为下一轮抢答做好准备。

解： 抢答器操作包括主持人操作和抢答者操作两部分，主持人操作可以通过主程序实现，抢答者操作可以通过子程序实现。四路抢答器的 I/O 分配表见表 5-2-8，四路抢答器的梯形图如图 5-2-21 所示。

例 5-2-3 使用定时中断实现指示灯按照亮 1s、灭 1s 的规律闪烁。

解： 采用定时中断可以实现高精度定时。定时器中断指针 I650 每隔 50ms 执行一次中断子程序，每执行一次中断子程序，D0 中的数据加 1。当 D0 中的数据等于 20 时，定时时间为 1s。通过触点比较指令实现数据清零和输出控制。高精度定时的梯形图如图 5-2-22 所示。

表 5-2-8　四路抢答器的 I/O 分配表

输　　入		输　　出	
元　件	端口地址	元　件	端口地址
开始按钮	X000	第一路指示灯	Y001
第一路抢答按钮	X001	第二路指示灯	Y002
第二路抢答按钮	X002	第三路指示灯	Y003
第三路抢答按钮	X003	第四路指示灯	Y004
第四路抢答按钮	X004		
复位按钮	X005		

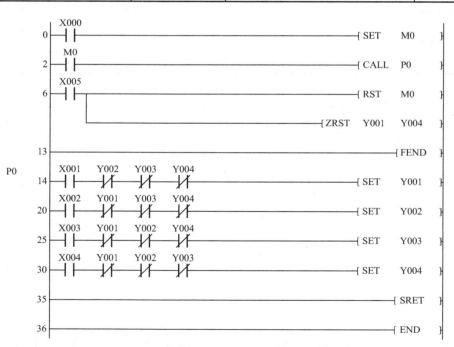

图 5-2-21　四路抢答器的梯形图

例 5-2-4 求 1+2+3+…+100 的和，并将和存入 D0。

解：通过循环指令实现求和，D0 存放求和数据，求和的梯形图如图 5-2-23 所示。

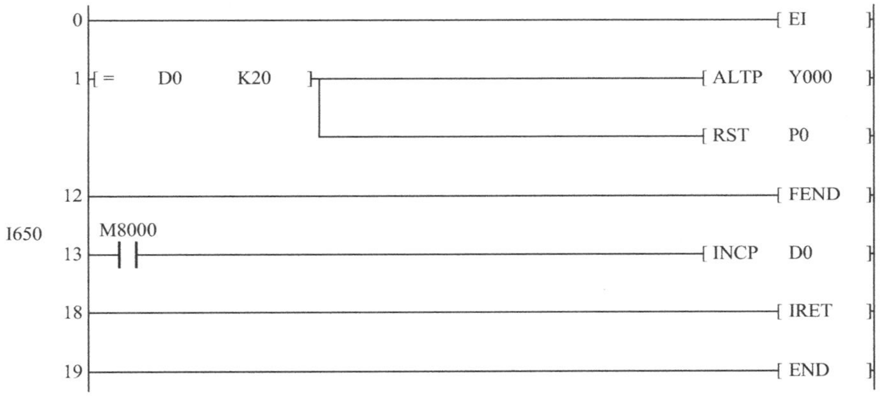

```
0 ─────────────────────────────────────────[ EI      ]
1 ─┤ = D0    K20 ├─┬──────────────────[ ALTP  Y000 ]
                   └──────────────────[ RST   P0   ]
12 ────────────────────────────────────[ FEND    ]
   I650  M8000
13 ──────┤ ├─────────────────────────[ INCP  D0   ]
18 ────────────────────────────────────[ IRET    ]
19 ────────────────────────────────────[ END     ]
```

图 5-2-22 高精度定时的梯形图

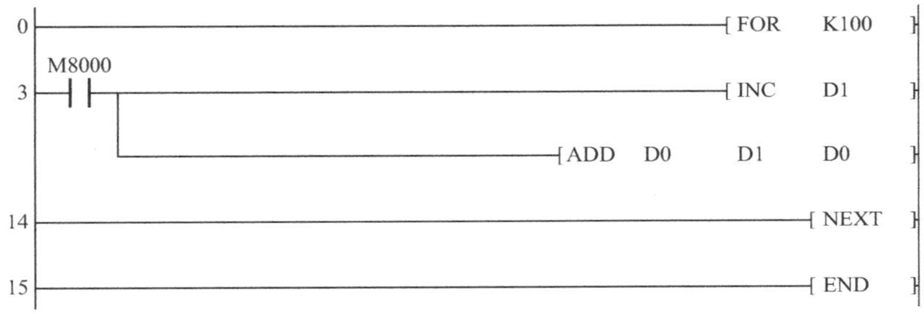

```
0 ────────────────────────────────[ FOR   K100 ]
   M8000
3 ──┤ ├──┬────────────────────────[ INC   D1   ]
         └───────────[ ADD  D0    D1    D0   ]
14 ───────────────────────────────[ NEXT    ]
15 ───────────────────────────────[ END     ]
```

图 5-2-23 求和的梯形图

第三节 数据比较指令及应用

一、比较

1. 指令格式

比较指令格式见表 5-3-1。

表 5-3-1 比较指令格式

指令名称	助记符	操作数			程序步
		S1·	S2·	D·	
比较	CMP	KnX、KnY、KnM、KnS、T、C、D、V、Z、K、H		Y、M、S、D□.b	CMP、CMPP，7 步 DCMP、DCMPP，13 步

2. 指令功能说明

如图 5-3-1 所示，当 X0 为 ON 时，执行比较指令，将 K100 和 C10 的当前值进行比较，比较结果（大于、等于及小于）通过 M10、M11 及 M12 三个连续的位元件表达出来。当 X0 为 OFF 时，不执行比较指令，M10、M11 及 M12 会保持 X0 断开前的状态。要清除比较结果，可以采用成批复位指令，如图 5-3-2 所示。

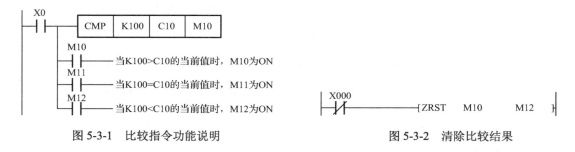

图 5-3-1　比较指令功能说明　　　　　　　　图 5-3-2　清除比较结果

3. 指令使用说明

（1）大小比较按照代数形式进行，如-2＜1。

（2）目标操作数指定的软元件为表达比较结果的初始位元件，如指定为 M10 时，则 M10、M11 及 M12 三个连续的位元件自动被占用，注意不要和其他控制中使用的软元件重复。

（3）执行比较指令时，表达比较结果的三个位元件中有且只有一个会为 ON。

二、区间比较

1. 指令格式

区间比较指令格式见表 5-3-2。

表 5-3-2　区间比较指令格式

指令名称	助记符	操作数				程序步
		S1·	S2·	S·	D·	
区间比较	ZCP	KnX、KnY、KnM、KnS、T、C、D、V、Z、K、H			Y、M、S、D□.b	ZCP、ZCPP，9 步 DZCP、DZCPP，17 步

2. 指令功能说明

如图 5-3-3 所示，源操作数 K100 和 K120 将数轴分成三个区间，当 X10 为 ON 时，执行区间比较指令，将 C10 的当前值和这三个区间进行比较，比较结果（大于、区间内及小于）通过 M0、M1 及 M2 三个连续的位元件表达出来。当 X10 为 OFF 时，不执行区间比较指令，M0、M1 及 M2 会保持 X10 断开前的状态。要清除比较结果，可以采用成批复位指令。

3. 指令使用说明

（1）大小比较按照代数形式进行，如-2＜1＜3。

（2）目标操作数指定的软元件为表达比较结果的初始位元件，如指定为 M0 时，则 M0、

M1 及 M2 三个连续的位元件自动被占用,注意不要和其他控制中使用的软元件重复。

（3）执行区间比较指令时,表达比较结果的三个位元件中有且只有一个会为 ON。

（4）一般情况下,要求 S2＞S1,但是如果 S1＞S2,则将 S2 作为 S1 进行处理,如图 5-3-4 所示。

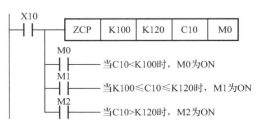

图 5-3-3　区间比较指令功能说明

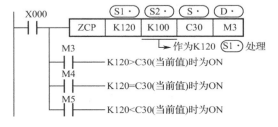

图 5-3-4　S1＞S2 情况的处理

三、指令应用

例 5-3-1　某小区住宅的简易定时报时器是一个 24 小时可设定定时时间的控制器,简易定时报时器控制要求如下:

（1）0:00 启动定时器;

（2）6:30 闹钟按照每秒响一次的规律响 6 次后自动停止;

（3）9:00 启动住宅报警系统,17:00 关闭住宅报警系统;

（4）18:00 启动住宅照明,22:00 关闭住宅照明;

（5）24:00 重新启动定时器。

解： 由于定时时间都为整点和半点,所以采用 15 分钟为一个基本设定单元,则 24 小时可以分为 96 格,设定值和实际时间的对应关系见表 5-3-3。通常我们使用时间的最小单位为秒, 15 分钟=15×60 秒=900 秒。为了调整与试验方便,我们设置了 15 分钟快速调整与试验手动开关和格数快速调整与试验手动开关。

表 5-3-3　设定值和实际时间的对应关系

设 定 值	实 际 时 间	备　注
K0	0:00	启动定时器
K26	6:30	启动闹钟
K36	9:00	启动住宅报警系统
K68	17:00	关闭住宅报警系统
K72	18:00	启动住宅照明
K88	22:00	关闭住宅照明
K96	24:00	重新启动定时器

根据以上分析，使用数据比较指令就可以实现简易定时报时器功能。简易定时报时器 I/O 分配表见表 5-3-4。简易定时报时器梯形图如图 5-3-5 所示。

表 5-3-4　简易定时报时器 I/O 分配表

输　　入		输　　出	
元　件	端 口 地 址	元　件	端 口 地 址
启停开关	X000	控制闹钟的接触器	Y001
15 分钟调整与试验开关	X001	控制报警的接触器	Y002
格数调整与试验开关	X002	控制照明的接触器	Y003

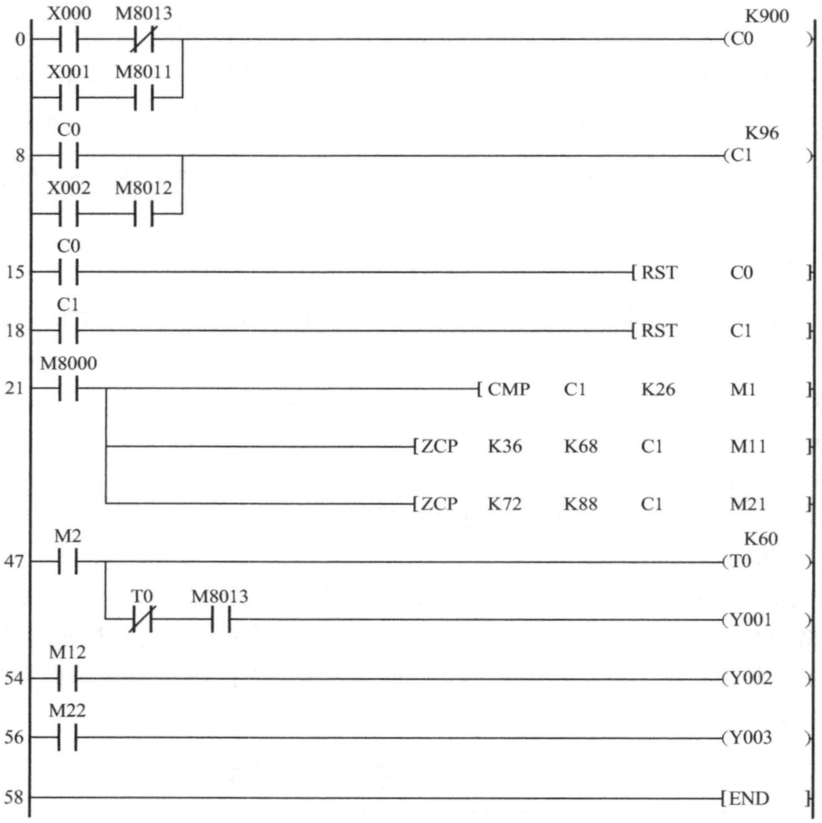

图 5-3-5　简易定时报时器梯形图

第四节　数据传送指令及应用

一、传送

1. 指令格式

传送指令格式见表 5-4-1。

表 5-4-1　传送指令格式

| 指令名称 | 助记符 | 操作数 | | 程序步 |
		S·	D·	
传送	MOV	KnX、KnY、KnM、KnS、T、C、 D、V、Z、K、H	KnY、KnM、KnS、T、C、 D、V、Z	MOV、MOVP，5 步 DMOV、DMOVP，9 步

2. 指令功能说明

如图 5-4-1 所示，当 X000 为 ON 时，执行传送指令，常数 K100 被传送到 D10，D10 中的数据变为 K100；当 X000 为 OFF 时，D10 中的数据会保持为 K100 不变。

图 5-4-1　传送指令功能说明

3. 指令使用说明

（1）采用传送指令可以读出定时器及计数器的当前值。如图 5-4-2 所示，当 X000 为 ON 时，T0 的当前值被传送到 D0。

```
    X000
  ──┤├────────────────┤MOV    T0        D0    ├
```

图 5-4-2　读出 T0 的当前值

（2）采用传送指令可以间接指定计数器及定时器的设定值。如图 5-4-3 所示，当 X000 为 ON 时，K6 被传送到 D0，通过 D0 间接指定计数器 C0 的设定值。

```
    X000
  ──┤├────────────────┤MOV    K6        D0    ├
    M0                                   D0
  ──┤├──────────────────────────────────( C0  )
```

图 5-4-3　间接指定计数器 C0 的设定值

（3）位软元件的传送可以采用基本指令实现，也可以采用传送指令实现，如图 5-4-4 所示。

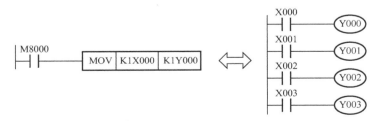

图 5-4-4　位软元件的传送

（4）采用传送指令可以清零。如图 5-4-5 所示，当 X000 为 ON 时，D0 被清零；当 X001

为 ON 时，Y000、Y001、Y002 及 Y003 被清零。

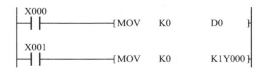

图 5-4-5 采用传送指令清零

二、移位传送

1. 指令格式

移位传送指令格式见表 5-4-2。

表 5-4-2 移位传送指令格式

指 令 名 称	助记符	操作数					程序步
		S·	m1	m2	D·	n	
移位传送	SMOV	KnX、KnY、KnM、KnS、T、C、D、V、Z	K、H	K、H	KnY、KnM、KnS、T、C、D、V、Z	K、H	SMOV、SMOVP，11 步

2. 指令功能说明

移位传送指令功能说明如图 5-4-6 所示。首先将源操作数 D0 中的 16 位二进制码自动转换成 4 位 BCD 码 D0′，然后将 D0′中从第 4 位（m1=4，m1 为要移动的源操作数 BCD 码起始位的位置）开始连续 2 位（m2=2，m2 为移动位的个数）的 BCD 码，传送给 BCD 码 D2′中从第 3 位（n=3，n 为目标操作数 BCD 码起始位的位置）开始连续 2 位，D2′中的第 4 位和第 1 位保持不变，最后将 D2′中 4 位 BCD 码自动转换成二进制码，保存到 D2 中。例如，D0=1234，D2=5678，当 X000 接通后，D0 不变，D2=5128。

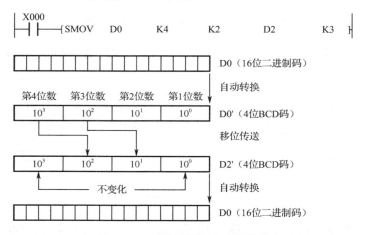

图 5-4-6 移位传送指令功能说明

3. 指令使用说明

如果驱动 M8168 后，执行 SMOV 指令，则对源操作数和目标操作数不进行 BCD 码转换，按照原样以 4 位为单位进行移位传送，如图 5-4-7 所示。由于 M8168 也可以用于其他指令，所以 SMOV 指令使用后务必返回 OFF。

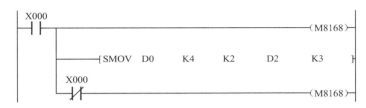

图 5-4-7　SMOV 指令的扩展功能

三、块传送

1. 指令格式

块传送指令格式见表 5-4-3。

表 5-4-3　块传送指令格式

指 令 名 称	助 记 符	操 作 数		n（n≤512）	程 序 步
		S•	D•		
块传送	BMOV	KnX、KnY、KnM、KnS、T、C、D	KnY、KnM、KnS、T、C、D	K、H、D	BMOV、BMOVP，7 步

2. 指令功能说明

如图 5-4-8 所示，当 X000 为 ON 时，将以 D5 开始的 3 点的数据成批传送给以 D10 开始的 3 点。块传送为多对多的数据传送，可以将一批数据从一个区复制到另一个区。

图 5-4-8　块传送指令功能说明

3. 指令使用说明

（1）编号范围重叠也可以进行块传送，如图 5-4-9 所示。请注意传送后源数据会被改写。

图 5-4-9　编号范围重叠的块传送

（2）操作数可以使用位元件组合，如图 5-4-10 所示。

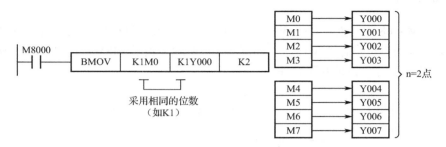

图 5-4-10　使用位元件组合的块传送

（3）如果先驱动 M8024，则 BMOV 指令按照反方向进行数据传送，如图 5-4-11 所示。

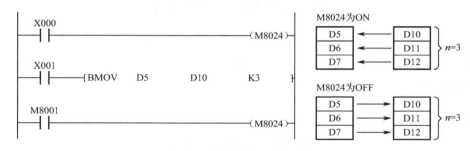

图 5-4-11　BMOV 指令的扩展功能

四、多点传送

1. 指令格式

多点传送指令格式见表 5-4-4。

表 5-4-4　多点传送指令格式

指令名称	助　记　符	操　作　数			程　序　步
		S·	D·	n（n≤512）	
多点传送	FMOV	KnX、KnY、KnM、KnS、T、C、D、V、Z、K、H	KnY、KnM、KnS、T、C、D	K、H	FMOV、FMOVP，7 步 DFMOV、DFMOVP，13 步

2. 指令功能说明

多点传送为一对多的数据传送。如图 5-4-12 所示，当 X000 为 ON 时，将 D0 中的数据传送给以 D10 开始的 5 点的软元件，D10～D14 中的数据都相同。

3. 指令使用说明

采用多点传送指令可以清零。如图 5-4-13 所示，当 X000 为 ON 时，D0～D4 被清零。

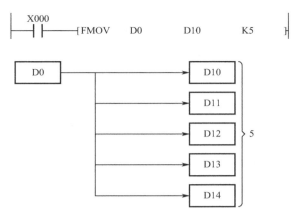

图 5-4-12　多点传送指令功能说明

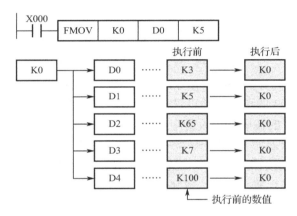

图 5-4-13　采用多点传送指令清零

五、指令应用

例 5-4-1　实现电动机星-三角降压启动。按下启动按钮，运行指示灯亮，电动机星形启动，6s 后自动切换成三角形运行；按下停止按钮，运行指示灯灭，电动机停止运行。

解：星-三角降压启动 I/O 分配表见表 5-4-5，将 K1Y0（Y0～Y3）看成一个 4 位数据，星-三角降压启动过程中 K1Y0 的状态见表 5-4-6，可以使用数据传送指令实现电动机星-三角降压启动，星-三角降压启动梯形图如图 5-4-14 所示。

表 5-4-5　星-三角降压启动 I/O 分配表

输　　入		输　　出	
元　　件	端口地址	元　　件	端口地址
启动按钮	X000	运行指示灯	Y000
停止按钮	X001	控制电源的接触器	Y001
		控制星形的接触器	Y002
		控制三角形的接触器	Y003

表 5-4-6　星-三角降压启动过程中 K1Y0 的状态

运行状态	K1Y000 数据	Y003 状态	Y002 状态	Y001 状态	Y000 状态
星形启动	K7	0	1	1	1
三角形运行	K11	1	0	1	1
停止	K0	0	0	0	0

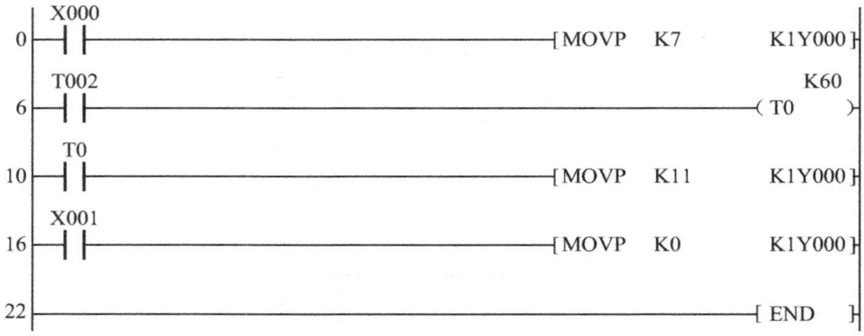

图 5-4-14　星-三角降压启动梯形图

例 5-4-2　有三组拨码开关分别连接 X000～X003、X020～X023 及 X024～X027 三组输入端子，连接 X000～X003 的拨码开关设置千位数字，连接 X024～X027 的拨码开关设置百位数字，连接 X020～X023 的拨码开关设置个位数字，编制程序完成拨码开关的数字合成。

解：拨码开关设置数据为 BCD 码，数字合成时必须将 BCD 码转换成二进制码，由于设置千位数字的拨码开关连接输入端子和设置其他两位数字的拨码开关连接输入端子不连续，可以使用移位传送指令进行数字合成，数字合成梯形图如图 5-4-15 所示。

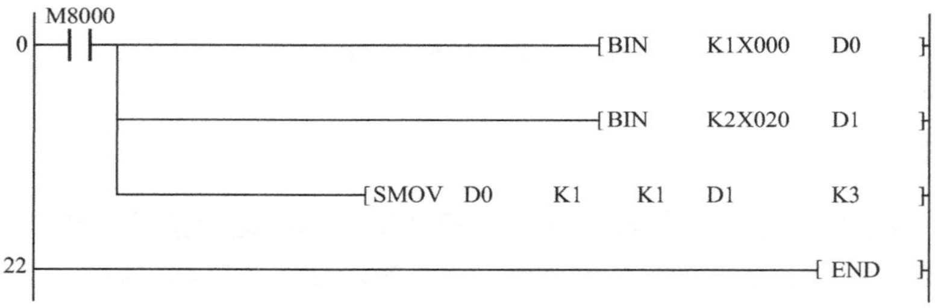

图 5-4-15　数字合成梯形图

第五节　数据交换指令及应用

一、字交换

1. 指令格式

字交换指令格式见表 5-5-1。

表 5-5-1 字交换指令格式

指令名称	助记符	操作数		程序步
		D1·	D2·	
字交换	XCH	KnY、KnM、KnS、T、C、D、V、Z	KnY、KnM、KnS、T、C、D、V、Z	XCH、XCHP，5 步 DXCH、DXCHP，9 步

2. 指令功能说明

如图 5-5-1 所示，当 X000 从 OFF 向 ON 变化时，将 D10 和 D11 中的数据进行交换。使用 XCH 指令时，如果采用连续执行型，则每个扫描周期都要执行一次，很难预知执行的结果，因此建议采用脉冲执行型。

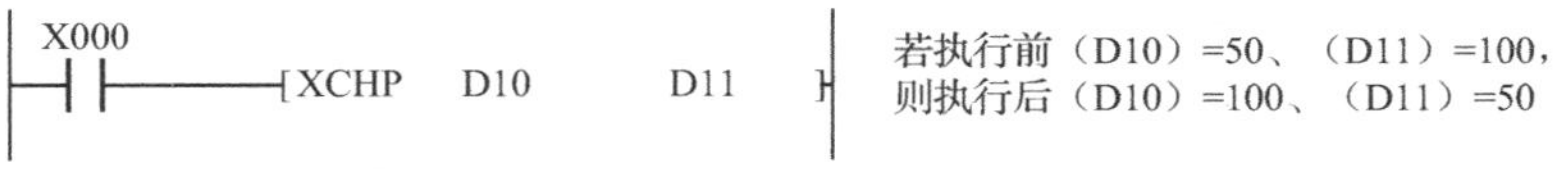

```
 X000
──┤├──────────┤XCHP   D10        D11 ├──
```
若执行前（D10）=50、（D11）=100，
则执行后（D10）=100、（D11）=50

图 5-5-1 字交换指令功能说明

3. 指令使用说明

如果先驱动 M8160，则 XCH 指令和 SWAP 指令具有相同的功能，但是两个操作数必须使用同一地址编号，否则出错标志 M8167 会变为 ON，该指令将无法执行。进行 16 位运算时，交换字元件的高 8 位和低 8 位；进行 32 位运算时，交换各个字元件的高 8 位和低 8 位，如图 5-5-2 所示。

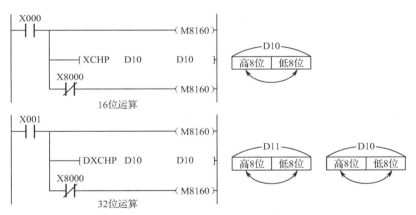

图 5-5-2 XCH 指令的扩展功能

二、字节交换

1. 指令格式

字节交换指令格式见表 5-5-2。

表 5-5-2　字节交换指令格式

指 令 名 称	助 记 符	操 作 数	程 序 步
		S·	
字节交换	SWAP	KnY、KnM、KnS、 T、C、D、V、Z	SWAP、SWAPP, 3 步 DSWAP、DSWAPP, 5 步

2. 指令功能说明

如图 5-5-3 所示，当 X000 从 OFF 向 ON 变化时，交换 D10 中的数据高字节（高 8 位）和低字节（低 8 位）；当 X001 从 OFF 向 ON 变化时，交换 D10 及 D11 中的数据高字节（高 8 位）和低字节（低 8 位）。

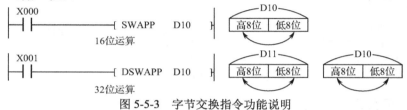

图 5-5-3　字节交换指令功能说明

3. 指令使用说明

使用 SWAP 指令时，如果采用连续执行型，则每个扫描周期都要执行一次，很难预知执行的结果，因此建议采用脉冲执行型。

三、指令应用

例 5-5-1　有 10 个数分别存放在 D0～D9 中，编制程序找出其中最大的数并存放在 D0 中。

解：将 D0 中的数据分别和 D1～D9 中的数据进行比较，每次将大数存放在 D0 中，寻找最大数的梯形图如图 5-5-4 所示。

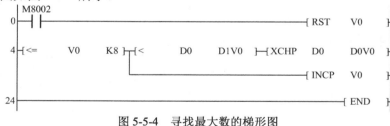

图 5-5-4　寻找最大数的梯形图

第六节　码制转换指令及应用

一、BCD 转换

1. 指令格式

BCD 转换指令格式见表 5-6-1。

表 5-6-1 BCD 转换指令格式

指 令 名 称	助 记 符	操 作 数		程 序 步
		S·	D·	
BCD 转换	BCD	KnX、KnY、KnM、KnS、T、C、D、V、Z	KnY、KnM、KnS、T、C、D、V、Z	BCD、BCDP，5 步 DBCD、DBCDP，9 步

2. 指令功能说明

如图 5-6-1 所示，D0 中的数据为 25，当 X000 为 ON 时，将 D0 中的二进制码转换为 BCD 码后传送给 D5。

3. 指令使用说明

（1）进行 16 位运算时，源操作数转换的 BCD 码超出 0～9999 范围会出错；进行 32 位运算时，源操作数转换的 BCD 码超出 0～99999999 范围会出错。

（2）在七段数码管显示中，首先使用 BCD 指令将二进制码转换为 BCD 码，然后通过七段码译码指令进行数码管显示，如图 5-6-2 所示。

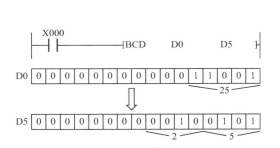

图 5-6-1 BCD 转换指令功能说明

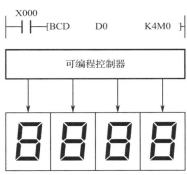

图 5-6-2 BCD 指令在七段数码管显示中的应用

二、BIN 转换

1. 指令格式

BIN 转换指令格式见表 5-6-2。

表 5-6-2 BIN 转换指令格式

指 令 名 称	助 记 符	操 作 数		程 序 步
		S·	D·	
BIN 转换	BIN	KnX、KnY、KnM、KnS、T、C、D、V、Z	KnY、KnM、KnS、T、C、D、V、Z	BIN、BINP，5 步 DBIN、DBINP，9 步

2. 指令功能说明

如图 5-6-3 所示，D5 中存放的 BCD 码为 25，当 X000 为 ON 时，将 D5 中的 BCD 码转换

为二进制码后传送给 D0。

3. 指令使用说明

（1）源操作数不是 BCD 码时会导致运算出错。

（2）当 PLC 外接 BCD 数字开关时，使用 BIN 指令将 BCD 码转换成二进制码，如图 5-6-4 所示。

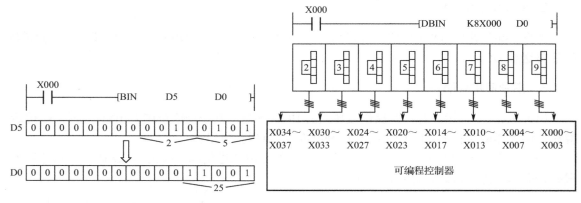

图 5-6-3　BIN 转换指令功能说明　　　　图 5-6-4　BIN 指令在数字开关输入中的应用

三、格雷码转换

1. 指令格式

格雷码转换指令格式见表 5-6-3。

表 5-6-3　格雷码转换指令格式

指令名称	助记符	操作数		程序步
		S·	D·	
格雷码转换	GRY	KnX、KnY、KnM、KnS、T、C、D、V、Z、K、H	KnY、KnM、KnS、T、C、D、V、Z	GRY、GRYP，5 步 DGRY、DGRYP，9 步

2. 指令功能说明

如图 5-6-5 所示，当 X000 为 ON 时，将 1234 的二进制码转换为格雷码后传送给 K3Y10。

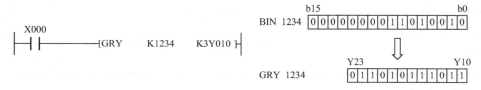

图 5-6-5　格雷码转换指令功能说明

3. 指令使用说明

数据转换的速度取决于可编程控制器的扫描时间。

四、格雷码逆转换

1. 指令格式

格雷码逆转换指令格式见表5-6-4。

表5-6-4　格雷码逆转换指令格式

指令名称	助记符	操作数		程序步
		S·	D·	
格雷码逆转换	GBIN	KnX、KnY、KnM、KnS、T、C、D、V、Z、K、H	KnY、KnM、KnS、T、C、D、V、Z	GBIN、GBINP，5步 DGBIN、DGBINP，9步

2. 指令功能说明

如图5-6-6所示，K3X0中存放1234的格雷码，当X020为ON时，将K3X000中存放的格雷码转换为二进制码后传送给D10。

图5-6-6　格雷码逆转换指令功能说明

3. 指令使用说明

源操作数为输入继电器组合时响应延迟，通过REFF指令进行滤波调整，可以去除滤波器常数部分的延迟。

五、指令应用

例5-6-1　在一些工业控制场合，希望计数器能在程序外由现场操作人员根据工艺要求临时设定，这就需要一种外置数计数器。现要求设计这样一种外置数计数器：通过二位拨码开关自由设定99以下的计数值，每按下一次按钮SB1，计数器C0的当前值就加1，当计数器C0的当前值和二位拨码开关设置的值相等时，指示灯HL1亮；按下按钮SB2时，计数器C0清零。

解：根据控制要求，外置数计数器的PLC控制电路如图5-6-7所示。拨码开关设置数据为BCD码，为了方便PLC进行数据运算，需要将BCD码转换成二进制码，外置数计数器梯形图如图5-6-8所示。

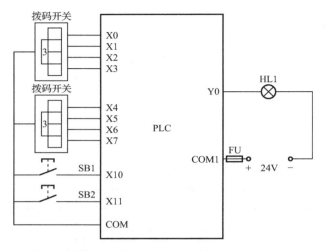

图 5-6-7 外置数计数器的 PLC 控制电路

图 5-6-8 外置数计数器梯形图

第七节 七段码译码指令及应用

一、指令格式

七段码译码指令格式见表 5-7-1。

表 5-7-1 七段码译码指令格式

指令名称	助记符	操 作 数		程 序 步
		S·	D·	
七段码译码	SEGD	KnX、KnY、KnM、KnS、T、C、D、V、Z、K、H	KnY、KnM、KnS、T、C、D、V、Z	SEGD、SEGDP，5步

二、指令功能说明

如图 5-7-1 所示，当 X000 为 ON 时，将 D0 的低 4 位所确定的十六进制数（0～F）通过译码变成七段码显示用的数据，并存放到 K4Y0 的低 8 位（Y000～Y007）以点亮七段数码管，高 8 位（Y010～Y017）保持不变。

图 5-7-1 七段码译码指令功能说明

三、指令使用说明

1．七段数码管有共阳极和共阴极两种结构，如果 PLC 的晶体管输出为 NPN 型，应选共阳极七段数码管，PNP 型则应选共阴极七段数码管。

2．七段码译码表见表 5-7-2，其中 B0 为最低位。

表 5-7-2 七段码译码表

S·		七段码构成	D·								显 示 数 据
十六进制	二进制		B7	B6	B5	B4	B3	B2	B1	B0	
0	0000		0	0	1	1	1	1	1	1	0
1	0001		0	0	0	0	0	1	1	0	1
2	0010		0	1	0	1	0	1	1	1	2
3	0011		0	1	0	0	1	1	1	1	3
4	0100		0	1	1	0	0	1	1	0	4
5	0101		0	1	1	0	1	1	0	1	5
6	0110		0	1	1	1	1	1	0	1	6
7	0111		0	0	1	0	0	1	1	1	7
8	1000		0	1	1	1	1	1	1	1	8
9	1001		0	1	1	0	1	1	1	1	9
A	1010		0	1	1	1	0	1	1	1	A
B	1011		0	1	1	1	1	1	0	0	b
C	1100		0	0	1	1	1	0	0	1	C
D	1101		0	1	0	1	1	1	1	0	d
E	1110		0	1	1	1	1	0	0	1	E
F	1111		0	1	1	1	0	0	0	1	F

四、指令应用

例 5-7-1 数码管循环显示通过转换开关 SA1 切换工作模式。当 SA1 在左挡位（常闭触点闭合，常开触点断开）时，为调试模式；当 SA1 在右挡位（常闭触点断开，常开触点闭合）时，为运行模式。在调试模式下，每按一次手动按钮 SB3，数码管显示数字加 1，按照 0，1，2，3，4，5，6，7，8，9，0，…的顺序依次显示各个数字；在运行模式下，按下启动按钮 SB1，每隔 2s 数码管显示数字加 1，按照 0，1，2，3，4，5，6，7，8，9，0，…的顺序依次显示各个数字；按下停止按钮 SB2，保持当前显示的数字，停止累加循环显示。

解：数码管循环显示的 PLC 控制电路如图 5-7-2 所示，数码管循环显示采用七段码译码指令编写程序比较方便，数码管循环显示梯形图如图 5-7-3 所示。

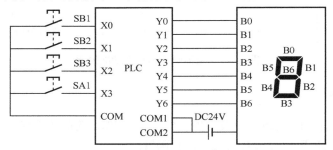

图 5-7-2　数码管循环显示的 PLC 控制电路

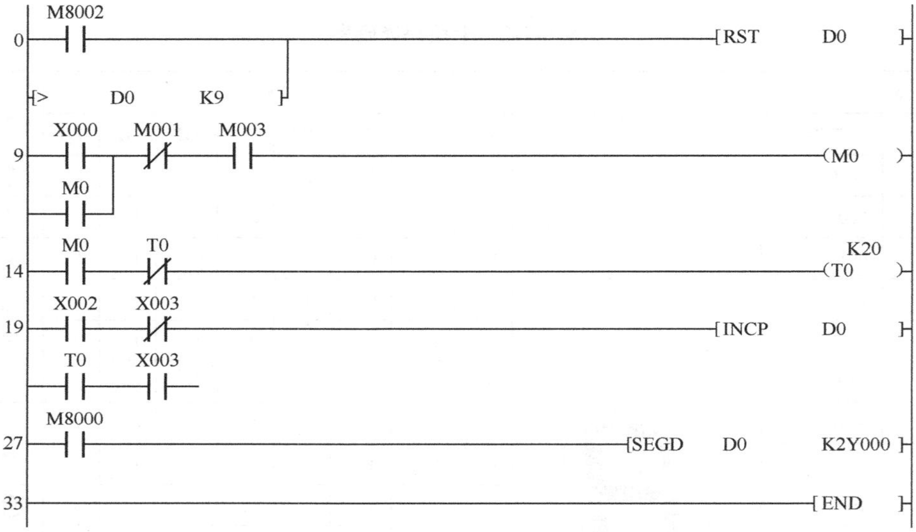

图 5-7-3　数码管循环显示梯形图

第八节　四则运算指令及应用

一、二进制加法

1. 指令格式

二进制加法指令格式见表 5-8-1。

表 5-8-1　二进制加法指令格式

指 令 名 称	助 记 符	操 作 数			程 序 步
		S1·	S2·	D·	
二进制加法	ADD	KnX、KnY、KnM、KnS、T、C、D、V、Z、K、H	KnX、KnY、KnM、KnS、T、C、D、V、Z、K、H	KnY、KnM、KnS、T、C、D、V、Z	ADD、ADDP，7 步 DADD、DADDP，13 步

2. 指令功能说明

如图 5-8-1 所示，当 X000 为 ON 时，D10 和 D12 中的数据进行二进制加法后，将运算结果传送给 D14。

图 5-8-1 二进制加法指令功能说明

3. 指令使用说明

（1）二进制加法以代数形式进行加法运算，如 5+(-3)=2。

（2）源操作数和目标操作数可以指定为同一软元件，如图 5-8-2 所示。如果使用连续执行型，则每个运算周期加法运算结果都会变化，建议采用脉冲执行型。

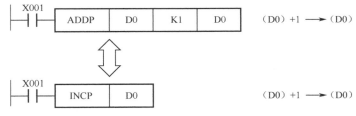

图 5-8-2 源操作数和目标操作数指定为同一软元件

（3）二进制加法指令执行结果会影响零标志位、借位标志位及进位标志位的动作。

（4）二进制加法指令可以实现加一运算，如图 5-8-3 所示。二进制加法指令实现加一运算和 INC 指令功能很相似，但是还是有一定的区别，现以 16 位运算为例来说明二进制加法指令实现加一运算和 INC 指令的区别，见表 5-8-2。

X001 ┤├ ADDP D0 K1 D0 （D0）+1 ──→（D0）

⇕

X001 ┤├ INCP D0 （D0）+1 ──→（D0）

图 5-8-3 二进制加法指令实现加一运算

二、二进制减法

1. 指令格式

二进制减法指令格式见表 5-8-3。

表 5-8-2 INC 指令和加法指令实现加一运算的区别

项目	ADD	INC
标志位（零、借位及进位）	动作	不动作
（D0）+1→（D0）	+32767→0→+1→	+32767→-32768→-32767→
（D0）+（-1）→（D0）	←-1←0←-32768	——

表 5-8-3 二进制减法指令格式

指令名称	助记符	操作数			程序步
		S1·	S2·	D·	
二进制减法	SUB	KnX、KnY、KnM、KnS、T、C、D、V、Z、K、H		KnY、KnM、KnS、T、C、D、V、Z	SUB、SUBP，7步 DSUB、DSUBP，13步

2. 指令功能说明

如图 5-8-4 所示，当 X000 为 ON 时，用 D10 中的数据减去 D12 中的数据，将差值传送给 D14。

图 5-8-4 二进制减法指令功能说明

3. 指令使用说明

（1）二进制减法以代数形式进行减法运算，如 5-(-3)=8。

（2）源操作数和目标操作数可以指定为同一软元件，如图 5-8-5 所示。如果使用连续执行型，则每个运算周期减法运算结果都会变化，建议采用脉冲执行型。

图 5-8-5 源操作数和目标操作数指定为同一软元件

（3）二进制减法指令执行结果会影响零标志位、借位标志位及进位标志位的动作。

（4）二进制减法指令可以实现减一运算，如图 5-8-6 所示。二进制减法指令实现减一运算和 DEC 指令功能很相似，但是还是有一定的区别，现以 16 位运算为例来说明二进制减法指令实现减一运算和 DEC 指令的区别，见表 5-8-4。

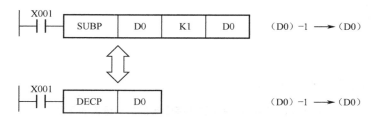

图 5-8-6 二进制减法指令实现减一运算

表 5-8-4　DEC 指令和减法指令实现减一运算的区别

项　目	SUB	DEC
标志位（零、借位及进位）	动作	不动作
（D0）-（-1）→（D0）	+32767→0→+1→	+32767→-32768→-32767→
（D0）-1→（D0）	←-1←0←-32768	

三、二进制乘法

1. 指令格式

二进制乘法指令格式见表 5-8-5。

表 5-8-5　二进制乘法指令格式

指 令 名 称	助 记 符	操 作 数			程 序 步
		S1·	S2·	D·	
二进制乘法	MUL	KnX、KnY、KnM、KnS、T、C、D、K、H、Z（ V 只限于16 位运算）		KnY、KnM、KnS、T、C、D（Z 只限于 16位运算）	MUL、MULP，7 步 DMUL、DMULP，13 步

2. 指令功能说明

如图 5-8-7 所示，当 X001 为 ON 时，将 D0 和 D2 中的数据相乘，将乘积传送给 D5 D4。

图 5-8-7　二进制乘法指令功能说明

3. 指令使用说明

（1）二进制乘法以代数形式进行乘法运算，如 5×（-3）=-15。

（2）目标操作数可以采用位软元件组合，可以指定 K1～K8，指定 K2 时只能得到乘积的低 8 位，如图 5-8-8 所示。

（3）在 32 位乘法运算中，如果目标操作数采用位软元件组合，则乘积只能得到低 32 位，高 32 位丢失。可以先将数据传送给字软元件，然后再进行处理，如图 5-8-9 所示。

（4）64 位数据即使采用字软元件，也不能成批监视，可以通过分别监视高 32 位和低 32 位[64 位结果=（高 32 位）×2^{23}+（低 32 位）]获得运算的结果。

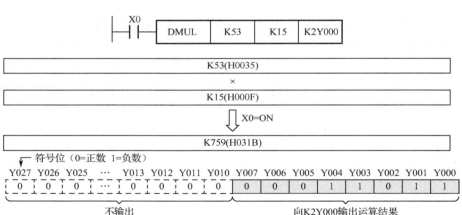

图 5-8-8　目标操作数为位软元件组合的指定处理

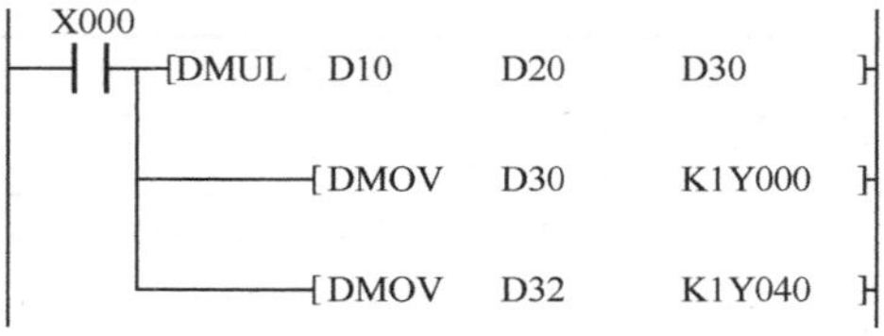

图 5-8-9　运算结果的处理

四、二进制除法

1. 指令格式

二进制除法指令格式见表 5-8-6。

表 5-8-6　二进制除法指令格式

指 令 名 称	助 记 符	操 作 数			程 序 步
		S1·	S2·	D·	
二进制除法	DIV	KnX、KnY、KnM、KnS、T、C、D、K、H、Z（V 只限于 16 位运算）		KnY、KnM、KnS、T、C、D（Z 只限于 16 位运算）	DIV、DIVP，7 步 DDIV、DDIVP，13 步

2. 指令功能说明

如图 5-8-10 所示，当 X000 为 ON 时，用 D0 中的数据除以 D2 中的数据，将商传送给 D4，将余数传送给 D5。

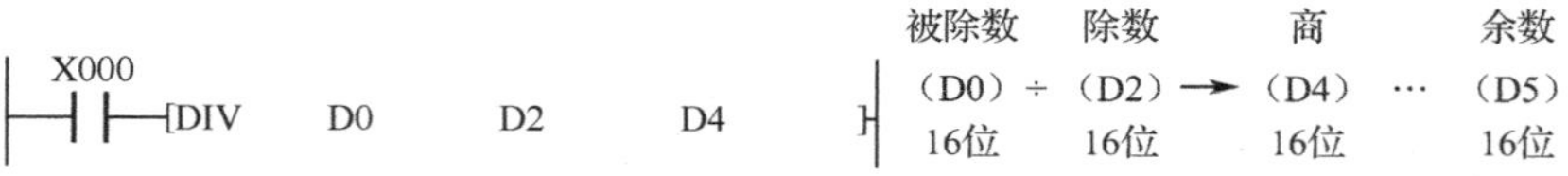

图 5-8-10　二进制除法指令功能说明

3. 指令使用说明

（1）二进制除法以代数形式进行除法运算，如 $6\div(-3)=-2$。

（2）目标操作数可以采用位软元件组合，但不能得出余数。

（3）当除数为 0 时，会发生运算错误，不能执行指令。

（4）被除数或除数中有一个为负数时，商为负数；被除数为负数时，余数为负数。

五、二进制加一

1. 指令格式

二进制加一指令格式见表 5-8-7。

表 5-8-7　二进制加一指令格式

指 令 名 称	助 记 符	操 作 数 D•	程 序 步
二进制加一	INC	KnY、KnM、KnS、T、C、D、V、Z	INC、INCP，3 步 DINC、DINCP，5 步

2. 指令功能说明

如图 5-8-11 所示，当 X000 从 OFF 向 ON 变化时，D10 中的数据加 1 后，将运算结果传送给 D10。

```
     X000
     ┤├────────────[INCP    D10    ]├    (D10)＋1 ──→(D10)
```

图 5-8-11　二进制加一指令功能说明

3. 指令使用说明

如果采用连续执行型，则每个扫描周期都要执行一次，很难预知执行的结果，因此建议采用脉冲执行型。

六、二进制减一

1. 指令格式

二进制减一指令格式见表 5-8-8。

表 5-8-8　二进制减一指令格式

指 令 名 称	助 记 符	操 作 数 D•	程 序 步
二进制减一	DEC	KnY、KnM、KnS、T、C、D、V、Z	DEC、DECP，3 步 DDEC、DDECP，5 步

2. 指令功能说明

如图 5-8-12 所示，当 X010 从 OFF 向 ON 变化时，D10 中的数据减 1 后，将运算结果传送给 D10。

X010
├──┤├─────────────────────┤DECP   D10   ├   (D10) - 1 ⟶ (D10)

图 5-8-12   二进制减一指令功能说明

3. 指令使用说明

如果采用连续执行型，则每个扫描周期都要执行一次，很难预知执行的结果，因此建议采用脉冲执行型。

七、指令应用

例 5-8-1   某停车场最多可以停 50 辆车，在停车场入口和出口均安装了能够检测车辆的光电传感器。每进一辆车，停车数量就加 1；每出一辆车，停车数量就减 1；当停车数量达到 50 辆时，报警指示灯亮，提示已满场，禁止车辆入场。

解：停车场车位控制 I/O 分配表见表 5-8-9 所示。根据控制要求，采用加一和减一指令实现停车场车位控制，停车场车位控制梯形图如图 5-8-13 所示。

表 5-8-9   停车场车位控制 I/O 分配表

输　入		输　出	
元　件	端口地址	元　件	端口地址
入口检测传感器	X000	报警指示灯亮	Y000
出口检测传感器	X001		

图 5-8-13   停车场车位控制梯形图

例 5-8-2   用 PLC 求解方程 $Y = \dfrac{6X}{5} + 2$。其中 X 用两位数字开关（连接 PLC 的 X0～X7 输入端子）输入，数值范围为 0～99。

解：求解方程的梯形图如图 5-8-14 所示。

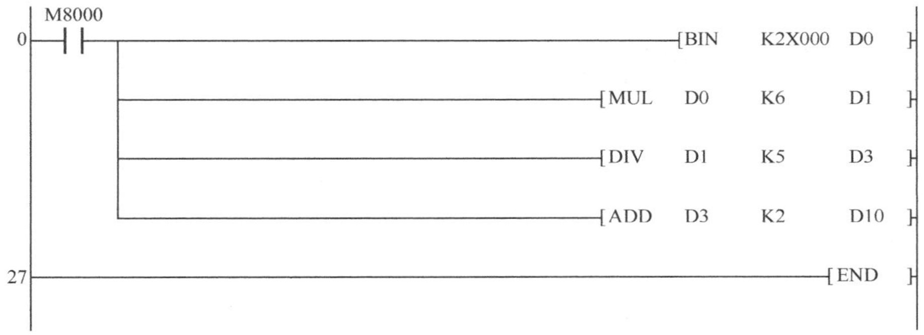

```
     M8000
0 ──┤├──────────────────────────────────────────[BIN    K2X000  D0 ]
    │                                            [MUL    D0      K6    D1 ]
    │                                            [DIV    D1      K5    D3 ]
    └────────────────────────────────────────────[ADD    D3      K2    D10 ]
27 ──────────────────────────────────────────────────────────────[END ]
```

图 5-8-14 求解方程的梯形图

例 5-8-3 有 8 盏彩灯 HL1~HL8，按下启动按钮时，先以正序（从 HL1 到 HL8）每隔 1s 轮流点亮；当 HL8 点亮后，以逆序（从 HL8 到 HL1）每隔 1s 轮流点亮；当 HL1 点亮后，再次以正序（从 HL1 到 HL8）每隔 1s 轮流点亮，如此循环。按下停止按钮时，停止工作。

解：8 盏彩灯分别连接到 PLC 的 Y000~Y007 输出端子，X000 为启动按钮，X001 为停止按钮，"乘 2" 运算相当于左移一位，"除 2" 运算相当于右移一位，所以可以采用乘法和除法运算实现 8 盏彩灯的控制，8 盏彩灯控制梯形图如图 5-8-15 所示。

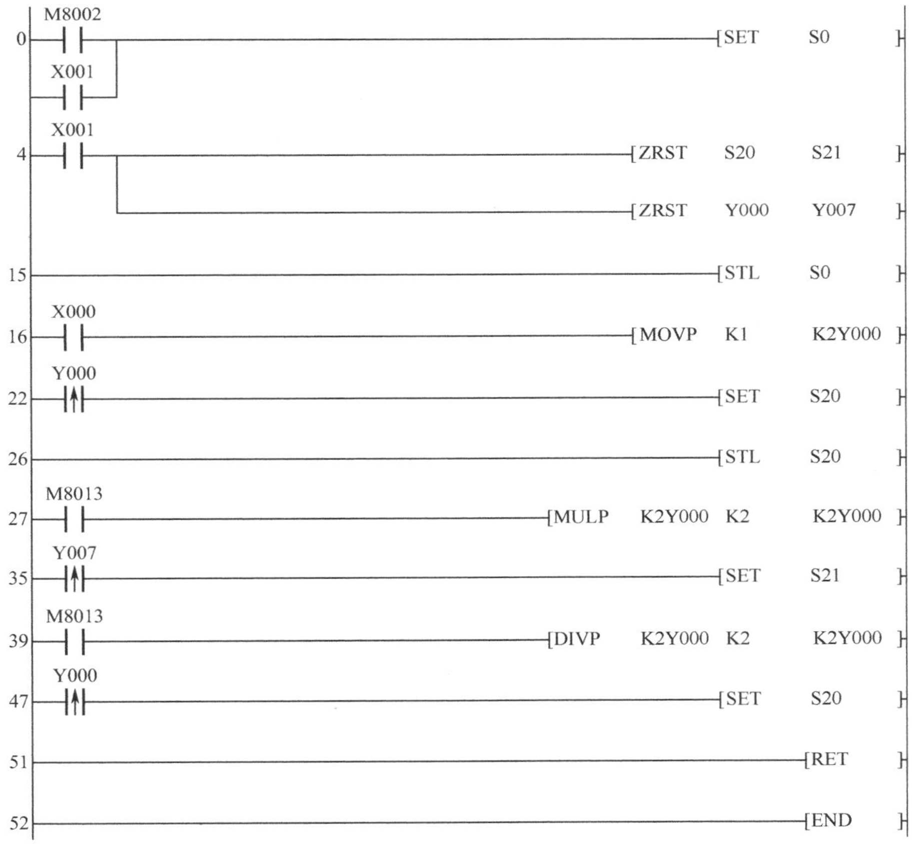

```
     M8002
0 ──┤├─────────────────────────────────────────────[SET    S0 ]
     X001
    ──┤├──
     X001
4 ──┤├───────────────────────────────────────────────[ZRST   S20    S21 ]
    │                                                [ZRST   Y000   Y007 ]
15 ────────────────────────────────────────────────────[STL    S0 ]
     X000
16 ──┤├─────────────────────────────────────────────[MOVP   K1     K2Y000 ]
     Y000
22 ──┤↑├─────────────────────────────────────────────[SET    S20 ]
26 ────────────────────────────────────────────────────[STL    S20 ]
     M8013
27 ──┤├───────────────────────────────────[MULP   K2Y000 K2     K2Y000 ]
     Y007
35 ──┤↑├─────────────────────────────────────────────[SET    S21 ]
     M8013
39 ──┤├───────────────────────────────────[DIVP   K2Y000 K2     K2Y000 ]
     Y000
47 ──┤↑├─────────────────────────────────────────────[SET    S20 ]
51 ────────────────────────────────────────────────────[RET ]
52 ────────────────────────────────────────────────────[END ]
```

图 5-8-15 8 盏彩灯控制梯形图

第九节 逻辑运算指令及应用

一、逻辑与

1. 指令格式

逻辑与指令格式见表 5-9-1。

表 5-9-1 逻辑与指令格式

指令名称	助记符	操作数			程序步
		S1·	S2·	D·	
逻辑与	WAND	KnX、KnY、KnM、KnS、T、C、D、V、Z、K、H		KnY、KnM、KnS、T、C、D、V、Z	WAND、WANDP，7 步 DWAND、DWANDP，13 步

2. 指令功能说明

如图 5-9-1 所示，当 X000 为 ON 时，D10 中的数据和 D12 中的数据逐位进行逻辑与运算后，将运算结果传送给 D14。

图 5-9-1 逻辑与指令功能说明

3. 指令使用说明

逻辑与运算规律为"有 0 得 0，全 1 得 1"。该指令将两个源操作数按"位"做"与"运算，运算结果存放在目标操作数中，逻辑与运算过程如图 5-9-2 所示。

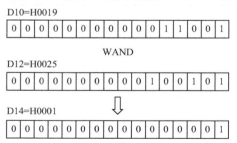

图 5-9-2 逻辑与运算过程

二、逻辑或

1. 指令格式

逻辑或指令格式见表 5-9-2。

表 5-9-2 逻辑或指令格式

指 令 名 称	助 记 符	操 作 数			程 序 步
		S1•	S2•	D•	
逻辑或	WOR	KnX、KnY、KnM、KnS、T、C、D、V、Z、K、H	KnX、KnY、KnM、KnS、T、C、D、V、Z、K、H	KnY、KnM、KnS、T、C、D、V、Z	WOR、WORP，7 步 DWOR、DWORP，13 步

2. 指令功能说明

如图 5-9-3 所示，当 X000 为 ON 时，D10 中的数据和 D12 中的数据逐位进行逻辑或运算后，将运算结果传送给 D14。

图 5-9-3 逻辑或指令功能说明

3. 指令使用说明

逻辑或运算规律为"有 1 得 1，全 0 得 0"。该指令将两个源操作数按"位"做"或"运算，运算结果存放在目标操作数中，逻辑或运算过程如图 5-9-4 所示。

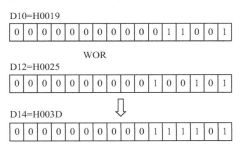

图 5-9-4 逻辑或运算过程

三、逻辑非

1. 指令格式

逻辑非指令格式见表 5-9-3。

表 5-9-3 逻辑非指令格式

指 令 名 称	助 记 符	操 作 数		程 序 步
		S•	D•	
逻辑非	CML	KnX、KnY、KnM、KnS、T、C、D、V、Z、K、H	KnY、KnM、KnS、T、C、D、V、Z	CML、CMLP，5 步 DCML、DCMLP，9 步

2. 指令功能说明

如图 5-9-5 所示，当 X000 为 ON 时，将 D0 中的数据逐位进行逻辑非运算后，将运算结果传送给 D2。

图 5-9-5　逻辑非指令功能说明

3. 指令使用说明

（1）逻辑非运算规律为"1 变 0，0 变 1"。该指令将源操作数按"位"进行"非"运算，运算结果存放在目标操作数中，逻辑非运算过程如图 5-9-6 所示。

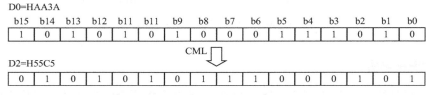

图 5-9-6　逻辑非运算过程

（2）取反输入如图 5-9-7 所示。

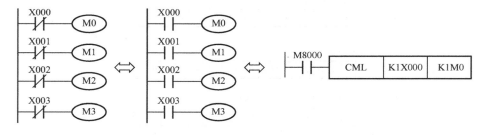

图 5-9-7　取反输入

（3）自身取反如图 5-9-8 所示。

图 5-9-8　自身取反

四、逻辑异或

1. 指令格式

逻辑异或指令格式见表 5-9-4。

表 5-9-4 逻辑异或指令格式

指令名称	助记符	操作数			程序步
		S1·	S2·	D·	
逻辑异或	WXOR	KnX、KnY、KnM、KnS、T、C、D、V、Z、K、H	KnY、KnM、KnS、T、C、D、V、Z		WXOR、WXORP, 7 步 DWXOR、DWXORP, 13 步

2. 指令功能说明

如图 5-9-9 所示，当 X000 为 ON 时，D10 中的数据和 D12 中的数据逐位进行逻辑异或运算后，将运算结果传送给 D14。

图 5-9-9 逻辑异或指令功能说明

3. 指令使用说明

逻辑异或运算规律为"相同取 0，相异取 1"。该指令将两个源操作数按"位"做"异或"运算，运算结果存放在目标操作数中，逻辑异或运算过程如图 5-9-10 所示。

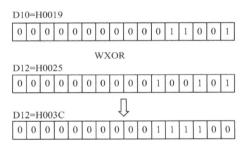

图 5-9-10 逻辑异或运算过程

五、求补

1. 指令格式

求补指令格式见表 5-9-5。

表 5-9-5 求补指令格式

指令名称	助记符	操作数	程序步
		D·	
求补	NEG	KnY、KnM、KnS、T、C、D、V、Z	NEG、NEGP, 3 步 DNEG、DNEGP, 5 步

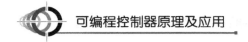

2. 指令功能说明

如图 5-9-11 所示，当 X010 从 OFF 向 ON 变化时，D10 中的数据求补后，将运算结果传送给 D10。

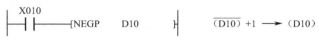

图 5-9-11　求补指令功能说明

3. 指令使用说明

（1）求补运算规律为"按位取反后加 1"。该指令先对操作数进行逻辑非运算，然后对逻辑非的运算结果加 1，最后将运算结果存放在操作数中，求补运算过程如图 5-9-12 所示。

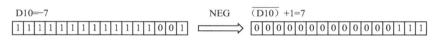

图 5-9-12　求补运算过程

（2）如果采用连续执行型，则每个扫描周期都要执行一次，很难预知执行的结果，因此建议采用脉冲执行型。

（3）一般情况下，求补运算结果为操作数的相反数，但有两个特殊情况，−32768 的求补运算结果仍为−32768，0 的求补运算结果仍为 0。

（4）可使用 NEG 指令使负数绝对值化，如图 5-9-13 所示。

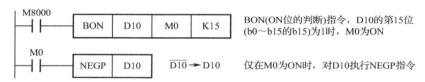

图 5-9-13　负数绝对值化

六、指令应用

例 5-9-1　某小区有 4 层楼，每层楼的楼上和楼下各有一个开关，这两个开关共同控制该层的照明灯，两个开关状态不一致时灯点亮，两个开关状态一致时灯熄灭。

解：由于两个开关状态不一致时灯点亮，所以可以使用逻辑异或指令实现楼梯照明控制，楼梯照明控制 I/O 分配表见表 5-9-6，楼梯照明控制梯形图如图 5-9-14 所示。

表 5-9-6　楼梯照明控制 I/O 分配表

输　入		输　出	
元　件	端口地址	元　件	端口地址
第一层楼上开关	X000	第一层楼照明灯	Y000
第二层楼上开关	X001	第二层楼照明灯	Y001

输　　入		输　　出	
元　　件	端 口 地 址	元　　件	端 口 地 址
第三层楼上开关	X002	第三层楼照明灯	Y002
第四层楼上开关	X003	第四层楼照明灯	Y003
第一层楼下开关	X010		
第二层楼下开关	X011		
第三层楼下开关	X012		
第四层楼下开关	X013		

图 5-9-14　楼梯照明控制梯形图

例 5-9-2　三台电动机顺序启动、逆序停止。按下启动按钮 SB1，启动第一台电动机；当第一台电机启动后，按下启动按钮 SB2 才可以启动第二台电动机；当第二台电动机启动后，按下启动按钮 SB3 才可以启动第三台电动机；当三台电动机都运行后，按下停止按钮 SB6，第三台电动机停止；当第三台电动机停止后，按下停止按钮 SB5 才可以停止第二台电动机；当第二台电动机停止后，按下停止按钮 SB4 才可以停止第一台电动机。PLC 运行时，指示灯 HL1 亮，指示灯 HL2 灭，指示 PLC 处于运行状态。

解：顺序启动和逆序停止都属于联锁控制，经过处理具有相同的逻辑关系，所以可以使用字逻辑指令实现控制要求。三台电动机顺序启动、逆序停止 I/O 分配表见表 5-9-7，三台电动机顺序启动、逆序停止梯形图如图 5-9-15 所示。

表 5-9-7　三台电动机顺序启动、逆序停止 I/O 分配表

输　　入		输　　出	
元　　件	端 口 地 址	元　　件	端 口 地 址
第一台电动机启动按钮 SB1	X000	指示灯 HL1	Y000
第二台电动机启动按钮 SB2	X001	控制第一台电动机的接触器	Y001
第三台电动机启动按钮 SB3	X002	控制第二台电动机的接触器	Y002
第一台电动机停止按钮 SB4	X010	控制第三台电动机的接触器	Y003
第二台电动机停止按钮 SB5	X011	指示灯 HL2	Y004
第三台电动机停止按钮 SB6	X012		

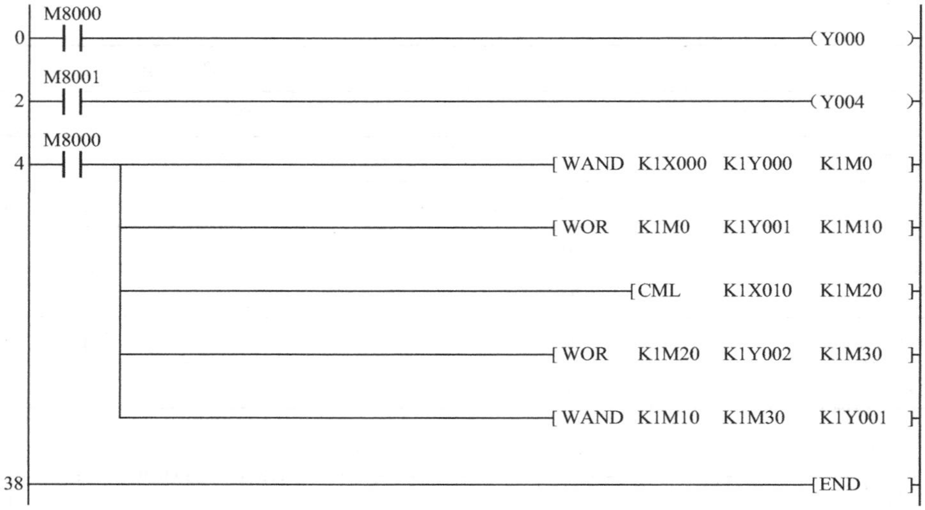

图 5-9-15　三台电动机顺序启动、逆序停止梯形图

第十节　移位指令及应用

一、循环移位

1. 指令格式

循环移位指令格式见表 5-10-1。

表 5-10-1　循环移位指令格式

指令名称	助记符	操作数		程序步
		D·	n（移位位数）	
不带进位循环右移	ROR	KnY、KnM、KnS、T、C、D、V、Z、K、H	K、H n≤16 （16 位指令） n≤32 （32 位指令）	ROR、RORP，5 步 DROR、DRORP，9 步
不带进位循环左移	ROL			ROL、ROLP，5 步 DROL、DROLP，9 步
带进位循环右移	RCR			RCR、RCRP，5 步 DRCR、DRCRP，9 步
带进位循环左移	RCL			RCL、RCLP，5 步 DRCL、DRCLP，9 步

2. 指令功能说明

如图 5-10-1 所示，当 X000 从 OFF 向 ON 变化时，D0 中的数据从高位向低位右移 4 位，低位移出进入高位，最后移出的一位被保存在进位标志位 M8022。

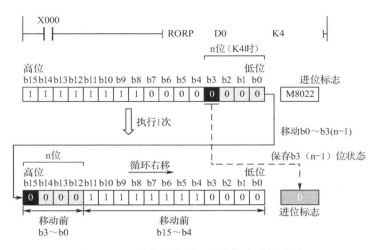

图 5-10-1 不带进位循环右移指令功能说明

如图 5-10-2 所示，当 X000 从 OFF 向 ON 变化时， D0 中的数据从低位向高位左移 4 位，高位移出进入低位，最后移出的一位被保存在进位标志位 M8022。

如图 5-10-3 所示，D0 中的 16 位数据和进位标志位 M8022 组成 17 位数据，进位标志位 M8022 为最低位，当 X000 从 OFF 向 ON 变化时，从高位向低位右移 4 位，低位移出进入高位，最后一个从低位移出的位进入进位标志位 M8022。

如图 5-10-4 所示，D0 中的 16 位数据和进位标志位 M8022 组成 17 位数据，进位标志位 M8022 为最高位，当 X000 从 OFF 向 ON 变化时，从低位向高位左移 4 位，高位移出进入低位，最后一个从高位移出的位进入进位标志位 M8022。

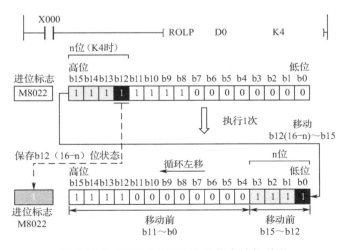

图 5-10-2 不带进位循环左移指令功能说明

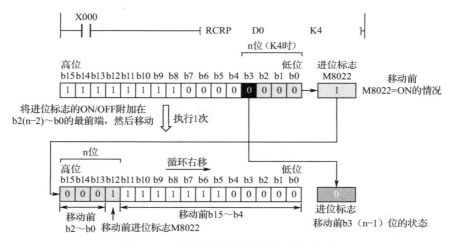

图 5-10-3　带进位循环右移指令功能说明

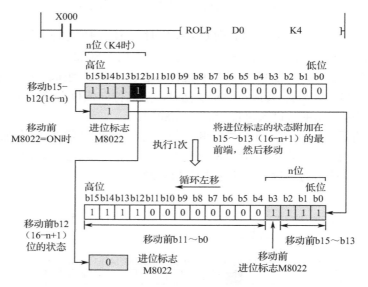

图 5-10-4　带进位循环左移指令功能说明

3. 指令使用说明

（1）如果采用连续执行型，则每个扫描周期都要执行一次，很难预知执行的结果，因此建议采用脉冲执行型。

（2）当操作数采用位软元件组合时，16 位运算使用 K4 指定，32 位运算使用 K8 指定。

二、位移位

1. 指令格式

位移位指令格式见表 5-10-2。

表 5-10-2　位移位指令格式

指令名称	助记符	操作数				程序步
		S·	D·	n1	n2	
位右移	SFTR	X、Y、M、S、D□.b	Y、M、S	K、H n2≤n1≤1024 n1：移位元件长度 n2：移位位数		SFTR、SFTRP，9 步
位左移	SFTL					SFTL、SFTLP，9 步

2. 指令功能说明

如图 5-10-5 所示，K16 表示移位元件长度为 16，即 M0～M15，K4 表示每次移动 4 位，当 X10 从 OFF 向 ON 变化时，①M3～M0 溢出，②M7～M4→M3～M0，③M11～M8→M7～M4，④M15～M12→M11～M8，⑤X3～X0→M15～M12。

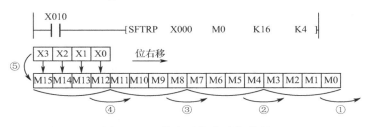

图 5-10-5　位右移指令功能说明

如图 5-10-6 所示，K16 表示移位元件长度为 16，即 M0～M15，K4 表示每次移动 4 位，当 X10 从 OFF 向 ON 变化时，①M15～M12 溢出，②M11～M8→M15～M12，③M7～M4→M11～M8，④M3～M0→M7～M4，⑤X3～X0→M3～M0。

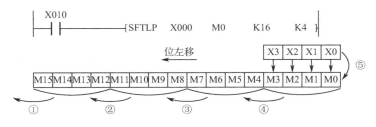

图 5-10-6　位左移指令功能说明

3. 指令使用说明

（1）如果采用连续执行型，则每个扫描周期都要执行一次，很难预知执行的结果，因此建议采用脉冲执行型。

（2）源操作数和目标操作数软元件重复时，会导致运算出错。

三、字移位

1. 指令格式

字移位指令格式见表 5-10-3。

表 5-10-3　字移位指令格式

指令名称	助记符	操作数				程序步
		S·	D·	n1	n2	
字右移	WSFR	KnX、KnY、KnM、KnS、T、C、D	KnY、KnM、KnS、T、C、D	K、H n2≤n1≤512 n1：移位元件长度 n2：移位量		WSFR、WSFRP，9 步
字左移	WSFL					WSFL、WSFLP，9 步

2. 指令功能说明

如图 5-10-7 所示，K16 表示移位元件长度为 16，即 D10～D25，K4 表示每次移动 4 个字元件，当 X0 从 OFF 向 ON 变化时，①D13～D10 溢出，②D17～D14→D13～D10，③D21～D18→D17～D14，④D25～D22→D21～D18，⑤D3～D0→D25～D22。

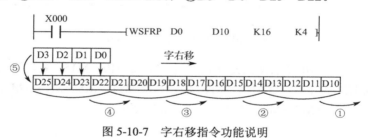

图 5-10-7　字右移指令功能说明

如图 5-10-8 所示，K16 表示移位元件长度为 16，即 D10～D25，K4 表示每次移动 4 个字元件，当 X0 从 OFF 向 ON 变化时，①D25～D22 溢出，②D21～D18→D25～D22，③D17～D14→D21～D18，④D13～D10→D17～D14，⑤D3～D0→D13～D10。

3. 指令使用说明

（1）如果采用连续执行型，则每个扫描周期都要执行一次，很难预知执行的结果，因此建议采用脉冲执行型。

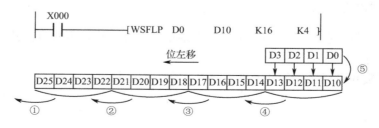

图 5-10-8　字左移指令功能说明

（2）源操作数和目标操作数软元件重复时，会导致运算出错。

（3）当使用位软元件组合时，源操作数和目标操作数必须指定相同的位数，如图 5-10-9 所示。

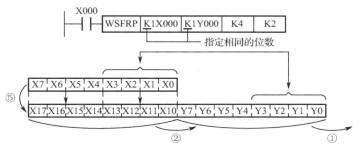

图 5-10-9 位软元件组合的移位

四、先入先出

1. 指令格式

先入先出指令格式见表 5-10-4。

表 5-10-4 先入先出指令格式

指令名称	助记符	操作数			程序步
		S·	D·	n	
先入先出写入	SFWR	KnX、KnY、KnM、KnS、T、C、D、V、Z、K、H	KnY、KnM、KnS、T、C、D	K、H 2≤n≤512 n：保存数据的软元件总数	SFWR、SFWRP，7步
先入先出读出	SFRD	KnY、KnM、KnS、T、C、D	KnY、KnM、KnS、T、C、D、V、Z		SFRD、SFRDP，7步

2. 指令功能说明

如图 5-10-10 所示，K10 表示保存数据的软元件总数为 10 个，即 D1～D10，预先将 D1 清零；当 X0 从 OFF 向 ON 变化时，将 D0 中的数据写入 D2，同时 D1 中的数据变为 1；当 X0 再次从 OFF 向 ON 变化时，则将 D0 中的数据写入 D3，同时 D1 中的数据变为 2，依此类推。其中 D1 是指针，表示已经写入数据的数目，当 D1 中的数据超过 n−1 时，不再处理，并且进位标志位 M8022 动作。

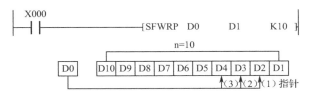

图 5-10-10 先入先出写入指令功能说明

如图 5-10-11 所示，K10 表示保存数据的软元件总数为 10 个，即 D1～D10；当 X0 从 OFF 向 ON 变化时，将 D2 中的数据传送（读出）到 D20 中，同时 D1 中的数据减 1，D2 左侧的数据逐字右移；当 X0 再次从 OFF 向 ON 变化时，再次将 D2 中的数据传送（读出）到 D20 中，同时 D1 中的数据减 1，D2 左侧的数据逐字右移，按此规律进行数据读出。其中 D1 为指针，当 D1 中的数据为 0 时，不再处理，并且零标志位 M8020 动作。

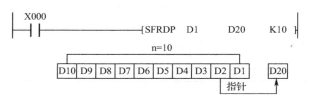

图 5-10-11　先入先出读出指令功能说明

3. 指令使用说明

（1）如果采用连续执行型，则每个扫描周期都要执行一次，很难预知执行的结果，因此建议采用脉冲执行型。

（2）源操作数和目标操作数软元件重复时，会导致运算出错。

五、指令应用

例 5-10-1　有 16 盏彩灯 HL1～HL16，按下启动按钮时，先以正序（从 HL1 到 HL16）每隔 1s 轮流点亮；当 HL16 点亮后，以逆序（从 HL16 到 HL1）每隔 1s 轮流点亮；当 HL1 点亮后，再次以正序（从 HL1 到 HL16）每隔 1s 轮流点亮，如此循环。按下停止按钮时，停止工作。

解： 16 盏彩灯分别连接到 PLC 的 Y0～Y17 输出端子，X0 为启动按钮，X1 为停止按钮。根据控制要求，可以采用不带进位循环左移和循环右移指令实现控制，彩灯循环控制梯形图如图 5-10-12 所示。

```
        X000
0  ──┤├──────────────────────────────────[MOVP  K1   K4Y000]

        X001
6  ──┤├──────────────────────────────────[MOVP  K0   K4Y000]

        Y000  X001   M1    Y016
12 ──┤├──┬──┤/├──┤/├──┤/├────────────────────────( M0 )
        M0  │
     ──┤├──┘

        M0   M8013
18 ──┤├──┤├──────────────────────────────[ROLP  K4Y000  K1]

        Y016  X001   M0    Y000
25 ──┤├──┬──┤/├──┤/├──┤/├────────────────────────( M1 )
        M0  │
     ──┤├──┘

        M1   M8013
31 ──┤├──┤├──────────────────────────────[RORP  K4Y000  K1]

38 ─────────────────────────────────────────────────[END]
```

图 5-10-12　彩灯循环控制梯形图

例5-10-2 某仓库按照先进先出原则进行管理，仓库最大库存量为50，当有产品入库时，按下入库请求按钮，通过两个数字开关对产品进行编号，编号范围为 00～99；当有产品出库时，按下出库请求按钮，通过两个数码管显示产品的编号。

解： 两个数字开关分别连接到 PLC 的 X000～X003、X004～X007 两组输入端子，X010 为入库请求按钮，X011 为出库请求按钮，两个数码管分别连接到 PLC 的 Y000～Y007、Y010～Y017 两组输出端子。根据控制要求，可以采用先进先出指令实现控制，产品进出库控制梯形图如图 5-10-13 所示。

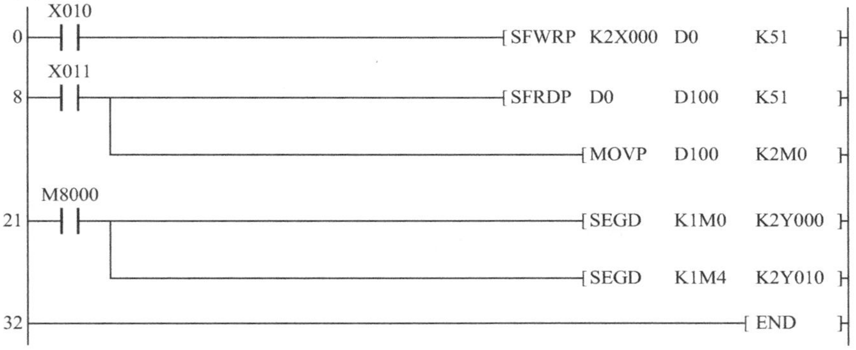

图 5-10-13 产品进出库控制梯形图

例5-10-3 采用 PLC 实现三相双三拍步进电动机正反转控制。

解： 按照一定顺序对三相绕组通断电，转子就按照一定方向一步一步地转动，这就是步进电动机的工作原理。三相双三拍步进电动机正转通电顺序为 AC－AB－BC－AC···，反转通电顺序为 AC－BC－AB－AC···，可以采用位左移和位右移指令实现步进电动机正反转控制。由于输出脉冲频率比较高，所以选用晶体管输出的 PLC。步进电动机正反转控制 I/O 分配表见表 5-10-5，步进电动机正反转控制梯形图如图 5-10-14 所示。

表 5-10-5 步进电动机正反转控制 I/O 分配表

输 入		输 出	
元 件	端口地址	元 件	端口地址
启停开关	X000	控制 A 相的脉冲	Y000
正反转切换开关	X001	控制 B 相的脉冲	Y001
		控制 C 相的脉冲	Y002

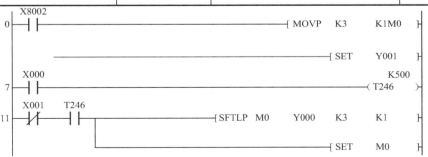

图 5-10-14 步进电动机正反转控制梯形图

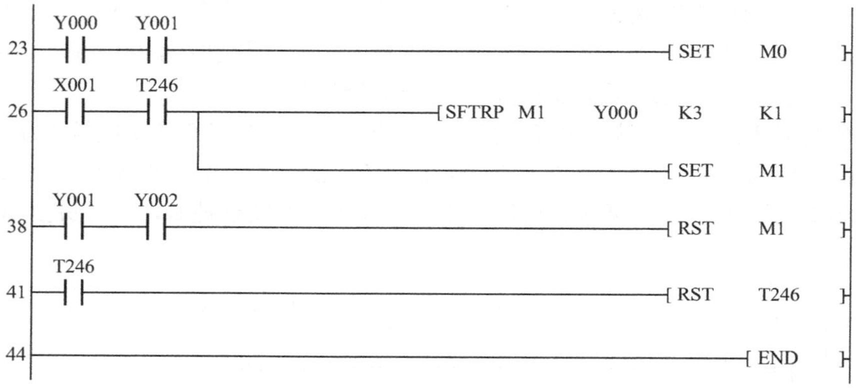

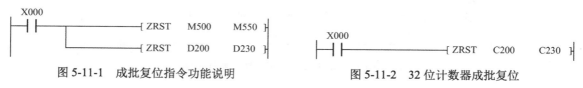

图 5-10-14　步进电动机正反转控制梯形图（续）

第十一节　数据处理指令及应用

一、成批复位

1. 指令格式

成批复位指令格式见表 5-11-1。

表 5-11-1　成批复位指令格式

指令名称	助记符	操作数		程序步
		D1·	D2·	
成批复位	ZRST	Y、M、S、T、C、D（[D1]≤[D2]，且指定相同类型的软元件）		ZRST、ZRSTP，5 步

2. 指令功能说明

如图 5-11-1 所示，当 X000 为 ON 时，将位软元件 M500～M550 成批复位，将字软元件 D200～D230 成批复位。

3. 指令使用说明

（1）当[D1]>[D2]时，仅对[D1]指定的软元件复位。

（2）ZRST 为 16 位处理指令，可以对 32 位计数器复位，但要求两个操作数都是 32 位计数器，如图 5-11-2 所示；如果一个操作数为 16 位计数器，另一个操作数为 32 位计数器，程序将出错。

图 5-11-1　成批复位指令功能说明　　　　图 5-11-2　32 位计数器成批复位

二、译码与编码

1. 指令格式

译码与编码指令格式见表 5-11-2。

表 5-11-2 译码与编码指令格式

指令名称	助记符	操 作 数			程 序 步
		S•	D•	n	
译码	DECO	X、Y、M、S、T、C、D、V、Z、K、H	Y、M、S、T、C、D	K、H	DECO、DECOP，7 步
编码	ENCO	X、Y、M、S、T、C、D、V、Z	T、C、D、V、Z	K、H	NECO、NECOP，7 步

2. 指令功能说明

译码指令功能说明如图 5-11-3 所示。

当操作数为位软元件时，n 表示将 n 位软元件译码。指令执行时，将位软元件组合表达的数据用相应位软元件置 ON 来表示。n=K3，表示对 3 位软元件（X002～X000）的状态进行译码，3 位码对应 8 种状态，用 M10～M17 这 8 位软元件表示。（X002～X000）=（101）2 = 5，指令执行时，位元件 M15=1；如果（X002～X000）= 0，则位元件 M10=1。

当操作数为字软元件时，n 表示将字软元件的低 n 位译码。指令执行时，将低 n 位的数据用相应字软元件的位置 ON 来表示。n=K3，表示对 D0 的低 3 位（b2～b0）状态进行译码，3 位码对应 8 种状态，用 D1 低 8 位（b7～b0）表示。D0 低 3 位（b2～b0）=（110）2 = 6，指令执行时，D1 第 6 位 b6=1；如果 D0 低 3 位（b2～b0）=0，则 D1 第 0 位 b0=1。

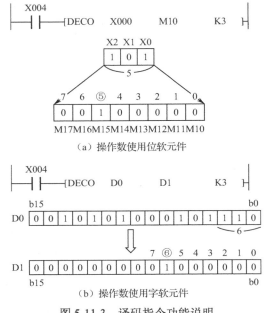

（a）操作数使用位软元件

（b）操作数使用字软元件

图 5-11-3 译码指令功能说明

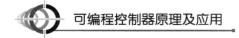

编码指令功能说明如图 5-11-4 所示。

当源操作数为位软元件时，n 表示对 2^n 位软元件编码。指令执行时，将位软元件置 ON 的位置转换成二进制数存放在对应的字软元件中。n=K3，表示对 2^3=8 位软元件（M17～M10）编码，位软元件 M15=1（从 M10 开始第 5 位为 1），指令执行时，D10 中的数据为 5。

当源操作数为字软元件时，n 表示对字软元件低 2^n 位编码。指令执行时，将字软元件置 ON 位的位置转换为二进制数存放在对应的字软元件中。n=K3，表示对字软元件低 2^3=8 位编码，即 D0 低 8 位（b7～b0）。当操作数多位为 1 时，低位被忽略，只对高位操作，D0 的高位 b7=1（D0 的第 7 位为 1），指令执行时，D1 中的数据为 7。

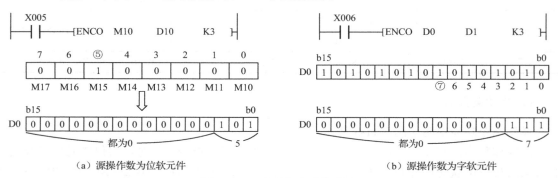

（a）源操作数为位软元件　　　　　　　　　　（b）源操作数为字软元件

图 5-11-4　编码指令功能说明

3. 指令使用说明

（1）对于译码指令，当目标操作数为位软元件时，n=1～8；当目标操作数为字软元件时，n=1～4。对于编码指令，当源操作数为位软元件时，n=1～8；当源操作数为字软元件时，n=1～4。当 n=0 时，不处理；当 n 超出规定的范围时，运算出错。

（2）不执行译码和编码指令时，会保持以前已经运行的 ON/OFF 状态。

（3）译码和编码指令自动占用的位软元件不能和其他控制中的软元件重复。

三、位 ON 总和

1. 指令格式

位 ON 总和指令格式见表 5-11-3。

表 5-11-3　位 ON 总和指令格式

指令名称	助记符	操作数		程序步
		S•	D•	
位 ON 总和	SUM	KnX、KnY、KnM、KnS、T、C、D、V、Z、K、H	KnY、KnM、KnS、T、C、D、V、Z	SUM、SUMP，5 步 DSUM、DSUMP，9 步

2. 指令功能说明

如图 5-11-5 所示，当 X000 为 ON 时，将 D0 中 1 的总数保存到 D2 中。如果 D0=0，则

D2=0，零标志位 M8020 为 ON；如果 D0≠0，则 D2≠0，零标志位 M8020 为 OFF。

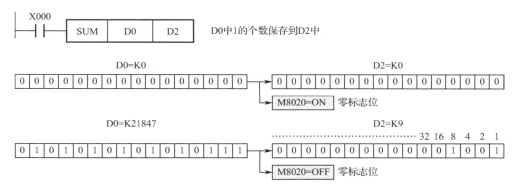

图 5-11-5　位 ON 总和指令功能说明

3. 指令使用说明

不执行该指令时，会保持以前已经运行的 ON/OFF 状态。

四、位 ON 判定

1. 指令格式

位 ON 判定指令格式见表 5-11-4。

表 5-11-4　位 ON 判定指令格式

指令名称	助记符	操作数			程序步
		S·	D·	n	
位 ON 判定	BON	KnX、KnY、KnM、KnS、T、C、D、V、Z、K、H	Y、S、M、D□.b	K、H	BON、BONP，7步 DBON、DBONP，13步

2. 指令功能说明

如图 5-11-6 所示，当 X000 为 ON 时，判定 D10 第 n=9 位是否为 1。如果 D10 第 9 位为 1，则 M0=1；如果 D10 第 9 位为 0，则 M0=0。

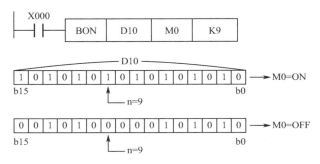

图 5-11-6　位 ON 判定指令功能说明

3. 指令使用说明

（1）进行 16 位运算时，n 的取值范围为 0～15；进行 32 位运算时，n 的取值范围为 0～31。

（2）不执行该指令时，会保持以前已经运行的 ON/OFF 状态。

五、平均值

1. 指令格式

平均值指令格式见表 5-11-5。

表 5-11-5　平均值指令格式

指令名称	助记符	操作数			程序步
		S·	D·	n	
平均值	MEAN	KnX、KnY、KnM、KnS 、T、C、D、	KnY、KnM、KnS、T、C、D、V、Z	K、H	MEAN、MEANP，7 步 DMEAN、DMEANP，13 步

2. 指令功能说明

如图 5-11-7 所示，当 X000 为 ON 时，将 D0、D1 及 D2 中的数据相加后除以 3，舍去余数后保存到 D10 中。

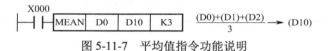

图 5-11-7　平均值指令功能说明

3. 指令使用说明

N 的取值范围为 1～64，超出范围会导致运算出错。

六、信号报警器

1. 指令格式

信号报警器指令格式见表 5-11-6。

表 5-11-6　信号报警器指令格式

指令名称	助记符	操作数			程序步
		S·	m	D·	
信号报警器置位	ANS	T0～T199	K、H m=1～32767（单位为 100ms）	S900～S999	ANS，7 步
信号报警器复位	ANR	无			ANR、ANRP，1 步

2. 指令功能说明

如图 5-11-8 所示，当 X001 和 X002 同时接通 1s 以上时，S900 被置位，即使以后 X1 或者 X2 断开，S900 仍然保持动作状态，定时器复位。如果在 1s 内 X001 或者 X002 断开，定时器复位，S900 不能够被置位，当 X000 从 OFF 向 ON 变化时，复位正在动作的信号报警器。如果有多个信号报警器同时动作，则复位地址编号最小的信号报警器。当 X000 再次从 OFF 向 ON 变化时，按照信号报警器编号从小到大的顺序复位。

图 5-11-8　信号报警器指令功能说明

3. 指令使用说明

RST 指令或者 ANR 指令可以复位 ANS 指令置位的信号报警器，ANR 指令可以复位 SET 指令或者 ANS 指令置位的信号报警器。

七、开方

1. 指令格式

开方指令格式见表 5-11-7。

表 5-11-7　开方指令格式

指令名称	助记符	操作数		程序步
		S·	D·	
开方	SQR	D、K、H	D	SQR、SQRP，5 步 DSQR、DSQRP，9 步

2. 指令功能说明

如图 5-11-9 所示，当 X000 为 ON 时，将 D10 的平方根舍去小数取整数后保存到 D12 中。

图 5-11-9　开方指令功能说明

3. 指令使用说明

（1）舍去小数时，借位标志位 M8021 动作。

（2）计算结果为零时，零标志位 M8020 动作。

（3）源操作数为非负数才有效，当其为负数时，运算错误标志 M8067 置位，指令不执行。

八、指令应用

例 5-11-1 机床工作台如图 5-11-10 所示。工作台工作时需要左右往复运动，在左右两边设有 4 个限位开关，SQ2 和 SQ3 为换向开关，SQ1 和 SQ4 为极限开关，工作台往复一次最大行程需要的时间为 6s。当换向开关和极限开关都失灵时，报警指示灯亮。

解： 换向开关和极限开关都失灵属于外部故障，外部故障诊断可以采用信号报警器置位和复位指令实现，外部故障诊断 I/O 分配表见表 5-11-8，外部故障诊断梯形图如图 5-11-11 所示。

图 5-11-10 机床工作台

表 5-11-8 外部故障诊断 I/O 分配表

输　入		输　出	
元　件	端口地址	元　件	端口地址
报警复位按钮	X000	报警指示灯	Y000
行程开关 SQ1	X001	左行	Y001
行程开关 SQ2	X002	右行	Y002
行程开关 SQ3	X003		
行程开关 SQ4	X004		

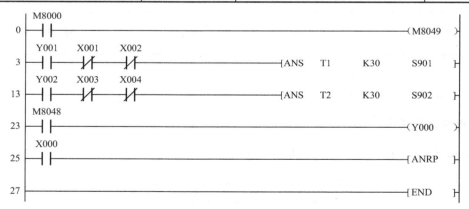

图 5-11-11 外部故障诊断梯形图

例 5-11-2 某车间有 8 个工位，运料小车往返于各个工位送料，每个工位设有一个行程开关和一个呼叫按钮，运料小车呼叫控制示意图如图 5-11-12 所示，具体控制要求如下：

（1）运料小车开始应停在 8 个工位中任意一个工位并压下该工位的行程开关。

（2）当按下启动按钮后，如果停车工位呼叫，则运料小车不动；如果呼叫工位大于停车工位，则运料小车向高位行驶，小车到达呼叫工位后自动停止；如果呼叫工位小于停车工位，则运料小车向低位行驶，小车到达呼叫工位后自动停止。

（3）当有多个工位先后呼叫运料小车时，先呼叫者有效；当有多个工位同时呼叫运料小车时，高位呼叫者有效。

（4）在运料小车运行过程中，按下停止按钮，小车到达呼叫工位后停止工作。

解：运料小车呼叫控制I/O分配表见表5-11-9。通过比较呼叫工位和停车工位，确定运料小车的运行方向及目标位置，由于编码指令只对最高位进行编码，所以当有多个工位同时呼叫运料小车时，可以采用编码和译码指令实现高位呼叫有效。

运料小车呼叫控制梯形图如图5-11-13所示。当没有呼叫时，运料小车应处于等待状态，不执行编码和译码指令，所以只有K2X0>0条件满足时，才执行编码和译码指令。在运料小车向低位行驶的过程中，如果处于两个行程开关之间执行比较指令，就会让小车在该位置来回摆动，所以只有K2X10>0条件满足时，才执行比较指令。当小车到达目标位置时（M2为ON），应进行数据清零，为下一次呼叫做好准备。

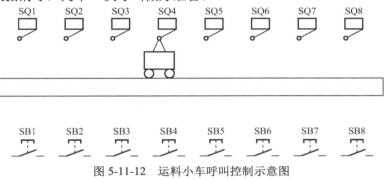

图 5-11-12 运料小车呼叫控制示意图

表 5-11-9 运料小车呼叫控制 I/O 分配表

输　　入		输　　出	
元　　件	端口地址	元　　件	端口地址
8个工位的呼叫按钮	X000～X007	控制向高位行驶的接触器	Y001
8个工位的行程开关	X010～X017	控制向低位行驶的接触器	Y002
启动按钮	X020		
停止按钮	X021		

图 5-11-13 运料小车呼叫控制梯形图

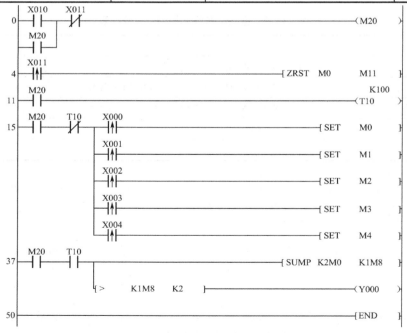

图 5-11-13　运料小车呼叫控制梯形图（续）

例 5-11-3　5 位评委要对评审的项目进行表决，主持人按下开始按钮后，要求 5 位评委在 10s 内对评审的项目进行表决。评委赞同时，按下自己座位上的表决按钮表示赞同该项目。赞同票数超半数，指示灯 HL1 亮，表示该项目通过。表决结束后，主持人按下结束按钮进行数据清零，为下一次表决做好准备。

解：项目表决可以采用位 ON 总和指令实现，项目表决 I/O 分配表见表 5-11-10，项目表决梯形图如图 5-11-14 所示。

表 5-11-10　项目表决 I/O 分配表

输　入		输　出	
元　件	端口地址	元　件	端口地址
5 位评委的表决按钮	X000～X004	项目通过指示灯 HL1	Y000
开始按钮	X010		
结束按钮	X011		

图 5-11-14　项目表决梯形图

第十二节 方便指令及应用

一、状态初始化

1. 指令格式

状态初始化指令格式见表 5-12-1。

表 5-12-1 状态初始化指令格式

指令名称	助记符	操作数			程序步
		S·	D1·	D2·	
状态初始化	IST	X、Y、M、D□.b	S20~S899		IST，7步

2. 指令功能说明

IST 指令梯形图如图 5-12-1 所示。

图 5-12-1 IST 指令梯形图

当 IST 指令执行时，自动将 S0、S1 及 S2 分配给手动模式、回原点模式及自动运行模式的初始步使用，自动将 S10~S19 分配给回原点模式使用，这些软元件不能用于其他用途。X020 为运行模式的切换开关起始软元件的编号，运行模式的切换开关自动占用从 X020 开始的连续 8 个软元件，这些软元件不能用于其他用途，软元件功能分配见表 5-12-2。为了防止 X020~X024 同时接通，推荐使用旋转开关。S20 为自动运行模式实际用到的状态继电器最小编号，S40 为自动运行模式实际用到的状态继电器最大编号，要求自动运行模式实际用到的状态继电器最大编号必须大于状态继电器最小编号。

表 5-12-2 软元件功能分配

软元件编号	切换开关的功能	软元件编号	切换开关的功能
X020	手动模式	X024	自动运行模式
X021	回原点模式	X025	回原点启动
X022	单步模式	X026	启动
X023	单周期模式	X027	停止

当 IST 指令执行时，自动进行状态初始化，自动控制一些特殊辅助继电器，即使 IST 指令不再执行，也不变化。自动控制的特殊辅助继电器见表 5-12-3。

表 5-12-3　自动控制的特殊辅助继电器

软元件编号	名　称	动　作　内　容
M8040	禁止转移	手动模式动作保持；单步模式动作保持，仅当按下启动键时动作解除；回原点和单周期模式，按下停止键时动作保持，按下启动键时动作解除；PLC 状态为 STOP→RUN 时动作保持，自动运行模式下按下启动键时动作解除
M8041	开始转移	手动和回原点模式不动作；单步和单周期模式，仅当按下启动键时动作；自动运行模式，按下启动键时动作保持，按下停止键时动作解除
M8042	启动脉冲	按下启动键或者原点启动键的瞬间动作
M8047	STL 监视有效	使用 ISI 指令后 M8047 置 ON

3. 指令使用说明

（1）IST 指令在程序中只能使用一次，而且要编写在步进梯形图的前面。

（2）IST 指令主要用于手动、回原点、单步、单周期、自动运行多种模式的步进控制，运行模式的动作内容见表 5-12-4。

（3）根据运行准备及控制要求，需要用程序驱动一些特殊辅助继电器，程序驱动的特殊辅助继电器见表 5-12-5。

表 5-12-4　运行模式的动作内容

运　行　模　式	动　作　内　容
手动模式	通过手动键实现各个负载的启停操作的模式
回原点模式	按下回原点启动键，使设备自动返回原点的模式。如果在运行过程中按下停止键，则运行完当前步停止，再次按下回原点启动键则继续运行，返回原点后停止
单步模式	每按一次启动键，前进一个工步的模式
单周期模式	在原点位置按下启动键，自动运行一个周期，回到原点后停止的模式。如果在运行过程中按下停止键，则运行完当前步停止，再次按下启动键则继续运行，回到原点后自动停止
自动运行模式	在原点位置按下启动键，自动重复运行的模式。如果在运行过程中按下停止键，则运行一个周期，回到原点后停止

表 5-12-5　程序驱动的特殊辅助继电器

软元件编号	名　称	动　作　内　容
M8043	回归完成	M8043 未动作时，进行模式切换，所有输出变为 OFF，所以在回原点模式的最后一步将 M8043 置 ON 后，执行自复位；如果没有回原点模式，须在运行前置位一次 M8043
M8044	原点条件	检测出原点时动作
M8045	禁止所有输出复位	模式切换后，当设备不在原点位置时，所有输出和动作状态被复位；若先驱动 M8045，则仅动作状态被复位，不对所有输出进行复位

二、数据查找

1. 指令格式

数据查找指令格式见表5-12-6。

表5-12-6 数据查找指令格式

指令名称	助记符	操作数				程序步
		S1·	S2·	D·	n	
数据查找	SER	KnX 、 KnY 、KnM、KnS、T、C、D	KnX、KnY、KnM、KnS、T、C、D、V、Z、K、H	KnY、KnM、KnS、T、C、D	D、K、H	SER、SERP，9步 DSER、DSERP，17步

2. 指令功能说明

数据查找指令梯形图如图5-12-2所示。指令执行时，以D0中的数据为参考，对以D100为首连续10个数据寄存器中的数据进行查找，查找的结果保存在以D10为首连续5个数据寄存器中。检索表构成及数据示例见表5-12-7，检索结果见表5-12-8。如果没有和D0中的数据相同的数据，则D10、D11及D12都为0。

图5-12-2 数据查找指令梯形图

表5-12-7 检索表构成及数据示例

数据位置	被检索的数据	参考数据	相同值	最大值	最小值
0	（D100）=K100		相同		
1	（D101）=K111				
2	（D102）=K100		相同		
3	（D103）=K98				
4	（D104）=K123				
5	（D105）=K66	（D0）=K100			最小值
6	（D106）=K100		相同		
7	（D107）=K95				
8	（D108）=K210			最大值	
9	（D109）=88				

表 5-12-8   检索结果

检索结果软元件编号	检索结果项目	内　容
D10	相同数据的个数	3
D11	相同数据的最小位置	0
D12	相同数据的最大位置	6
D13	最小值的最大位置	5
D14	最大值的最大位置	8

3. 指令使用说明

（1）对于 16 位指令，检索的个数 n 范围为 1～256；对于 32 位指令，检索的个数 n 范围为 1～128。

（2）在数据查找过程中，以代数形式进行数据比较，如 $-3 < 1$。

（3）当数据中存在多个最大值、最小值时，分别保存最大位置。

（4）该指令自动占用的软元件不能和其他控制中的软元件重复。

三、数据排序

1. 指令格式

数据排序指令格式见表 5-12-9。

表 5-12-9   数据排序指令格式

指 令 名 称	助 记 符	操 作 数					程 序 步
		S	D	m1	m2	n	
数据排序	SORT	D		K、H (m1=1～32)	K、H (m2=1～6)	D、K、H (n=1～m2)	SORT，11 步

2. 指令功能说明

数据排序指令梯形图如图 5-12-3 所示。指令执行时，以 D0 指定的列为标准，将以 D100 为首 5 行 4 列的数据表格，按照升序（从小到大的顺序）重新排列数据行，然后保存在以 D200 为首 5 行 4 列的数据表格中。数据表格构成及数据示例见表 5-12-10，（D0）＝K2 的排序结果见表 5-12-11。

图 5-12-3   数据排序指令梯形图

表 5-12-10　数据表格构成及数据示例

列号行号	1	2	3	4
	学　号	身　高	体　重	年　龄
1	(D100)=1	(D105)=150	(D110)=45	(D115)=20
2	(D101)=2	(D106)=180	(D111)=50	(D116)=40
3	(D102)=3	(D107)=160	(D112)=70	(D117)=30
4	(D103)=4	(D108)=100	(D113)=20	(D118)=8
5	(D105)=5	(D109)=150	(D114)=50	(D119)=45

表 5-12-11　排 序 结 果

列号行号	1	2	3	4
	学　号	身　高	体　重	年　龄
1	(D200)=4	(D205)=100	(D210)=20	(D215)=8
2	(D201)=1	(D206)=150	(D211)=45	(D216)=20
3	(D202)=5	(D207)=150	(D212)=50	(D217)=45
4	(D203)=3	(D208)=160	(D213)=70	(D218)=30
5	(D205)=2	(D209)=180	(D214)=50	(D219)=40

3. 指令使用说明

（1）指令执行过程中，不要改变操作数据，执行完毕将 M8029 置 ON。如果需要再次执行，应将指令输入置 OFF 一次。

（2）数据排序指令在程序中只能使用一次。

（3）当源操作数和目标操作数指定同一软元件时，原数据表格被改写为排序后的数据表格。

四、凸轮控制绝对方式

1. 指令格式

凸轮控制绝对方式指令格式见表 5-12-12。

表 5-12-12　凸轮控制绝对方式指令格式

指令名称	助记符	操作数				程序步
		S1•	S2•	D•	n	
凸轮控制绝对方式	ABSD	KnX、KnY、KnM、KnS、T、C、D	C	Y、M、S、D□.b	K、H（1≤n≤64）	ABSD，9 步 DABSD，17 步

2. 指令功能说明

凸轮控制绝对方式指令梯形图如图 5-12-4 所示。指令执行时，将以 D0 为首 4 行 2 列的数据表格和计数器 C0 的当前值进行比较，对从 M0 为首连续 4 位软元件进行 ON /OFF 控制。指令执行前，预先传送各上升点及下降点的数据，上升点的数据存放在编号为偶数的软元件中，下降点的数据存放在编号为奇数的软元件中。上升点及下降点的数据示例见表 5-12-13，指令执行过程如图 5-12-5 所示。

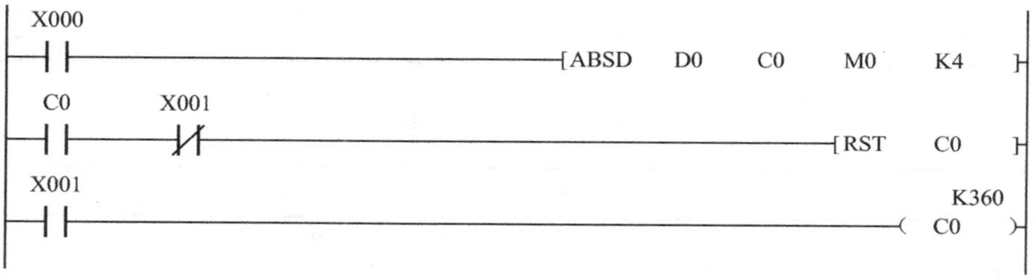

X000
ABSD D0 C0 M0 K4
C0
X001
RST C0
X001
K360
C0

图 5-12-4　凸轮控制绝对方式指令梯形图

表 5-12-13　上升点及下降点的数据示例

上升点的数据	下降点的数据	对应的输出
（D0）=40	（D1）=140	M0
（D2）=100	（D3）=200	M1
（D4）=160	（D5）=60	M2
（D6）=240	（D7）=280	M3

40
140
M0
100
200
M1
60
160
M2
240
280
M3
C0
0
180
360

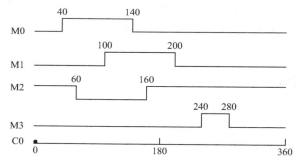

图 5-12-5　指令执行过程

3. 指令使用说明

（1）DABSD 指令中可以指定高速计数器，执行过程中扫描周期会造成响应延迟，为了提高响应速度，应使用 HSZ 指令。

（2）指定位元件的位数时，16 位运算仅为 K4，32 位运算仅为 K8，软元件编号采用 16 的倍数（0、16、32、64）。

（3）凸轮控制绝对方式指令执行过程中，即使指令输入为 OFF，输出也不改变。

五、凸轮控制相对方式

1. 指令格式

凸轮控制相对方式指令格式见表 5-12-14。

2. 指令功能说明

凸轮控制相对方式指令梯形图如图 5-12-6 所示。指令执行时，依次将以 D300 为首连续 4 个数据寄存器中的数据和计数器 C0 当前值进行比较，如果相等，则复位相应输出，工步计数器 C1 加 1，从而对以 M0 为首连续 4 位软元件依次进行 ON/OFF 控制。指令执行前，预先传送设定值给 D300～D303，数据示例见表 5-12-15；当 X0 为 ON 时，M0 为 ON，直到 C0 的当前值和 D300 中的数据相等时，复位 M0，同时 C0 的当前值也被复位，工步计数器 C1 加 1，M1 变为 ON，按照同样的方式运行，直到 M3 被复位，执行完最后的工步，将 M8029 置 ON 一个扫描周期，按照以上过程继续运行，如图 5-12-7 所示。

表 5-12-14　凸轮控制相对方式指令格式

指令名称	助记符	操作数				程序步
		S1·	S2·	D·	n	
凸轮控制相对方式	INCD	KnX、KnY、KnM、KnS、T、C、D	C	Y、M、S、D□.b	K、H (1≤n≤64)	INCD，9 步

图 5-12-6　凸轮控制相对方式指令梯形图

表 5-12-15　设定值数据示例

设定值	对应的输出
（D300）=20	M0
（D301）=30	M1
（D302）=10	M2
（D303）=40	M3

3. 指令使用说明

仅采用 K4 指定位元件的位数，软元件编号采用 16 的倍数（0、16、32、64）。指令执行过程中，指令输入为 OFF，输出被复位，同时比较计数器及工步计数器也被复位。当输入再次为 ON 时，从初始状态重新运行。

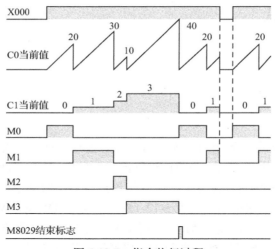

图 5-12-7　指令执行过程

六、示教定时器

1. 指令格式

示教定时器指令格式见表 5-12-16。

表 5-12-16　示教定时器指令格式

指 令 名 称	助 记 符	操 作 数		程 序 步
		D·	n	
示教定时器	TTMR	D	K、H（n=0~2）	TTMR，5 步

2. 指令功能说明

示教定时器指令梯形图如图 5-12-8 所示。当 X010 接通时，以秒为单位，将 X010 接通的时间乘以 10^n（n 为倍率数），传送给 D300（示教时间）。指令执行过程如图 5-12-9 所示。

```
  X010
  ┤├──────────────────[TTMR  D800  K0 ]┤
```

图 5-12-8　示教定时器指令梯形图

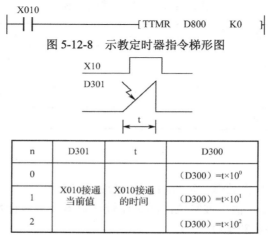

n	D301	t	D300
0			（D300）=t×10^0
1	X010接通当前值	X010接通的时间	（D300）=t×10^1
2			（D300）=t×10^2

图 5-12-9　指令执行过程

3. 指令使用说明

指令执行过程中，指令输入变为 OFF 时，示教时间不变，接通的当前值被复位。

七、特殊定时器

1. 指令格式

特殊定时器指令格式见表 5-12-17。

表 5-12-17　特殊定时器指令格式

指令名称	助记符	操作数			程序步
		S·	n	D·	
特殊定时器	STMR	T （T0～T199）	K、H （n=1～32767）	Y、M、S、D□.b （占用连续 4 位软元件）	STMR，7 步

2. 指令功能说明

特殊定时器指令功能说明如图 5-12-10 所示。K100 为指定的定时器 T10 的设定值，单位为 ms。M0 称为断开延时定时器，当 X000 为 ON 时，M0 接通；当 X000 变为 OFF 时，延时 10s 后 M0 才断开。M1 称为单脉冲定时器，当 X000 从 ON 变为 OFF 时，M1 接通，延时 10s 后断开。当 X000 从 ON 变为 OFF 时，M2 和 T10 立即被复位，M0、M1 及 M3 经过设定的时间后变为 OFF。

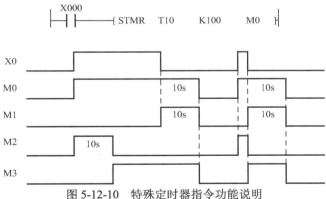

图 5-12-10　特殊定时器指令功能说明

特殊定时器指令还可以用于闪烁控制，如图 5-12-11 所示。

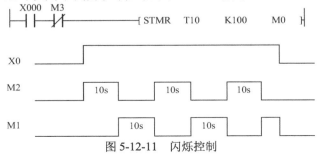

图 5-12-11　闪烁控制

3. 指令使用说明

该指令指定的定时器及自动占用的连续 4 位软元件，不能和其他控制使用的软元件重复。

八、交替输出

1. 指令格式

交替输出指令格式见表 5-12-18。

表 5-12-18　交替输出指令格式

指 令 名 称	助 记 符	操 作 数 D•	程 序 步
交替输出	ALT	Y、M、S、D□.b	ALT、ALTP，3 步

2. 指令功能说明

如图 5-12-12 所示，每当 X000 从 OFF 变为 ON 时，M0 就反转一次，这样可以实现单按钮控制一个负载启动和停止。如果使用连续执行型，则 M0 的状态在每个扫描周期都改变一次，建议使用脉冲执行型。

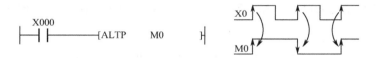

图 5-12-12　交替输出指令功能说明

3. 指令使用说明

（1）交替输出指令可以实现单按钮控制两个负载启动和停止，如图 5-12-13 所示。

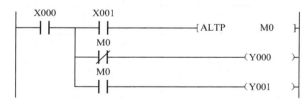

图 5-12-13　单按钮控制两个负载启动和停止

（2）交替输出指令还可以用于闪烁控制，如图 5-12-14 所示。

（3）通过多个 ALTP 指令的组合，可以实现多级分频输出，如图 5-12-15 所示。

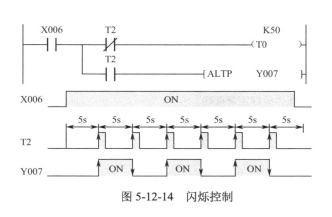

图 5-12-14　闪烁控制

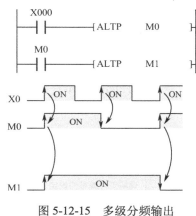

图 5-12-15　多级分频输出

九、旋转工作台控制

1. 指令格式

旋转工作台控制指令格式见表 5-12-19。

表 5-12-19　旋转工作台控制指令格式

指令名称	助记符	操作数				程序步
		S·	m1	m2	D·	
旋转工作台控制	ROTC	D（占用连续 3 个软元件）	K、H（m1=2～32767）	K、H（m2=0～32767）	Y、M、S、D□.b（占用连续 8 个软元件）	ROTC，9 步
			m1≥m2			

2. 指令功能说明

ROTC 指令能够控制旋转工作台的方向和位置,使旋转工作台上被指定的工件以最短的路径旋转到指定窗口。旋转工作台控制如图 5-12-16 所示。

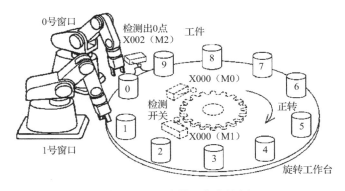

图 5-12-16　旋转工作台控制

ROTC 指令梯形图如图 5-12-17 所示。

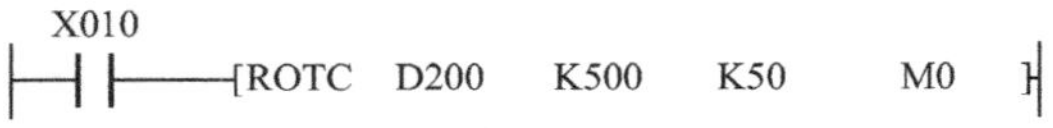

```
        X010
       ──┤├────[ROTC   D200    K500    K50      M0   ]──
```

图 5-12-17 ROTC 指令梯形图

调用条件的指定寄存器见表 5-12-20。

表 5-12-20 调用条件的指定寄存器

D200	计数用的寄存器	D200 需要预先清零，才可以工作；当零点检测信号为 ON 时，自动清零
D201	调用窗口编号的设定	使用传送指令预先设定
D202	调用工件编号的设定	

　　K10 为工作台的分度值，工作台的分度值为旋转工作台旋转一周划分的等分数，等于旋转检测开关在旋转一周期间向 PLC 输入的脉冲数。例如，旋转检测信号为每转 500 个脉冲，工作台上均匀放置 20 个工件，有两个工作窗口分别对准 0 号工件和 1 号工件，则 m1=500，工件间距为 500/20=25，工件编号为 0，25，50，…，475，对准 0 号工件的工作窗口编号为 0，对准 1 号工件的工作窗口编号为 25。实际上，工作窗口可以对准任何一个工件，其编号为工件编号。

　　K2 为低速区间数，一般为 1.5～2.0 个工作区间（工件间距）。例如，旋转检测信号为每转 500 个脉冲，工作台上均匀放置 20 个工件，如果取 2 个工作区间，则 m2=2×25=50，即工作台高速运转到距工作窗口 2 个工作区间处，开始低速运行，保证工件准确停在指定窗口。

　　调用条件的指定位见表 5-12-21。

表 5-12-21 调用条件的指定位

M0	A 相信号	预先由输入继电器 X 驱动，如图 5-12-18 所示
M1	B 相信号	
M2	零点检测信号	
M3	高速正转	需要编制驱动输出程序。当指令输入为 ON 时，驱动相关输出；当指令输入为 OFF 时，相关输出也变为 OFF
M4	低速正转	
M5	停止	
M6	低速反转	
M7	高速反转	

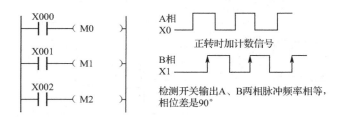

图 5-12-18 旋转检测信号的驱动

3. 指令使用说明

旋转工作台控制指令在程序中只能使用一次。

十、指令应用

例 5-12-1 有 10 位评委对选手进行打分，10 位评委打的分数分别存放在 D0～D9 中。10 位评委打分结束后，去掉一个最高分和一个最低分，然后计算剩余 8 个数据的平均值，将剩余 8 个数据的平均值作为选手最终得分并存放在 D20 中。

解： 首先将评委的打分（D0～D9）编制成 10 行 1 列的数据表格，然后进行排序并将排序结果存放在以 D10 为首 10 行 1 列的数据表格中，其中 D10 存放最低分，D19 存放最高分。计算存放在 D11～D18 中 8 个数据的平均值即为选手最终得分。选手最终得分计算梯形图如图 5-12-19 所示。

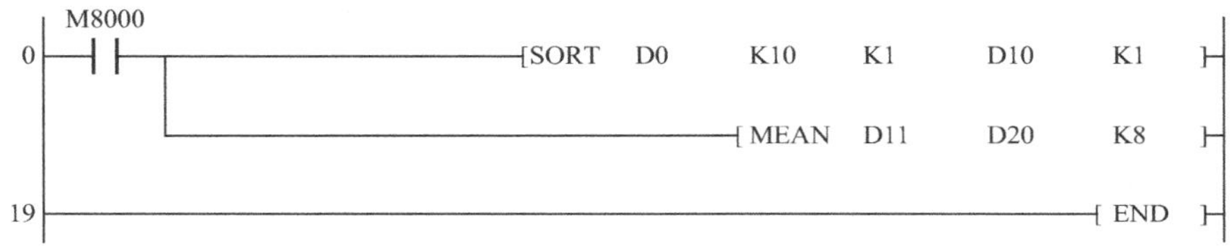

图 5-12-19 选手最终得分计算梯形图

例 5-12-2 采用 PLC 实现三相六拍步进电动机正转控制。

解： 三相六拍步进电动机正转通电顺序为 A－AB－B－BC－C－CA－A…，可以采用凸轮控制绝对方式指令实现，三相六拍步进电动机正转控制 I/O 分配表见表 5-12-22，三相六拍步进电动机正转控制梯形图如图 5-12-20 所示。

表 5-12-22 三相六拍步进电动机正转控制 I/O 分配表

输 入		输 出	
元 件	端 口 地 址	元 件	端 口 地 址
启停按钮	X000	控制 A 相的脉冲	Y000
		控制 B 相的脉冲	Y001
		控制 C 相的脉冲	Y002

图 5-12-20 三相六拍步进电动机正转控制梯形图

```
                                              ┤ MOVP    K1      D2  ├

                                              ┤ MOVP    K4      D3  ├

                                              ┤ MOVP    K3      D4  ├

                                              ┤ MOVP    K6      D5  ├

                                    ┤ ABSD   D0      C0      Y000   K3 ├

        M0
48      ┤↓├                                            ┤ RST     C0  ├

        M0      C0      T246
        ┤├      ┤├      ┤/├

        M0      T246                                             K6
56      ┤├      ┤├                                              ─( C0 )─

        M0
61      ┤↓├                                            ┤ RST    T246 ├

        M0      T246
        ┤├      ┤├

        M0
68      ┤↓├                                   ┤ ZRST   D0      D5  ├

                                              ┤ ZRST   Y000    Y002 ├

30                                                             ┤ END ├
```

图 5-12-20　三相六拍步进电动机正转控制梯形图（续）

例 5-12-3　三台电动机轮流工作，合上开关后第一台电动机运行 8 小时停止，第二台电动机自动开始运行，第二台电动机运行 8 小时停止，第三台电动机自动开始运行，第三台电动机运行 8 小时停止，第一台电动机自动开始运行，如此循环。

解：三台电动机轮流工作可以采用凸轮控制相对方式指令实现，三台电动机轮流工作 I/O 分配表见表 5-12-23，三台电动机轮流工作梯形图如图 5-12-21 所示。

表 5-12-23　三台电动机轮流工作 I/O 分配表

输　入		输　出	
元　件	端口地址	元　件	端口地址
启停开关	X000	控制第一台电动机的接触器	Y000
		控制第一台电动机的接触器	Y001
		控制第一台电动机的接触器	Y002

例 5-12-4　简易机械手运动由左移/右移、上升/下降、夹紧/松开三组动作组成，这三组动作都由双控电磁阀驱动，简易机械手动作示意图如图 5-12-22 所示。简易机械手运行前停在上限位和左限位，并且手爪处于松开状态，称为机械手的原点位置。简易机械手在原点位置才可以启动，简易机械手按照下降→夹紧→上升→右移→下降→松开→上升→左移的顺序运动，将工件从 A 位置搬运到 B 位置。简易机械手具有手动、回原点、单步、单周期、自动 5 种工作方式，简易机械手的操作面板如图 5-12-23 所示，通过工作选择开关可以选择简易机械

手的工作方式，回原点启动为回原点工作方式下简易机械手自动返回原点的启动按钮，上升、下降、左移、右移、松开及夹紧为手动工作方式下的操作按钮，启动和停止为简易机械手的启动和停止按钮。

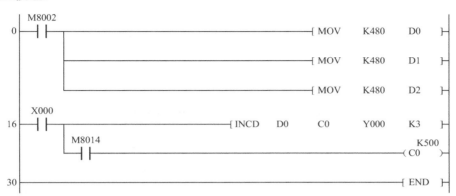

图 5-12-21 三台电动机轮流工作梯形图

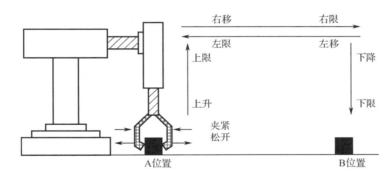

图 5-12-22 简易机械手动作示意图

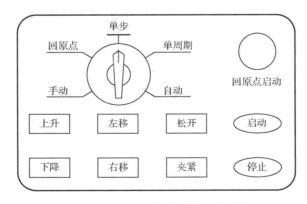

图 5-12-23 简易机械手的操作面板

解： 简易机械手的 5 种工作方式可以采用状态初始化指令实现，状态初始化指令梯形图如图 5-12-24 所示。

图 5-12-24　状态初始化指令梯形图

IST 指令执行时，自动将 S0、S1 及 S2 分配给手动工作方式、回原点工作方式及自动工作方式的初始步使用；自动将 S10～S19 分配给回原点工作方式使用；自动将 X020～X027 分配给 5 种工作方式和控制按钮使用，工作方式和控制按钮分配见表 5-12-24；自动将 S20～S27 分配给自动工作方式使用。

表 5-12-24　工作方式和控制按钮分配

软元件编号	功　能	软元件编号	功　能
X020	手动工作方式	X024	自动工作方式
X021	回原点工作方式	X025	回原点启动
X022	单步工作方式	X026	启动
X023	单周期工作方式	X027	停止

IST 指令执行时，自动指定一些特殊辅助继电器的功能，自动指定的特殊辅助继电器功能见表 5-12-25。

表 5-12-25　自动指定的特殊辅助继电器功能

软元件编号	功　能	软元件编号	功　能
M8040	禁止转移	M8042	启动脉冲
M8041	开始转移	M8047	STL 监视有效

简易机械手其余 I/O 分配表见表 5-12-26。采用 IST 指令实现多种工作方式控制时，单步和单周期工作方式控制程序包含在自动工作方式控制程序中，无须编写单步和单周期工作方式控制程序；需要编写原点条件驱动 M8044；回原点工作方式的最后一步必须将 M8043 置 ON；S2 转移条件为 M8044 和 M8041 同时接通。简易机械手梯形图如图 5-12-25 所示。

表 5-12-26　简易机械手其余 I/O 分配表

输　入		输　出	
元　件	端口地址	元　件	端口地址
下限位开关	X000	控制下降的电磁阀	Y000
上限位开关	X001	控制上升的电磁阀	Y001
右限位开关	X002	控制右移的电磁阀	Y002
左限位开关	X003	控制左移的电磁阀	Y003
夹紧到位检测传感器	X004	控制夹紧的电磁阀	Y004

续表

输　入		输　出	
元　件	端口地址	元　件	端口地址
手动下降按钮	X010	控制松开的电磁阀	Y005
手动上升按钮	X011		
手动右移按钮	X012		
手动左移按钮	X013		
手动夹紧按钮	X014		
手动松开按钮	X015		

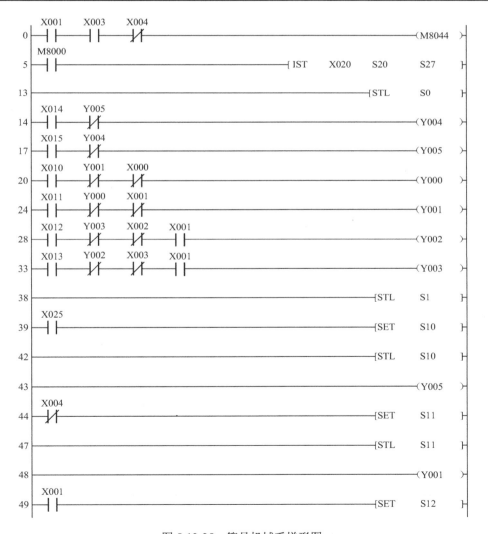

图 5-12-25　简易机械手梯形图

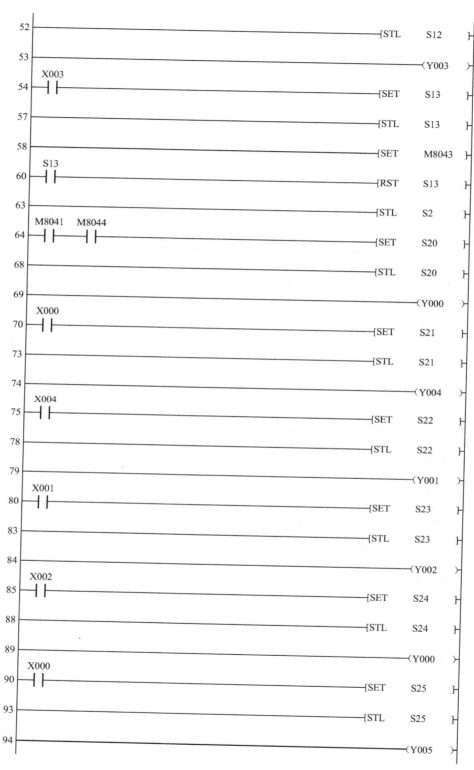

图 5-12-25　简易机械手梯形图（续）

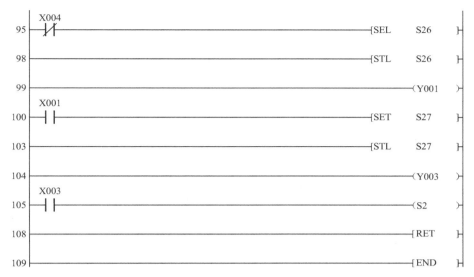

图 5-12-25　简易机械手梯形图（续）

第十三节　时钟处理指令及应用

一、时钟数据比较

1. 指令格式

时钟数据比较指令格式见表 5-13-1。

表 5-13-1　时钟数据比较指令格式

指令名称	助记符	操 作 数					程 序 步
		S1·	S2·	S3·	S·	D·	
时钟数据比较	TCMP	KnX、KnY、KnM、KnS、T、C、D、V、Z、K、H			T、C、D	Y、M、S、D□.b	TCMP、TCMPP，11 步

2. 指令功能说明

如图 5-13-1 所示，K10、K30 及 K50 分别为基准时钟的时、分及秒，D0、D1 及 D2 分别为指定时钟的时、分及秒，将基准时钟数据和指定时钟数据进行比较，根据比较结果将位元件 M0、M1 及 M2 置 ON/OFF。

指令中表示"时"的数据在 0～23 范围内指定，表示"分"的数据在 0～59 范围内指定，表示"秒"的数据在 0～59 范围内指定。

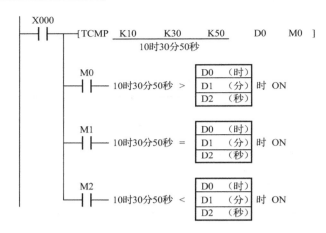

图 5-13-1 时钟数据比较指令功能说明

3. 指令使用说明

（1）指令操作数中 S 和 D 各自动占用连续 3 个软元件，注意不要和其他控制中使用的软元件重复。

（2）指令执行过程中，即使指令输入由 ON 变为 OFF，目标操作数元件输出状态也会保持指令输入变为 OFF 前的状态。

（3）使用 PLC 内置的实时时钟数据时，应使用 TRD 指令读取特殊数据寄存器中的数据，然后在操作数中指定其字元件。

二、时钟数据区间比较

1. 指令格式

时钟数据区间比较指令格式见表 5-13-2。

表 5-13-2 时钟数据区间比较指令格式

指令名称	助记符	操作数				程序步
		S1·	S2·	S·	D·	
时钟数据区间比较	TZCP	T、C、D (S1) ≤ (S2)			Y、M、S、D□.b	TZCP、TZCPP，9 步

2. 指令功能说明

时钟数据区间比较指令功能说明如图 5-13-2 所示。D20、D21 及 D22 分别为基准时钟下限的时、分及秒，D30、D31 及 D32 分别为基准时钟上限的时、分及秒，D0、D1 及 D2 分别为指定时钟的时、分及秒，将基准时钟的上限和下限与指定时钟数据进行比较，根据比较结果将位元件 M0、M1 及 M2 置 ON/OFF。

指令中表示"时"的数据在 0～23 范围内指定，表示"分"的数据在 0～59 范围内指定，表示"秒"的数据在 0~59 范围内指定。

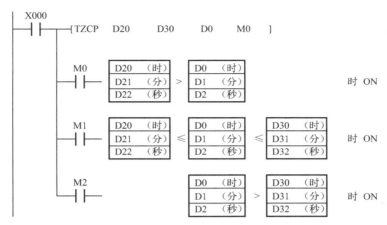

图 5-13-2　时钟数据区间比较指令功能说明

3. 指令使用说明

（1）指令操作数中 S1、S2、S 和 D 各自动占用连续 3 个软元件，注意不要和其他控制中使用的软元件重复。

（2）指令执行过程中，即使指令输入由 ON 变为 OFF，目标操作数元件输出状态也会保持指令输入变为 OFF 前的状态。

（3）使用 PLC 内置的实时时钟数据时，应使用 TRD 指令读取特殊数据寄存器中的数据，然后在操作数中指定其字元件。

三、时钟数据加法

1. 指令格式

时钟数据加法指令格式见表 5-13-3。

表 5-13-3　时钟数据加法指令格式

指令名称	助记符	操作数			程序步
		S1·	S2·	D·	
时钟数据加法	TADD	T、C、D			TADD、TADDP，7 步

2. 指令功能说明

时钟数据加法指令功能说明如图 5-13-3 所示。将 D10、D11 及 D12 时钟数据（时、分及秒）和 D20、D21 及 D22 时钟数据（时、分及秒）进行加法运算，结果保存到 D30、D31 及 D32（时、分及秒）中。

X000
[TADD D10 D20 D30]
D10 (时)
D11 (分)
D12 (秒)
+
D20 (时)
D21 (分)
D22 (秒)
=
D30 (时)
D31 (分)
D32 (秒)
1时20分10秒
3时10分5秒
4时30分15秒

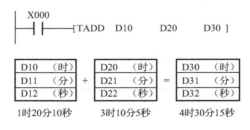

图 5-13-3　时钟数据加法指令功能说明

3. 指令使用说明

（1）指令操作数中 S1、S2 和 D 各自动占用连续 3 个软元件，注意不要和其他控制中使用的软元件重复。

（2）使用 PLC 内置的实时时钟数据时，应使用 TRD 指令读取特殊数据寄存器中的数据，然后在操作数中指定其字元件。

（3）运算结果超过 24 小时，进位标志位变为 ON，这时从加法运算结果中减去 24 小时后，将该数据作为运算结果保存；运算结果为零时，零标志位变为 ON。

四、时钟数据减法

1. 指令格式

时钟数据减法指令格式见表 5-13-4。

表 5-13-4　时钟数据减法指令格式

指令名称	助记符	操作数			程序步
		S1•	S2•	D•	
时钟数据减法	TSUB	T、C、D			TSUB、TSUBP，7 步

2. 指令功能说明

时钟数据减法指令功能说明如图 5-13-4 所示。从 D10、D11 及 D12 时钟数据（时、分及秒）中减去 D20、D21 及 D22 时钟数据（时、分及秒），结果保存到 D30、D31 及 D32（时、分及秒）中。

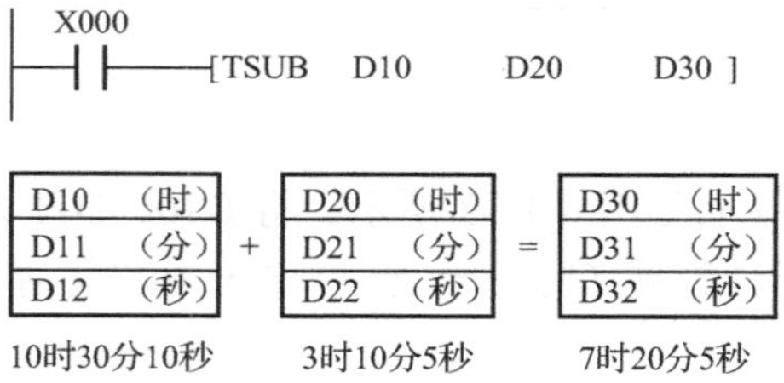

X000
[TSUB D10 D20 D30]
D10 (时)
D11 (分)
D12 (秒)
+
D20 (时)
D21 (分)
D22 (秒)
=
D30 (时)
D31 (分)
D32 (秒)
10时30分10秒
3时10分5秒
7时20分5秒

图 5-13-4　时钟数据减法指令功能说明

3. 指令使用说明

（1）指令操作数中 S1、S2 和 D 各自动占用连续 3 个软元件，注意不要和其他控制中使用的软元件重复。

（2）使用 PLC 内置的实时时钟数据时，应使用 TRD 指令读取特殊数据寄存器中的数据，然后在操作数中指定其字元件。

（3）运算结果小于零时，借位标志位变为 ON，这时将减法运算结果加上 24 小时后，将该数据作为运算结果保存；运算结果为零时，零标志位变为 ON。

五、时钟数据读取

1. 指令格式

时钟数据读取指令格式见表 5-13-5。

表 5-13-5　时钟数据读取指令格式

指令名称	助记符	操作数 D•	程序步
时钟数据读取	TRD	T、C、D	TRD、TRDP，3 步

2. 指令功能说明

时钟数据读取指令功能说明如图 5-13-5 所示。当 X0 为 ON 时，将 PLC 内置的实时时钟数据读取到从 D0 开始连续 7 个数据寄存器中。

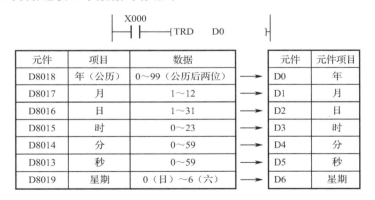

图 5-13-5　时钟数据读取指令功能说明

3. 指令使用说明

指令操作数 D 自动占用连续 7 个软元件，注意不要和其他控制中使用的软元件重复。

六、时钟数据写入

1. 指令格式

时钟数据写入指令格式见表 5-13-6。

表 5-13-6　时钟数据写入指令格式

指令名称	助记符	操作数 S·	程序步
时钟数据写入	TWR	T、C、D	TWR、TWRP, 3 步

2. 指令功能说明

时钟数据写入指令功能说明如图 5-13-6 所示。当 X0 为 ON 时，将从 D0 开始连续 7 个数据寄存器中的时钟数据写入 PLC 内置的实时时钟中。执行时钟数据写入指令前，需要预先传送时钟数据给 D0～D6。

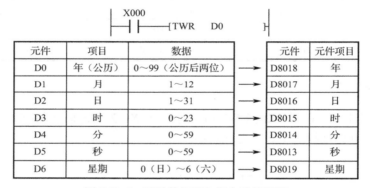

图 5-13-6　时钟数据写入指令功能说明

3. 指令使用说明

（1）指令操作数 S 自动占用连续 7 个软元件，注意不要和其他控制中使用的软元件重复。

（2）PLC 通常采用公历后两位表达年份的数据，如果希望以公历 4 位表达年份，需要追加公历 4 位表达年份的程序，如图 5-13-7 所示。

图 5-13-7　追加公历 4 位表达年份的程序

七、计时表

1. 指令格式

计时表指令格式见表 5-13-7。

表 5-13-7 计时表指令格式

指令名称	助记符	操作数			程序步
		S•	D1•	D2•	
计时表	HOUR	KnX、KnY、KnM、KnS、T、C、D、V、Z、K、H	D	Y、M、S、D□.b	HOUR, 7 步 DHOUR, 13 步

2. 指令功能说明

计时表指令梯形图如图 5-13-8 所示。X000 为 ON 的累计时间超过 300 小时时，报警输出 Y005 变为 ON；K300 为以小时为单位的 Y005 变 ON 为止的时间，D200 为以小时为单位的当前值，D201 为以秒为单位的不满 1 小时的当前值。当报警输出 Y005 变为 ON 后，测量继续，D200 的当前值达到 16 位最大值时停止测量。如果要继续测量，须将 D200 和 D201 清零。

图 5-13-8 计时表指令梯形图

3. 指令使用说明

指令操作数 D1 必须指定断电保持型数据寄存器。指令操作数 D1 自动占用连续 2 个（16 位指令）或者 3 个（32 位指令）软元件，注意不要和其他控制中使用的软元件重复。

八、指令应用

例 5-13-1 设定时钟：12 点 30 分 15 秒。

解： 与时钟有关的特殊辅助继电器见表 5-13-8，设定时钟的梯形图如图 5-13-9 所示。进行时钟设定时，快要达到正确时间时，接通 X0，将设定值写入实时时钟，修改当前时间，接通 X1，对秒进行修正。

表 5-13-8 与时钟有关的特殊辅助继电器

特殊辅助继电器编号	名 称	动 作 功 能
M8015	时钟停止及校时	为 ON 时，时钟停止
M8016	显示时间停止	为 ON 时，停止显示时间，计时仍然动作
M8017	±30s 修正	由 OFF 变为 ON 时对秒进行修正，秒清零

例 5-13-2 某工厂上下班有 4 个响铃时刻：8：00、12：00、13：30、17:30，在每个响铃时刻各响铃 1 分钟后停止。

解： 采用时钟指令和 PLC 实时时钟可以实现工厂上下班响铃控制，工厂上下班响铃控制的梯形图如图 5-13-10 所示，Y0 控制响铃。

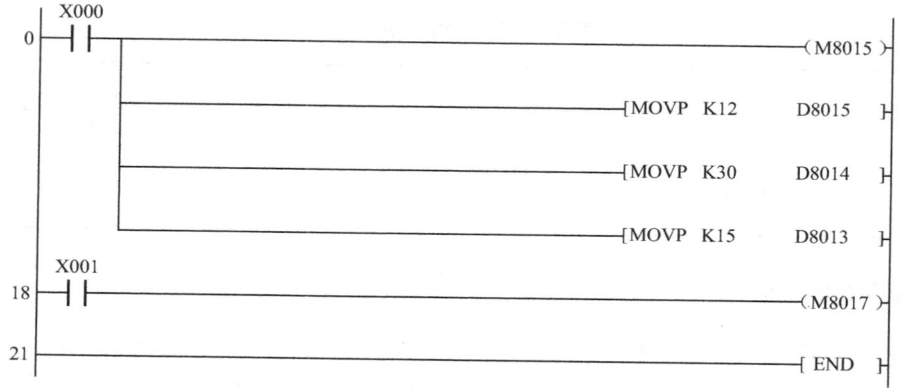

```
   X000
0  ├┤├──┬─────────────────────────────────────────────────(M8015)
     │
     ├────────────────────────────────────[MOVP  K12   D8015]
     │
     ├────────────────────────────────────[MOVP  K30   D8014]
     │
     └────────────────────────────────────[MOVP  K15   D8013]
   X001
18 ├┤├──────────────────────────────────────────────────(M8017)

21 ├─────────────────────────────────────────────────────[END]
```

图 5-13-9 设定时钟的梯形图

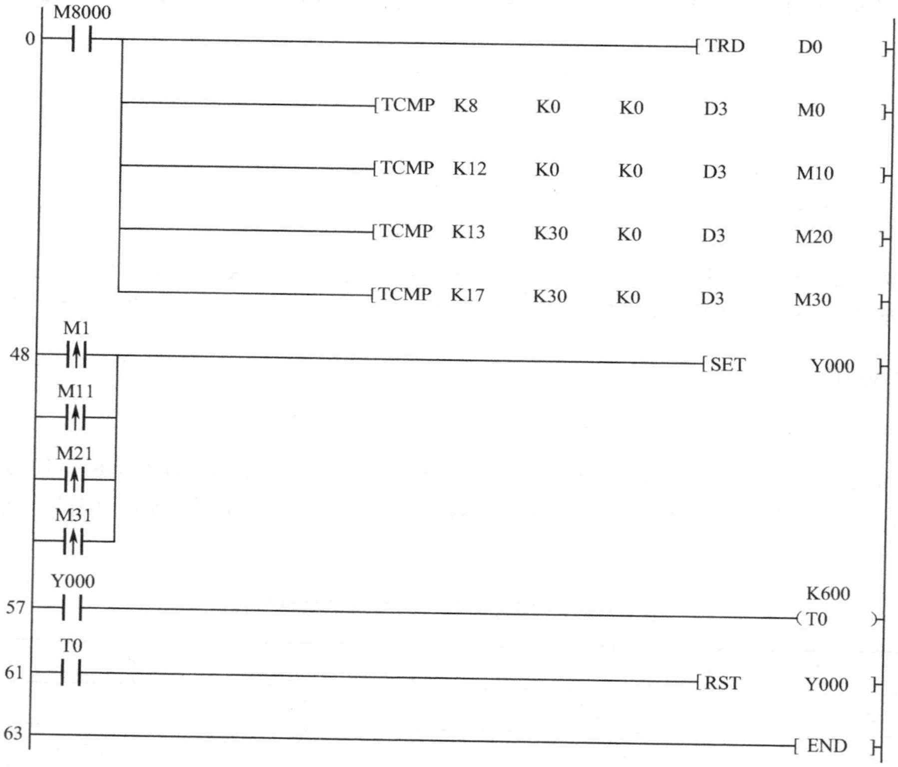

```
   M8000
0  ├┤├──┬──────────────────────────────────────[TRD   D0   ]
     │
     ├──────────────[TCMP  K8   K0   K0   D3   M0 ]
     │
     ├──────────────[TCMP  K12  K0   K0   D3   M10]
     │
     ├──────────────[TCMP  K13  K30  K0   D3   M20]
     │
     └──────────────[TCMP  K17  K30  K0   D3   M30]
    M1
48 ├↑├──┬──────────────────────────────────────[SET   Y000]
    M11 │
   ├↑├──┤
    M21 │
   ├↑├──┤
    M31 │
   ├↑├──┘
    Y000                                              K600
57 ├┤├──────────────────────────────────────────────(T0  )
    T0
61 ├┤├──────────────────────────────────────────[RST   Y000]

63 ├─────────────────────────────────────────────────[END]
```

图 5-13-10 工厂上下班响铃控制的梯形图

第十四节 触点比较指令及应用

一、指令格式

触点比较指令格式见表 5-14-1。

表 5-14-1 触点比较指令格式

指令名称	助记符		操作数		程序步
	16 位指令	32 位指令	S1·	S2·	
LD 触点比较	LD=	LDD=			
	LD>	LDD>			
	LD<	LDD<			
	LD<>	LDD<>			
	LD<=	LDD<=			
	LD>=	LDD>=			
AND 触点比较	AND=	ANDD=	KnX、KnY、KnM、KnS、T、C、D、V、Z、K、H		16 位指令，5 步 32 位指令，9 步
	AND>	ANDD>			
	AND<	ANDD<			
	AND<>	ANDD<>			
	AND<=	ANDD<=			
	AND>=	ANDD>=			
OR 触点比较	OR=	ORD=			
	OR>	ORD>			
	OR<	ORD<			
	OR<>	ORD<>			
	OR<=	ORD<=			
	OR>=	ORD>=			

二、指令功能说明

触点比较指令功能说明如图 5-14-1 所示。

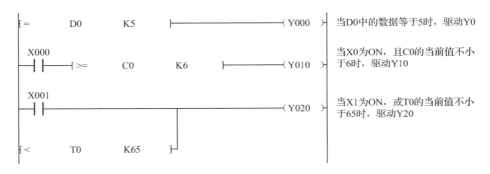

图 5-14-1 触点比较指令功能说明

三、指令使用说明

（1）触点比较指令的操作数都是字元件，触点比较指令都是连续执行型。

（2）32 位计数器的比较必须使用 32 位指令，如果使用 16 位指令，会导致程序出错或运算出错。

（3）触点比较指令是将两个字元件中存放的数据按照二进制代数形式进行比较，如果比较的条件成立，则触点导通，否则不导通。导通条件见表 5-14-2。

表 5-14-2　导通条件

16 位指令			32 位指令			导 通 条 件	非导通条件
LD=	AND=	OR=	LDD=	ANDD=	ORD=	[S1]=[S2]	[S1]≠[S2]
LD>	AND>	OR>	LDD>	ANDD>	ORD>	[S1]>[S2]	[S1]≤[S2]
LD<	AND<	OR<	LDD<	ANDD<	ORD<	[S1]<[S2]	[S1]≥[S2]
LD<>	AND<>	OR<>	LDD<>	ANDD<>	ORD<>	[S1]≠[S2]	[S1]=[S2]
LD<=	AND<=	OR<=	LDD<=	ANDD<=	ORD<=	[S1]≤[S2]	[S1]>[S2]
LD>=	AND>=	OR>=	LDD>=	ANDD>=	ORD>=	[S1]≥[S2]	[S1]<[S2]

四、指令应用

例 5-14-1　某简易密码锁由 0～9 十个数字按钮、确认按钮、取消按钮、开锁装置、报警指示灯等组成，预设 6 位正确密码为 "876543"。如果操作者能够按照规定的顺序输入 6 位正确密码并按下确认按钮，则密码锁打开，20s 后自动上锁可重新输入密码；如果操作者输入错误密码并按下确认按钮，则不能开锁，同时报警指示灯亮，报警指示灯亮 5s 后灭可重新输入密码；操作者在输入密码的过程中，按下取消按钮可重新输入密码。

解：密码锁 I/O 分配表见表 5-14-3。操作者必须按照顺序输入 "876543" 才可以开锁，采用触点比较指令可以实现密码锁控制，密码锁控制梯形图如图 5-14-2 所示。

表 5-14-3　密码锁 I/O 分配表

输　　入		输　　出	
元　　件	端 口 地 址	元　　件	端 口 地 址
"0" 键	X0	报警指示灯	Y0
"1" 键	X1	开锁装置	Y1
"2" 键	X2		
"3" 键	X3		
"4" 键	X4		
"5" 键	X5		
"6" 键	X6		
"7" 键	X7		
"8" 键	X10		
"9" 键	X11		
确认按钮	X20		
取消按钮	X21		

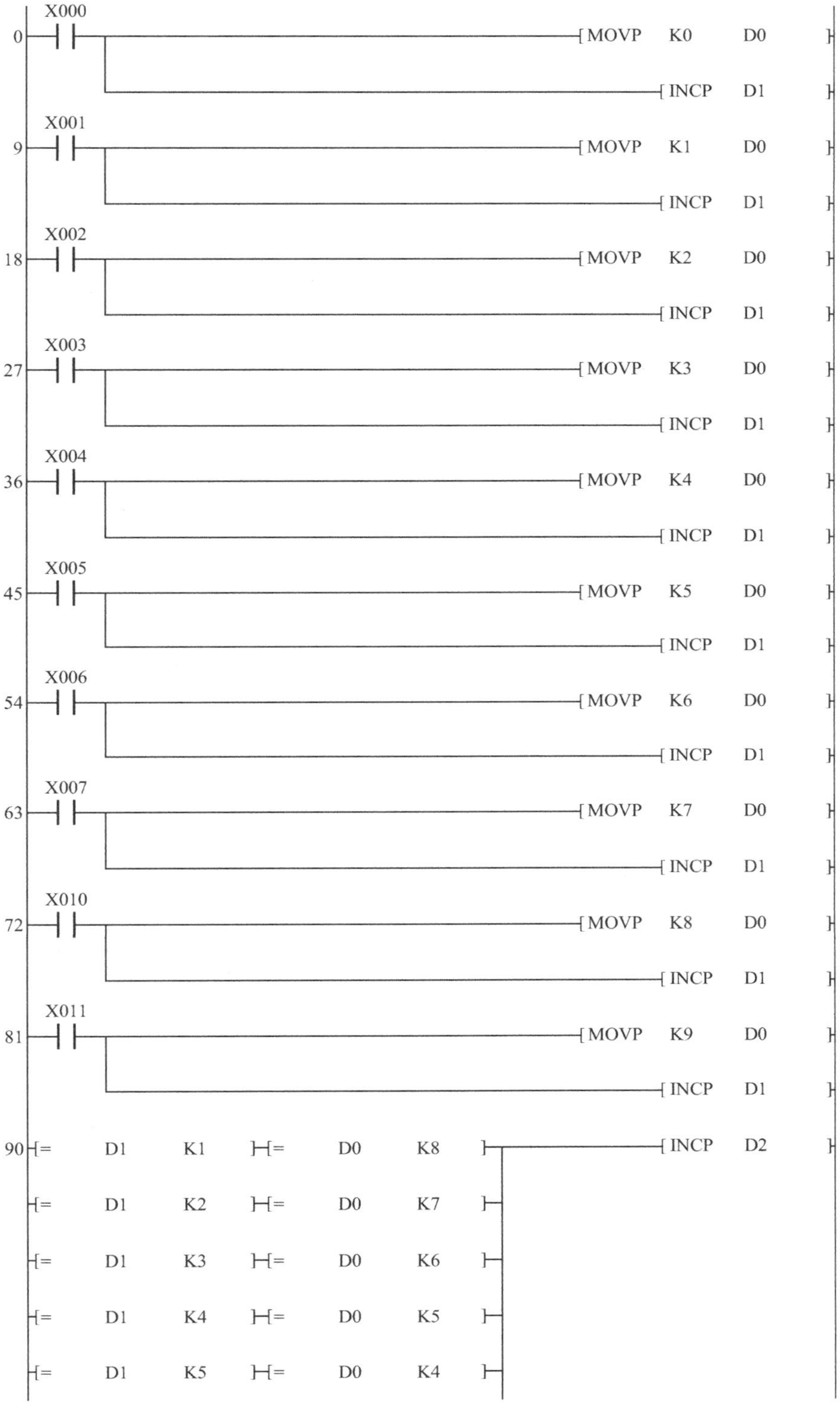

```
     X000
0    ─┤├──┬─────────────────────────────────────────[MOVP   K0    D0 ]─┤
           │
           └─────────────────────────────────────────[INCP   D1 ]─┤

     X001
9    ─┤├──┬─────────────────────────────────────────[MOVP   K1    D0 ]─┤
           │
           └─────────────────────────────────────────[INCP   D1 ]─┤

     X002
18   ─┤├──┬─────────────────────────────────────────[MOVP   K2    D0 ]─┤
           │
           └─────────────────────────────────────────[INCP   D1 ]─┤

     X003
27   ─┤├──┬─────────────────────────────────────────[MOVP   K3    D0 ]─┤
           │
           └─────────────────────────────────────────[INCP   D1 ]─┤

     X004
36   ─┤├──┬─────────────────────────────────────────[MOVP   K4    D0 ]─┤
           │
           └─────────────────────────────────────────[INCP   D1 ]─┤

     X005
45   ─┤├──┬─────────────────────────────────────────[MOVP   K5    D0 ]─┤
           │
           └─────────────────────────────────────────[INCP   D1 ]─┤

     X006
54   ─┤├──┬─────────────────────────────────────────[MOVP   K6    D0 ]─┤
           │
           └─────────────────────────────────────────[INCP   D1 ]─┤

     X007
63   ─┤├──┬─────────────────────────────────────────[MOVP   K7    D0 ]─┤
           │
           └─────────────────────────────────────────[INCP   D1 ]─┤

     X010
72   ─┤├──┬─────────────────────────────────────────[MOVP   K8    D0 ]─┤
           │
           └─────────────────────────────────────────[INCP   D1 ]─┤

     X011
81   ─┤├──┬─────────────────────────────────────────[MOVP   K9    D0 ]─┤
           │
           └─────────────────────────────────────────[INCP   D1 ]─┤

90   ─[= D1  K1 ]─┤├─[= D0  K8 ]──┬───────────────────[INCP   D2 ]─┤
                                   │
     ─[= D1  K2 ]─┤├─[= D0  K7 ]──┤
                                   │
     ─[= D1  K3 ]─┤├─[= D0  K6 ]──┤
                                   │
     ─[= D1  K4 ]─┤├─[= D0  K5 ]──┤
                                   │
     ─[= D1  K5 ]─┤├─[= D0  K4 ]──┘
```

图 5-14-2　密码锁控制梯形图

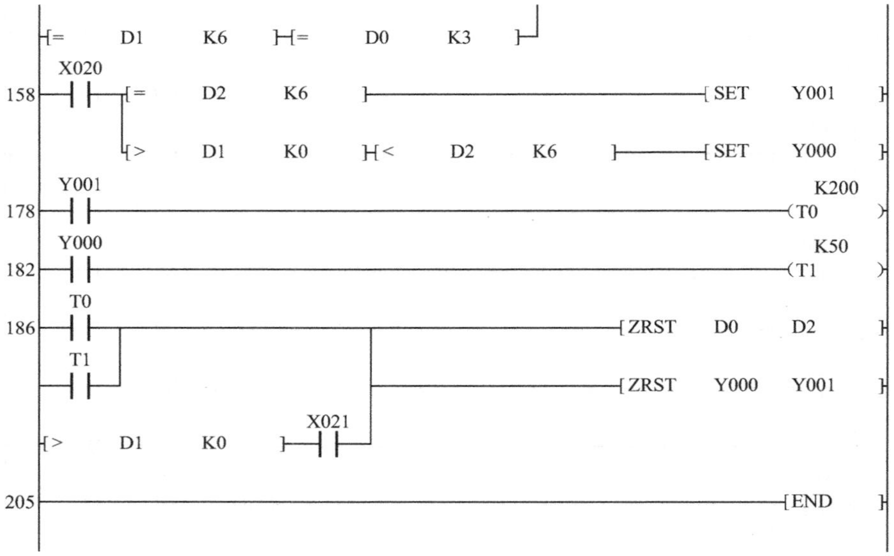

```
        ┤=     D1    K6    ├┤=    D0    K3    ├┘
    X020
158 ┤├──┬─[=    D2    K6    ├───────────────────[ SET    Y001 ]
        │
        └─[>    D1    K0    ├┤<    D2    K6    ├──[ SET    Y000 ]
    Y001                                           K200
178 ┤├──────────────────────────────────────────(T0    )
    Y000                                           K50
182 ┤├──────────────────────────────────────────(T1    )
    T0
186 ┤├──┬───────────────────────────[ ZRST   D0    D2 ]
    T1  │
    ┤├──┘                  ┌────────[ ZRST   Y000   Y001 ]
                     X021   │
    ┤>    D1    K0    ├┤├───┘
205 ─────────────────────────────────────────────[END ]
```

图 5-14-2 密码锁控制梯形图（续）

PLC控制系统设计

PLC 控制系统是以 PLC 为核心的电气控制系统，可以实现自动化控制领域的生产过程控制。如何根据实际工程要求合理设计 PLC 控制系统，是每一位从事电气自动化控制的工作人员所面临的实际问题。本章主要介绍 PLC 控制系统设计原则、步骤及应用实例等。

第一节　PLC 控制系统设计原则及步骤

一、PLC 控制系统设计基本原则

PLC 控制系统通过控制被控制对象（生产设备或生产过程）实现工艺要求，提高生产效率和产品质量。其设计应遵循以下原则。

（1）最大限度满足工艺要求。

（2）在满足控制要求的前提下，力求控制系统简单、经济、维修方便。

（3）保证控制系统安全可靠。

（4）选择 PLC 容量时，要考虑生产的发展和工艺的改进，应适度留有裕量。

二、PLC 控制系统设计基本步骤

PLC 控制系统设计可分为系统规划、硬件设计、软件设计、现场调试及技术文件编制 5 个阶段，PLC 控制系统设计步骤如图 6-1-1 所示。

1. 系统规划

系统规划是在满足被控制对象控制要求的基础上，确定系统总体控制方案。系统规划阶段首先要全面详细了解被控制对象的工作特点和工艺过程，明确控制要求，对控制要求做进一步分析和处理，绘制出动作循环图、时序图、控制要求表等；然后确定控制方案是手动、半自动还是全自动，是单机控制系统、集中控制系统、远程 I/O 控制系统还是分布式控制系统；最后确定 I/O 点数，选择 PLC 类型，确定 I/O 设备及功能模块的规格型号。

2. 硬件设计

硬件设计是系统规划完成后的技术设计，主要完成电气原理图、控制柜机械结构图、元件布置及连接图等设计工作。

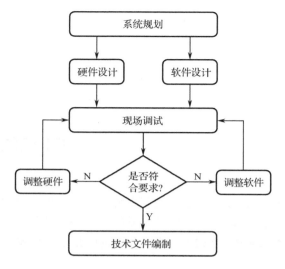

图 6-1-1　PLC 控制系统设计步骤

3. 软件设计

根据控制要求，绘制程序流程图，编写控制程序。控制程序设计完成后，通过模拟与仿真手段初步调试程序。

4. 现场调试

现场调试是检查与优化 PLC 控制系统的硬件设计和软件设计，提高控制系统可靠性的重要步骤。现场调试应在完成控制系统安装和软件设计后，按照调试前检查、硬件调试、软件调试、空运行试验、可靠性试验及实际运行试验等规定的步骤进行。

如果控制程序由几部分组成，则先局部调试，然后整体调试；如果控制程序步数多，则先分段调试，然后整体调试。现场反复调试程序，发现问题现场解决，如果调试达不到控制要求，则需要对硬件和软件做调整，直到满足控制要求为止。

5. 技术文件编制

在设备安全可靠性得到确认后，设计人员就开始着手进行技术文件编制。技术文件编制包括修改电气原理图及连接图、编写设备操作说明书、备份控制程序、记录设定参数等。文件编制应规范系统，为以后的维修工作提供方便。

第二节　PLC 控制系统设计应用实例

根据不同控制要求设计出运行稳定、动作可靠、安全实用、操作简单、调试方便、维护容易的控制系统，是我们学习 PLC 控制技术的根本目的。本节通过几个典型应用实例进一步熟悉 PLC 控制系统设计原则和步骤。

一、生产线自动分拣控制系统

某生产线自动分拣设备由皮带输送分拣系统、机械手搬运系统和废品处理系统等组成，该设备能够对金属零件、白色塑料零件、黑色塑料零件三种零件进行检测和分拣，我们采用亚龙 YL-235A 型光机电一体化实训考核装置模拟该生产线自动分拣设备的控制功能，该生产线自动分拣设备的组成如图 6-2-1 所示。

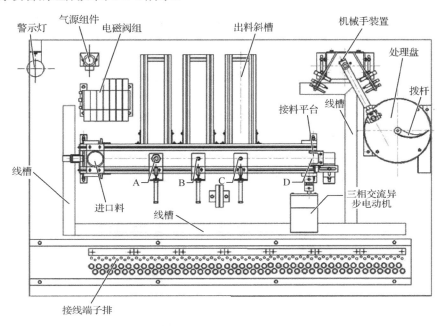

图 6-2-1　生产线自动分拣设备的组成

1. 控制要求

设备上电后，绿色警示灯闪烁，指示电源正常。启动前，设备的运动部件必须在规定的位置，这些位置称为初始位置。有关部件的初始位置如下：机械手的悬臂靠在左限止位，手指松开，气缸的活塞杆处于缩回状态；位置 A、B、C 的气缸活塞杆缩回；处理盘、皮带输送机的拖动电动机不转动。机械手各部分的名称如图 6-2-2 所示。

初次上电时，若上述部件在初始位置，则指示灯 HL4 常亮，表示系统已准备好，等待设备启动。若上述部件不在初始位置，则 HL4 以 1Hz 的频率闪烁，这时可以采用手动方式使设备返回到初始位置。

1）设备启动

在设备处于初始位置时，按下启动按钮 SB5，运行指示灯 HL5 以 1Hz 的频率闪烁，指示设备处在运行状态。

2）设备运行

当进料口检测到零件后，三相交流异步电动机以 20Hz 带动皮带输送机由位置 A 向位置 C 方向运行。若放上传送带的零件为金属零件，则皮带输送机将金属零件输送到位置 A 后停止

3s 进行检测；若放上传送带的零件为白色塑料零件，则皮带输送机将白色塑料零件输送到位置 B 后停止 3s 进行检测；若放上传送带的零件为黑色塑料零件，则皮带输送机将黑色塑料零件输送到位置 C 后停止 3s 进行检测。在零件检测过程中，指示灯 HL6 以 1Hz 的频率闪烁，表示零件正在检测；零件检测完成后，指示灯 HL6 熄灭。零件检测完成后，相应位置的气缸活塞杆伸出，将合格零件推入对应的出料斜槽，然后气缸活塞杆缩回。

如果在零件检测期间，按下检测按钮 SB4，则零件检测完成后，此零件按照废品进行处理。废品被皮带输送机按原来的速度与方向直接送往位置 D，当废品到达位置 D 时，机械手的悬臂伸出→手臂下降→气手指合拢抓取零件→延时 0.5s→手臂上升→悬臂缩回→机械手向右转动→悬臂伸出→气手指松开且废品掉入处理盘内→悬臂缩回→机械手向左转动→回原位后停止。废品掉入处理盘后，处理盘转动 5s 进行废品处理，废品处理完后，直流电动机停止转动。

在设备运行过程中，只有处理完传送带上的零件，设备回到初始位置后，才可以向皮带输送机的进料口放入下一个零件。

3）设备停止

在设备运行状态下，按下停止按钮 SB6，应完成当前的零件处理，回到初始位置后，设备停止工作，指示灯 HL5 熄灭。

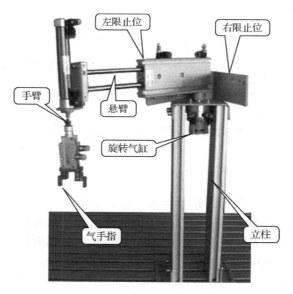

图 6-2-2　机械手各部分的名称

2. 设计步骤

充分理解生产线自动分拣设备的工作过程，明确控制要求，按照 PLC 控制系统设计原则和步骤进行系统设计。

1）系统规划

生产线自动分拣设备可以采用步进指令实现控制要求。为了能够通过选择性分支实现自动分拣过程，需要将 B 位置的光纤传感器调整为可以检测白色塑料零件，将 C 位置的光纤传感器调整为只检测黑色塑料零件。生产线自动分拣设备控制系统有 21 个输入信号和 19 个输出信号，选择型号为 FX$_{2N}$-48MR 的 PLC 和型号为 FR-E740 的变频器可以满足控制系统要求。

2）硬件设计

根据控制要求设计设备组装图。生产线自动分拣设备组装图如图 6-2-3 所示，图中带"*"的尺寸只是参考尺寸，需要根据工作要求进行调整；皮带输送机水平度通过支架到安装台的安装高度进行检测，4 个支撑脚处的安装高度与标称尺寸的差不大于 0.5mm；调整皮带输送机松紧度，使其在三相交流异步电动机以 8Hz 运行时能启动，在三相交流异步电动机以 60Hz 运行时不打滑；输送机主辊筒轴与副辊筒轴应平行，测量两辊筒轴两端的距离时，相差不大于 1mm；三相交流异步电动机转轴与皮带输送机主辊筒轴应同轴，在三相交流异步电动机以 45Hz 运行时，皮带输送机主辊筒轴的跳动不大于 1mm。

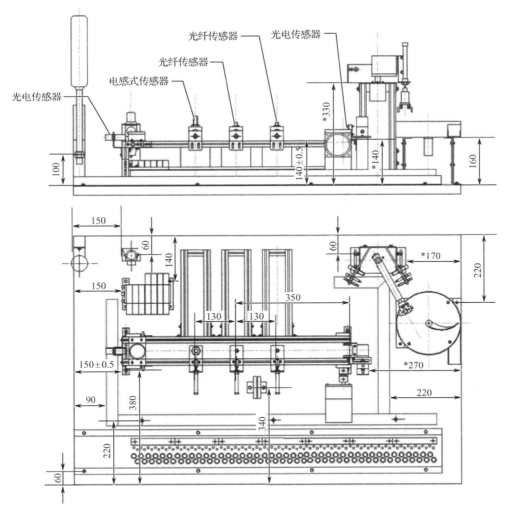

图 6-2-3　生产线自动分拣设备组装图

根据控制要求设计气动系统图，生产线自动分拣设备气动系统图如图 6-2-4 所示。连接气路时气管与接头的连接必须可靠、不漏气，气路布局应合理、整齐、美观，气路绑扎和走向要符合气路工艺规范。

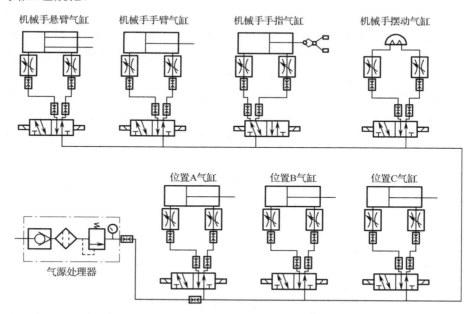

图 6-2-4 生产线自动分拣设备气动系统图

根据控制要求分配 I/O，设计电气控制图。生产线自动分拣设备 I/O 分配表见表 6-2-1，生产线自动分拣设备 PLC 控制电路如图 6-2-5 所示。为减小信号干扰，传感器、电磁阀控制线圈、直流电动机等的连接线必须放入线槽内，三相交流电动机的连接线不能放入线槽内，三相交流电动机与变频器必须可靠接地，连接的导线必须套上有标号的编号管。

表 6-2-1 生产线自动分拣设备 I/O 分配表

输　　入		输　　出	
元　　件	端口地址	元　　件	端口地址
启动按钮 SB5	X0	正转端子 STF	Y0
停止按钮 SB6	X1	低速端子 RL	Y1
检测按钮 SB4	X3	中速端子 RM	Y2
下料口光电传感器 B1	X6	高速端子 RH	Y3
位置 A 电感式传感器 B5	X7	直流电动机 M	Y5
位置 B 光纤传感器 B2	X10	黄色指示灯 HL4	Y10
位置 C 光纤传感器 B3	X11	绿色指示灯 HL5	Y11
接料平台光电传感器 B4	X12	红色指示灯 HL6	Y12
旋转气缸左转到位检测 B6	X13	手指夹紧 1Y1	Y13

续表

输　　入		输　　出	
元　　件	端 口 地 址	元　　件	端 口 地 址
旋转气缸右转到位检测 B7	X14	手指松开 1Y2	Y14
悬臂伸出到位检测 1B1	X15	旋转气缸左转 2Y1	Y15
悬臂缩回到位检测 1B2	X16	旋转气缸右转 2Y2	Y16
手臂上升到位检测 2B1	X17	悬臂伸出 3Y1	Y17
手臂下降到位检测 2B2	X20	悬臂缩回 3Y2	Y20
手指夹紧到位检测 3B	X21	手臂上升 4Y1	Y21
位置 A 气缸伸出到位检测 4B1	X22	手臂下降 4Y2	Y22
位置 A 气缸缩回到位检测 4B2	X23	A 位置气缸活塞杆伸出 5Y	Y23
位置 B 气缸伸出到位检测 5B1	X24	B 位置气缸活塞杆伸出 6Y	Y24
位置 B 气缸缩回到位检测 5B2	X25	C 位置气缸活塞杆伸出 7Y	Y25
位置 C 气缸伸出到位检测 6B1	X26		
位置 C 气缸缩回到位检测 6B2	X27		

3）软件设计

根据控制要求，编写 PLC 控制程序。控制程序包括初始化程序和步进控制程序。初始化程序采用基本指令编写，主要完成初始位置、指示灯、启动和停止等功能；步进控制程序采用步进指令编写，主要完成零件传送、检测、分拣及废品处理等功能。生产线自动分拣设备控制程序如图 6-2-6 所示。根据设备运行要求，需要设置变频器的多段速参数，首先将 Pr.79 设置为 1，然后设置 Pr.4=50Hz，Pr.5=20Hz，Pr.6=10Hz，最后将 Pr.79 设置为 2。

4）现场调试

根据控制要求，按照设备组装图、气动系统图及电气控制图，组装生产线自动分拣设备，设置变频器参数，调整传感器灵敏度和机械部件的位置，完成设备的整体调试，实现系统控制要求。

5）技术文件编制

现场调试结束后，编制技术文件。

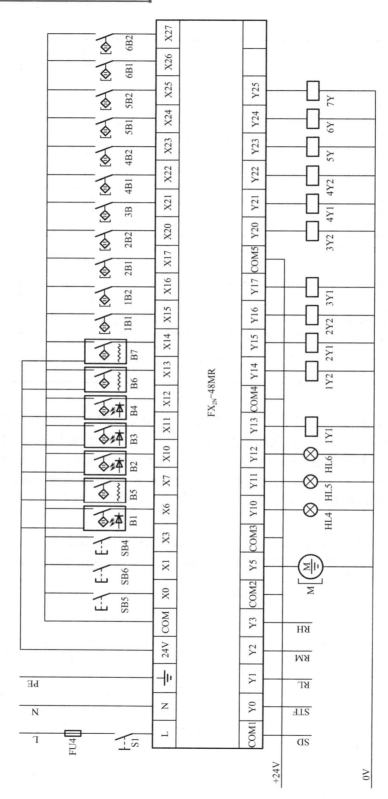

图6-2-5 生产线自动分拣设备PLC控制电路

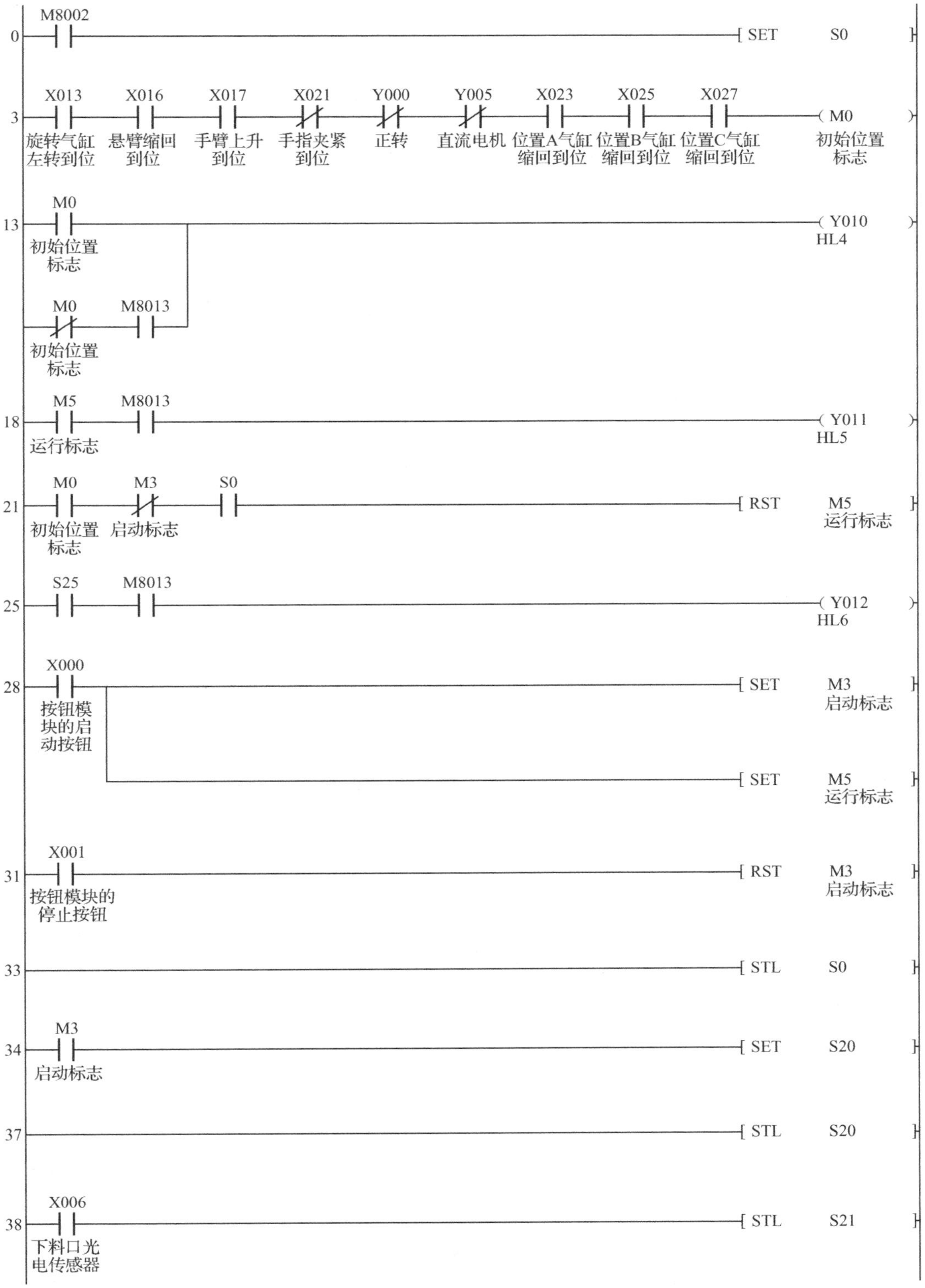

0　M8002　────────────────────────────[SET　S0]

3　X013　X016　X017　X021　Y000　Y005　X023　X025　X027　──（M0）
旋转气缸左转到位　悬臂缩回到位　手臂上升到位　手指夹紧到位　正转　直流电机　位置A气缸缩回到位　位置B气缸缩回到位　位置C气缸缩回到位　初始位置标志

13　M0　──────────────────────────────────（Y010）HL4
初始位置标志

　　M0　M8013
初始位置标志

18　M5　M8013　─────────────────────────（Y011）HL5
运行标志

21　M0　M3　S0　───────────────────────[RST　M5]
初始位置标志　启动标志　　　　　　　　　　　　　　　　运行标志

25　S25　M8013　───────────────────────（Y012）HL6

28　X000　────────────────────────────[SET　M3]
按钮模块的启动按钮　　　　　　　　　　　　　　　　　　启动标志

　　　　───────────────────────────[SET　M5]
　　　　　　　　　　　　　　　　　　　　　　　　　　　运行标志

31　X001　────────────────────────────[RST　M3]
按钮模块的停止按钮　　　　　　　　　　　　　　　　　　启动标志

33　─────────────────────────────────[STL　S0]

34　M3　──────────────────────────────[SET　S20]
启动标志

37　─────────────────────────────────[STL　S20]

38　X006　────────────────────────────[STL　S21]
下料口光电传感器

图 6-2-6　生产线自动分拣设备控制程序

二、自动售货机控制系统

自动售货机可以自动售卖汽水和橙汁两种饮料，自动售货机结构示意图如图 6-2-7 所示，其由投币系统、比较系统、选择系统、供应系统、找币系统等组成。

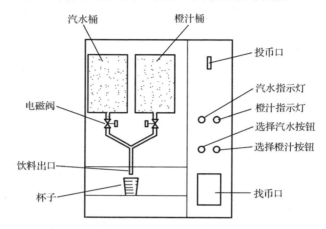

图 6-2-7　自动售货机结构示意图

1. 控制要求

自动售货机可投入 1 角、5 角、1 元的硬币。当投入的硬币总值超过 2 元时，汽水指示灯亮；当投入的硬币总值超过 3 元时，汽水及橙汁指示灯亮。当汽水指示灯亮时，按选择汽水按钮则排出汽水，汽水排出过程中，汽水指示灯以 1Hz 的频率闪烁，6s 后自动停止；当橙汁指示灯亮时，按选择橙汁按钮则排出橙汁，橙汁排出过程中，橙汁指示灯以 1Hz 的频率闪烁，6s 后自动停止。售完饮料后，若投入硬币总值超过购买饮料所需的钱币（汽水 2 元，橙汁 3 元），则多余的钱币从找币口退出（找币只使用 1 角的硬币）。

2. 设计步骤

充分理解自动售货机的工作原理，明确控制要求，按照 PLC 控制系统设计原则和步骤进行系统设计。

1）系统规划

自动售货机工作过程包括投币计算、饮料选择、找币计算等过程，所以可以通过四则运算和比较指令实现控制要求。自动售货机有 6 个输入信号和 5 个输出信号，考虑到以后的扩展，选用型号为 FX$_{2N}$-32MR 的 PLC。

2）硬件设计

根据控制要求分配 I/O，设计电气控制图。自动售货机 I/O 分配表见表 6-2-2，自动售货机 PLC 控制电路如图 6-2-8 所示。

3）软件设计

根据控制要求，编写 PLC 控制程序。控制程序包括投币计算、饮料选择、饮料供应、找币计算等，自动售货机控制程序如图 6-2-9 所示。为了方便编程，投币和找币以角为单位计算。

4）现场调试

根据控制要求，安装好自动售货机，现场反复调试程序，发现问题现场解决，直到满足控制要求为止。

5）技术文件编制

现场调试结束后，编制技术文件。

表 6-2-2　自动售货机 I/O 分配表

输　入		输　出	
元　件	端口地址	元　件	端口地址
投币时检测 1 角硬币的光电传感器 B1	X0	汽水指示灯 HL1	Y0
投币时检测 5 角硬币的光电传感器 B2	X1	橙汁指示灯 HL2	Y1
投币时检测 1 元硬币的光电传感器 B3	X2	排汽水电磁阀 YV2	Y2
选择汽水按钮 SB1	X3	排橙汁电磁阀 YV1	Y3
选择橙汁按钮 SB2	X4	找币执行机构 YA	Y4
找币时检测 1 角硬币的光电传感器 B4	X5		

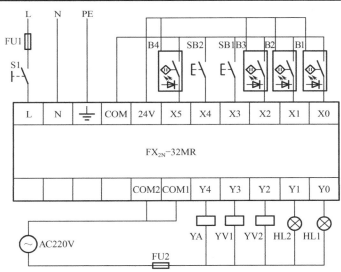

图 6-2-8　自动售货机 PLC 控制电路

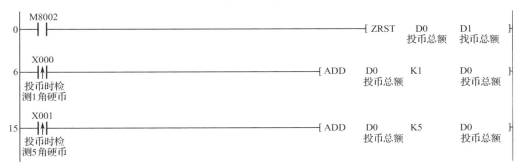

图 6-2-9　自动售货机控制程序

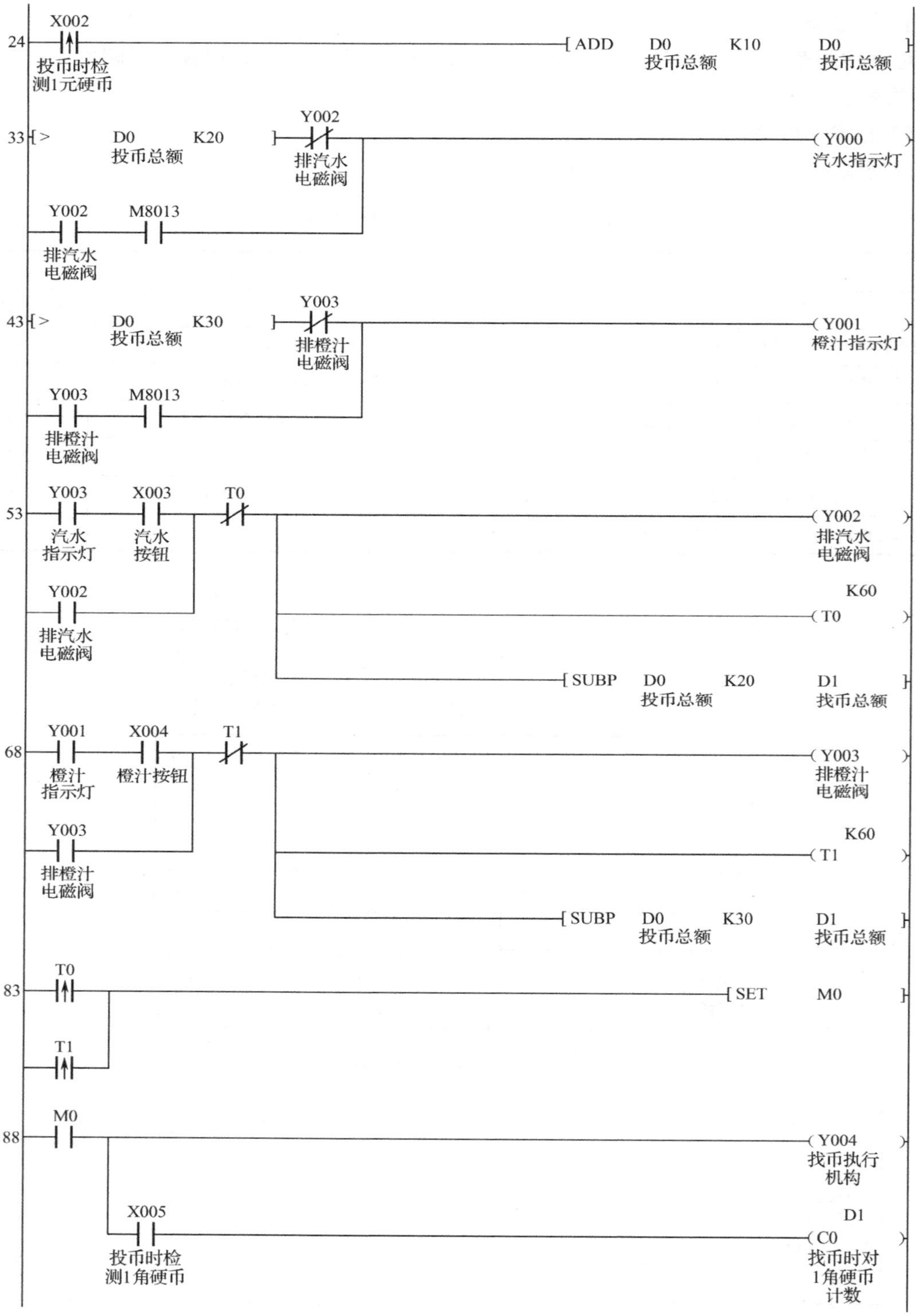

```
 24  X002                                          ─[ ADD   D0      K10      D0    ]
     投币时检                                              投币总额          投币总额
     测1元硬币

 33  [>    D0      K20 ]      Y002                                       ─( Y000 )
           投币总额           排汽水                                          汽水指示灯
                             电磁阀
     Y002    M8013
     排汽水
     电磁阀

 43  [>    D0      K30 ]      Y003                                       ─( Y001 )
           投币总额           排橙汁                                          橙汁指示灯
                             电磁阀
     Y003    M8013
     排橙汁
     电磁阀

 53  Y003    X003    T0                                                 ─( Y002 )
     汽水     汽水                                                          排汽水
     指示灯   按钮                                                          电磁阀
     Y002                                                                    K60
     排汽水                                                              ─( T0 )
     电磁阀
                                          ─[ SUBP   D0      K20      D1   ]
                                                    投币总额          找币总额

 68  Y001    X004    T1                                                 ─( Y003 )
     橙汁     橙汁按钮                                                      排橙汁
     指示灯                                                                电磁阀
     Y003                                                                    K60
     排橙汁                                                              ─( T1 )
     电磁阀
                                          ─[ SUBP   D0      K30      D1   ]
                                                    投币总额          找币总额

 83  T0                                                         ─[ SET   M0   ]

     T1

 88  M0                                                                 ─( Y004 )
                                                                          找币执行
                                                                          机构
             X005                                                            D1
                                                                       ─( C0 )
             投币时检                                                        找币时对
             测1角硬币                                                       1角硬币
                                                                          计数
```

图 6-2-9　自动售货机控制程序（续）

图 6-2-9　自动售货机控制程序（续）

三、四层电梯控制系统

电梯采用继电器控制方式，存在功能弱、故障多、可靠性差等缺陷，现已广泛采用 PLC 控制方式，取得了良好的控制效果。四层电梯示意图如图 6-2-10 所示，其由轿厢、厢外召唤按钮、厢内操作按钮、指示部分等组成。

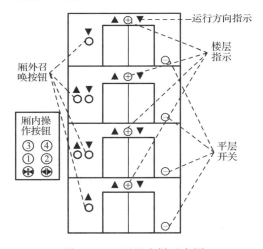

图 6-2-10　四层电梯示意图

1. 控制要求

电梯采用厢外召唤、厢内选层的控制形式；电梯上升途中只响应上升呼叫，下降途中只响应下降呼叫，任何反方向的呼叫均无效；利用指示灯显示电梯厢外的呼叫信号、电梯厢内的指令信号和电梯到达信号；能自动判断电梯运行方向，并发出相应的指示信号；电梯运行到指定楼层后，能自动开关门，也能手动开关门；电梯应有必要的保护措施。

2. 设计步骤

充分理解电梯的工作原理，明确控制要求，按照 PLC 控制系统设计原则和步骤进行系统设计。

1）系统规划

电梯控制是典型的随机控制，可以通过基本指令实现控制要求。电梯运行是由厢外召唤和厢内选层共同控制的；电梯上升和下降运行通过一台主电动机驱动，电动机正转时电梯上升，电动机反转时电梯下降；电梯门通过另一台小功率电动机驱动，电动机正转时门打开，电动机反转时门关闭。电梯有 19 个输入信号和 20 个输出信号，选择型号为 FX$_{2N}$-48MR 的 PLC 可以满足控制系统要求。

2）硬件设计

根据控制要求分配 I/O，设计电气控制图。四层电梯 I/O 分配表见表 6-2-3，四层电梯 PLC 控制电路如图 6-2-11 所示。

3）软件设计

根据控制要求，编写 PLC 控制程序。控制程序包括厢外召唤指示、厢内选层指示、楼层指示、电梯定向、停层控制、开门、关门和电梯运行，四层电梯控制程序如图 6-2-12 所示。

4）现场调试

根据控制要求，安装好四层电梯，先分段调试，然后整体调试，最后现场调试程序，发现问题现场解决，直到满足控制要求为止。

5）技术文件编制

现场调试结束后，编制技术文件。

表 6-2-3　四层电梯 I/O 分配表

输　　入		输　　出	
元　件	端 口 地 址	元　件	端 口 地 址
一层上呼按钮 SB1	X0	一层上呼指示 HL1	Y0
二层上呼按钮 SB2	X1	二层上呼指示 HL2	Y1
三层上呼按钮 SB3	X2	三层上呼指示 HL3	Y2
二层下呼按钮 SB4	X3	二层下呼指示 HL4	Y3
三层下呼按钮 SB5	X4	三层下呼指示 HL5	Y4
四层下呼按钮 SB6	X5	四层下呼指示 HL6	Y5
开门到位开关 SQ1	X6	上升运行指示 HL7	Y6
关门到位开关 SQ2	X7	下降运行指示 HL8	Y7
一层平层开关 B1	X10	一层指示 HL9	Y10
二层平层开关 B2	X11	二层指示 HL10	Y11
三层平层开关 B3	X12	三层指示 HL11	Y12
四层平层开关 B4	X13	四层指示 HL12	Y13
一层内选按钮 SB7	X14	一层内选指示 HL13	Y14
二层内选按钮 SB8	X15	二层内选指示 HL14	Y15
三层内选按钮 SB9	X16	三层内选指示 HL15	Y16
四层内选按钮 SB10	X17	四层内选指示 HL16	Y17
开门按钮 SB11	X20	控制开门的接触器 KM1	Y20
关门按钮 SB12	X21	控制关门的接触器 KM2	Y21
门锁信号 KA	X22	控制上升的接触器 KM3	Y22
		控制下降的接触器 KM4	Y23

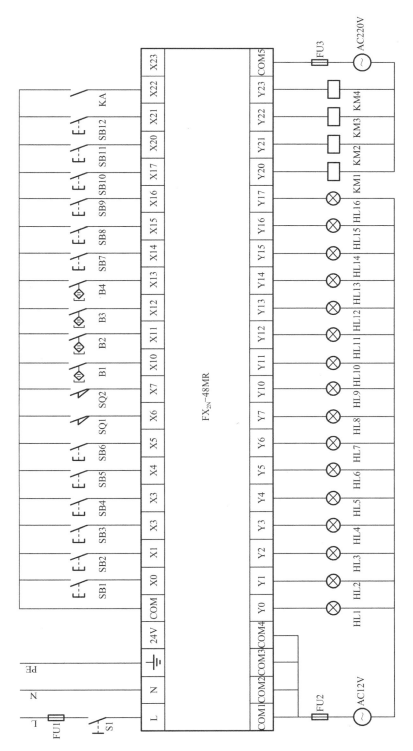

图6-2-11 四层电梯PLC控制电路

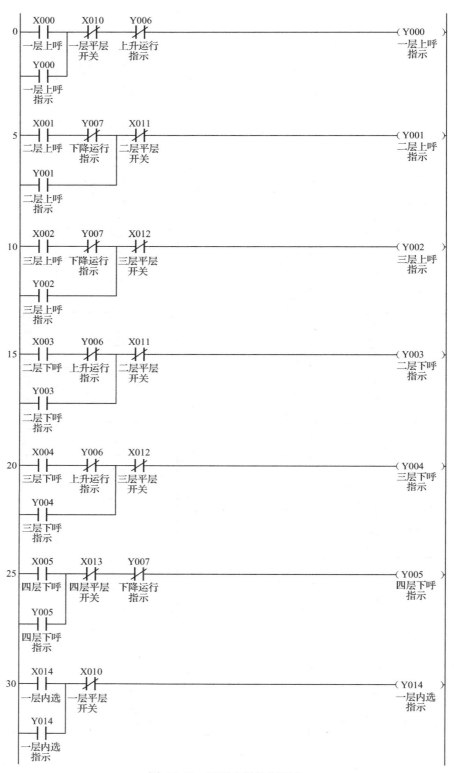

图 6-2-12　四层电梯控制程序

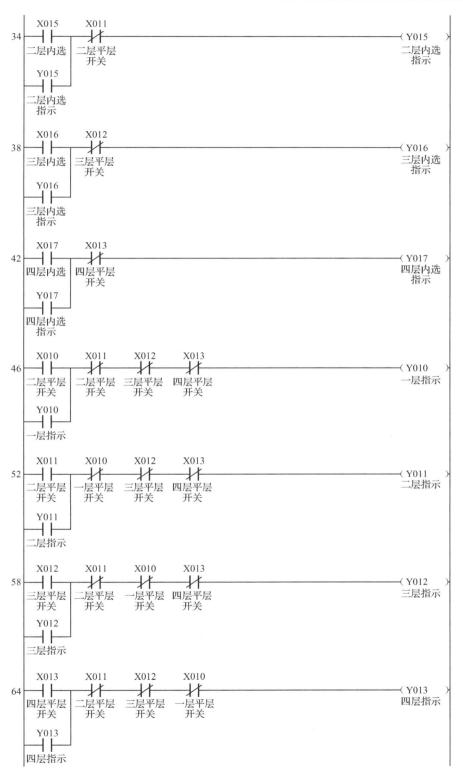

图 6-2-12　四层电梯控制程序（续）

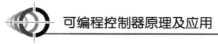

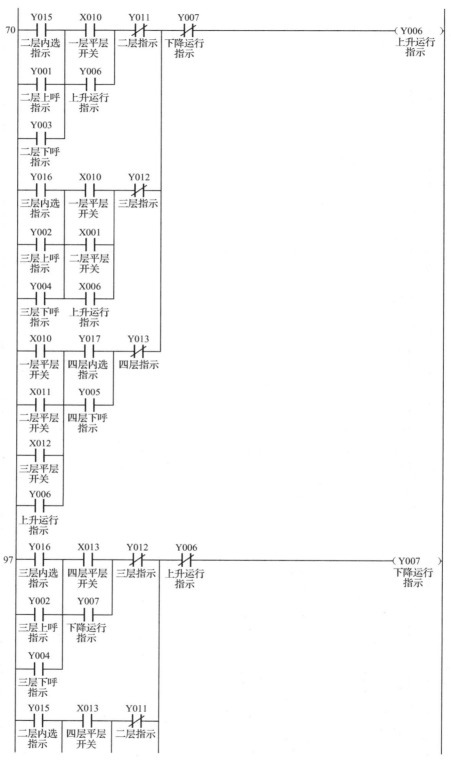

图 6-2-12 四层电梯控制程序（续）

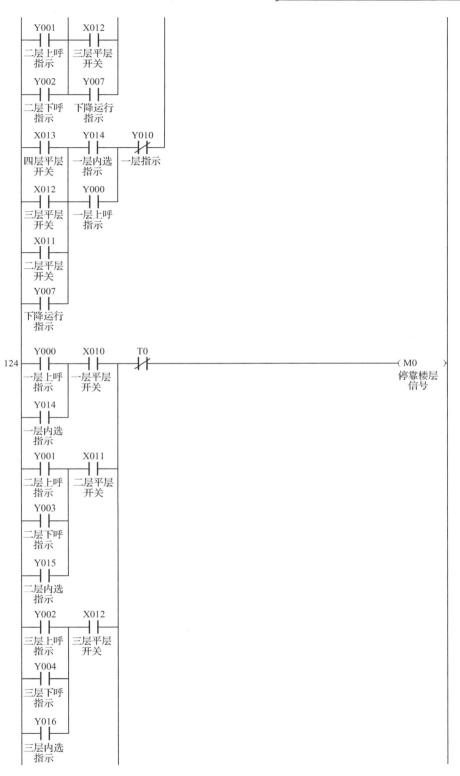

图 6-2-12　四层电梯控制程序（续）

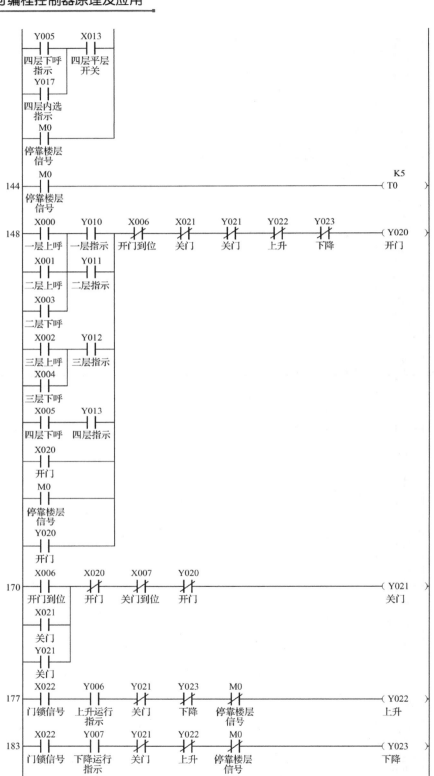

图 6-2-12　四层电梯控制程序（续）

第三节　PLC 控制系统设计应注意的问题

PLC 控制系统设计不仅要保证系统设计的合理性，而且要提高系统运行的稳定性及可靠性，同时还要考虑系统的经济性。

一、提高系统可靠性的措施

PLC 是专门为工业环境设计的控制装置，一般不需要采取特殊措施就可以直接用于工业环境，但是 PLC 外围设备的故障率比较高，因此在系统设计时必须采取相应的措施，提高系统的可靠性。

1. 提高电源可靠性的措施

动力部分、控制部分、PLC 及 I/O 电源应分别配线，PLC 及 I/O 电源应采用双绞线连接；如果有条件，PLC 应采用单独的供电回路。在干扰较强的场合，应在 PLC 的电源输入端连接带屏蔽层（屏蔽层应可靠接地）的隔离变压器及低通滤波器，这样可以抑制电源线带来的干扰，提高抗高频共模干扰能力。隔离变压器及低通滤波器如图 6-3-1 所示。

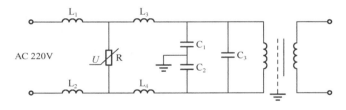

图 6-3-1　隔离变压器及低通滤波器

2. 提高输入和输出信号可靠性的措施

如果输入或者输出端子上连接了感性元件，为了防止电路断开时产生高的感应电动势冲击内部电源及产生干扰信号，应在直流感性元件两端并联续流二极管，在交流感性元件两端并联阻容吸收电路。提高输入和输出信号可靠性的措施如图 6-3-2 所示。

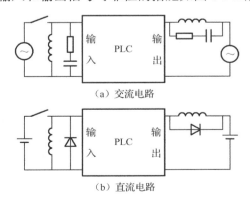

（a）交流电路

（b）直流电路

图 6-3-2　提高输入和输出信号可靠性的措施

3. 接地要求

良好接地是 PLC 安全可靠运行的重要条件，PLC 接地线应尽量短并尽量靠近 PLC，接地线截面积应大于 2.5mm^2，接地电阻应小于 4Ω。PLC 最好采用分开接地，也可以采用公共接地，但禁止使用串联接地。PLC 的接地方式如图 6-3-3 所示。

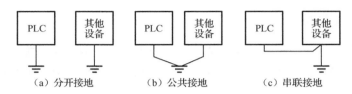

图 6-3-3 PLC 的接地方式

4. 工作环境要求

PLC 要求工作温度为 0～55℃，空气相对湿度小于 85%；PLC 应安装在远离强烈振动和冲击的场所，还应远离强干扰源，如大功率晶闸管装置、高频设备和大型动力设备等；不宜将 PLC 安装在有大量污染物（如灰尘、油烟、铁粉等）、腐蚀性气体和可燃性气体的场所。

二、节省输入和输出点的方法

在工程设计中，经常会遇到控制系统需要扩展时 I/O 点数不够的问题，采用简单增加硬件配置的方法，将会提高成本；通过改进接线和编程相结合的方法，可以节省 I/O 点数，实现系统的控制要求。下面介绍几种节省 I/O 点数的常用方法。

1. 节省输入点的方法

1）分组输入

由于自动程序和手动程序不会同时执行，因此可以将系统输入信号按其对应的工作方式分成两组，PLC 运行时只会用到其中一组信号，各组输入可共用 PLC 的输入点。两种工作方式的分组输入如图 6-3-4 所示，自动和手动两种工作方式切换采用方式转换开关 SA，自动工作方式输入信号为 SB3，SB4，…，手动工作方式输入信号为 SB1，SB2，…，自动与手动两种工作方式切换输入点为 X0，两组输入信号共用 PLC 的输入点 X1，X2，…，二极管切断寄生回路，防止产生错误输入信号。

2）矩阵输入

矩阵输入可以显著减少输入点。3×3 矩阵输入如图 6-3-5 所示，采用 3 个输入点 X0、X1、X2 和 3 个输出点 Y0、Y1、Y2 实现 9 个输入设备的输入，Y0、Y1、Y2 的输出公共端 COM1 与输入公共端 COM 连接在一起，二极管切断寄生回路，防止产生错误输入信号。如果 Y0、Y1、Y2 轮流导通，则输入端 X0、X1、X2 轮流得到 3 组输入设备的状态，即 Y0 接通时读入 S1、S2、S3 的通断状态，Y1 接通时读入 S4、S5、S6 的通断状态，Y2 接通时读入 S7、S8、S9 的通断状态。

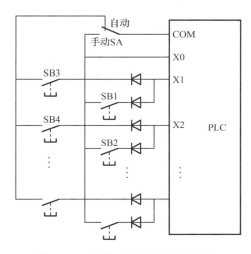

图 6-3-4 两种工作方式的分组输入

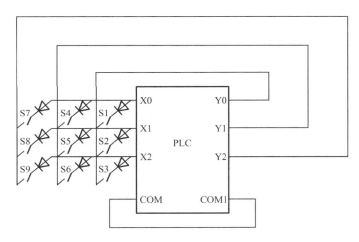

图 6-3-5 3×3 矩阵输入

矩阵输入除了要进行硬件连接外，还要编制循环扫描输出程序及输入信号转换程序，循环扫描输出程序实现 Y0、Y1、Y2 轮流导通的循环控制，输入信号转换程序通过 3 个输入点与 3 个输出点的状态两两相"与"来指定一组 3×3 个辅助继电器，这 3×3 个辅助继电器就表示 3×3 个输入信号，编制应用程序时即以 3×3 个辅助继电器的编号作为相应的 3×3 个输入信号开关的地址号。由于矩阵输入信号是分时读入 PLC 的，因此读入的输入信号为一系列断续的脉冲信号，为了防止输入信号丢失，应保证输入信号的宽度大于 Y0、Y1、Y2 轮流导通一遍的时间。

3）合并输入

合并输入即将功能相同的开关量输入设备合并后输入，如果是几个常闭触点，则串联输入；如果是几个常开触点，则并联输入。三个地方启停控制的合并输入，不仅可以节省输入点，而且可以简化编程，如图 6-3-6 所示。

4）某些输入设备可不进 PLC

在控制系统中某些功能简单、涉及面很窄的输入设备，如手动按钮、电动机过载保护的热继电器常闭触点等，就没有必要作为 PLC 的输入，将它们放在外部电路中同样可以满足控制要求，如图 6-3-7 所示。

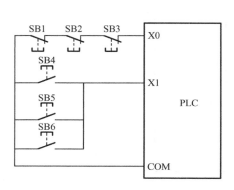

图 6-3-6　三个地方启停控制的合并输入

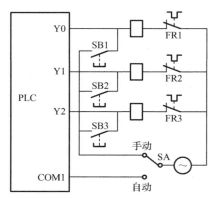

图 6-3-7　某些输入设备可不进 PLC

5）输入设备多功能化

可利用 PLC 的逻辑处理功能，使一个输入设备在不同条件下产生不同的作用信号，如单按钮控制电动机的启动和停止等。

6）组合输入

组合输入处理如图 6-3-8 所示。对三个不会同时接通的输入信号 K1、K2、K3 采用组合输入，占用两个输入点 X0 和 X1；通过译码程序，将三个输入信号 K1、K2、K3 转换成对应的 M0、M1、M2 三个信号。

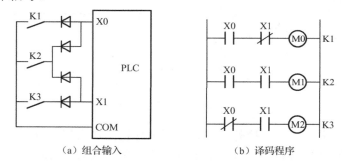

（a）组合输入　　　　　　　　（b）译码程序

图 6-3-8　组合输入处理

2. 节省输出点的方法

1）分组输出

当两组负载不会同时工作时，可以通过外部转换开关或 PLC 控制的接触器触点进行切换，因此 PLC 的每个输出点可以控制两个不同时工作的负载。分组输出如图 6-3-9 所示，KM1、KM3、KM5 和 KM2、KM4、KM6 为两组不会同时接通的负载，通过转换开关 SA 进行切换。

2）矩阵输出

采用 8 个输出组成 4×4 矩阵，可以控制 16 个工作负载，矩阵输出如图 6-3-10 所示。要使某个负载工作，只要使该负载所在行与列对应的输出继电器同时接通即可。采用矩阵输出时，必须将同一时间段接通的负载安排在同一行或同一列中，否则无法控制。

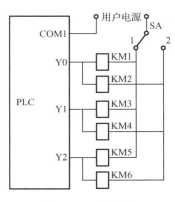

图 6-3-9 分组输出

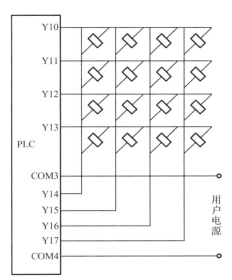

图 6-3-10 矩阵输出

3）并联输出

多个通断状态完全相同的负载可并联后共用 PLC 的一个输出端子。采用这种方式时，必须考虑 PLC 输出端子的驱动能力是否足够。

4）某些输出设备可不进 PLC

在控制系统中某些相对独立、控制逻辑简单、不参与工作循环的输出设备，如液压设备的液压泵电动机，可直接采用 PLC 外部硬件电路实现控制。

5）输出设备多功能化

可利用 PLC 的逻辑处理功能，使一个输出设备实现多种用途。例如，在 PLC 控制系统中，采用一个输出点控制指示灯的常亮和闪烁，这样一个指示灯就可指示两种状态，既节省了指示灯，又减少了输出点。

6）用数码管替代指示灯

一个七段数码管占用 7 个输出点，可以显示 16 种不同状态，若使用指示灯显示 16 种不同状态，则需要 16 盏指示灯，需要占用 16 个输出点。因此在多状态显示控制中，采用数码管替代指示灯可以节省输出点。

三、安全保护

为了保证 PLC 控制系统安全、可靠及稳定运行，必须对控制系统采取必要的安全保护措施，下面介绍几种常用的安全保护措施。

1. 短路保护

应在 PLC 外部输出回路中安装熔断器，进行短路保护，最好在每个负载的回路中都安装熔断器。

2. 互锁与联锁措施

对于电动机正反转、电梯上升与下降、夹具松开与夹紧等不能同时发生的运动，不仅需要在程序中进行互锁，而且要求 PLC 外部接线必须采取硬件互锁措施，以确保系统安全可靠地运行；在不同电动机或电器之间有联锁要求时，最好也在 PLC 外部进行硬件联锁。

3. 失压保护与紧急停机措施

失压保护与紧急停机电路如图 6-3-11 所示。PLC 外部负载的供电线路应具有失压保护措施，当临时停电后再次恢复供电时，不按下启动按钮 SB1，PLC 的外部负载就不能自行启动。这种供电线路还具有紧急停机作用，按下停止按钮 SB2 就可以切断负载电源，而与 PLC 毫无关系。

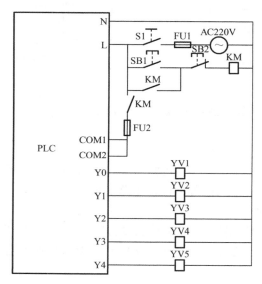

图 6-3-11　失压保护与紧急停机电路

编程软件的使用

FX 系列 PLC 编程软件有 SWOPC-FXGP/WIN-C 和 GX Developer 两款。通过 GX Simulator 软件可以在没有 PLC 的情况下实现离线调试，要求 GX Developer 和 GX Simulator 安装在同一目录下。

第一节　GX Developer 编程软件的使用

一、基本界面

GX Developer 编程软件的基本界面如图 7-1-1 所示。

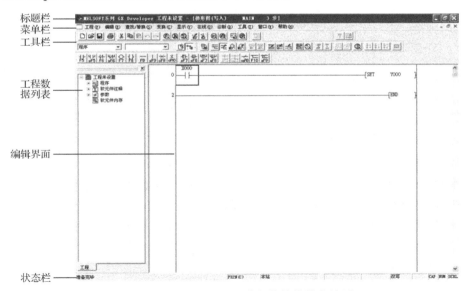

图 7-1-1　GX Developer 编程软件的基本界面

二、基本操作

1. 启动与退出

双击电脑桌面上的 图标打开编程软件，单击软件界面右上角的 图标退出编程软件。

2. 文件管理

1）创建新文件

单击□图标，弹出"创建新工程"对话框，进行"PLC 系列"和"PLC 类型"选择后，再进行"程序类型"选择，默认为"梯形图"；在新建文件时可以进行工程名设定，先选中"设置工程名"复选框，然后设定"驱动器/路径"、"工程名"及"索引"，最后单击 确定 按钮即可，如图 7-1-2 所示。可以通过图图标进行梯形图编辑界面与指令表编辑界面切换。

2）打开文件

单击图图标，弹出"打开工程"对话框，先进行文件路径选择，再进行文件选择，最后单击 打开 按钮即可，如图 7-1-3 所示。

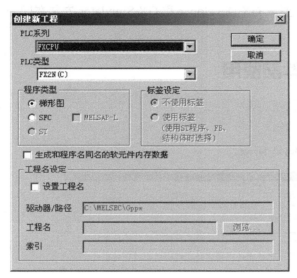

图 7-1-2 "创建新工程"对话框

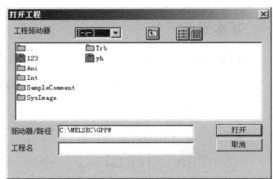

图 7-1-3 "打开工程"对话框

3）保存文件

单击■图标，如果新建文件时进行了工程名设定，则按照设定的路径及文件名保存文件；如果新建文件时没有进行工程名设定，则第一次进行文件保存时会弹出"另存工程为"对话框，先进行保存路径选择，再对文件命名，最后单击 保存 按钮即可，如图 7-1-4 所示。

3. 选中

鼠标单击可以选中梯形图中的一个元素。按住鼠标拖动可以选择多行或者一块梯形图。将鼠标放置在左母线外侧拖动也可以选择多行或者一块梯形图。

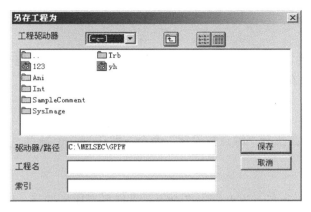

图 7-1-4　"另存工程为"对话框

4. 删除、剪切、复制及粘贴

先选中梯形图中的元素，再按 Delete 键删除。

先选中梯形图中的元素，再按 Ctrl+X 键剪切或者 Ctrl+C 键复制，最后将鼠标移到需要的位置按 Ctrl+V 键粘贴。

5. 查找/替换

选择"查找/替换"菜单，可以执行"软元件查找"、"指令查找"、"步号查找"、"触点线圈查找"、"软元件替换"、"指令替换"等命令。

6. 打印

单击工具栏中 图标，弹出"打印"对话框，单击"梯形图"选项卡，进行相关设置后，单击 打印 按钮，如图 7-1-5 所示。

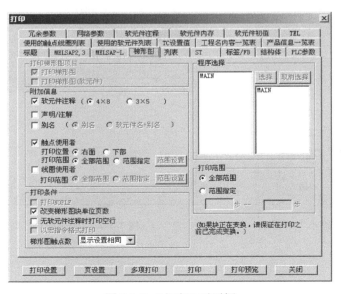

图 7-1-5　"打印"对话框

7. 工程数据列表

通过 图标可以进行工程数据列表显示与不显示切换，工程数据列表包括程序、软元件注释、参数及软元件内存四部分。

8. 触点数设置

选择"显示"菜单，执行"触点数设置"命令，默认为 9 个触点，可以设置成 11 个触点。

9. 显示比例选择

选择"显示"菜单，执行"放大/缩小"命令，进行显示比例选择，相应的对话框如图 7-1-6 所示。

10. 程序编译

程序编辑后，底色为灰色，要通过转换变成白色才能传给 PLC，这时单击 图标（F4）即可。

11. 程序检查

选择"工具"菜单，执行"程序检查"命令，弹出"程序检查"对话框，可以进行相关设置，完成程序检查，如图 7-1-7 所示。

图 7-1-6 "放大/缩小"对话框

图 7-1-7 "程序检查"对话框

三、梯形图输入与编辑

1. 梯形图输入

单击 图标进入写入模式，单击 图标进入读出模式。梯形图输入必须在写入模式下进行，输入字符时采用半角字符；读出模式可以读出部分梯形图、查找软元件。

1）功能图标输入法

梯形图常采用功能图标进行输入，功能图标及快捷键如图 7-1-8 所示。先将光标放置在需要的位置，再选择相关的功能图标进行输入，最后单击 确定 按钮或者按 Enter 键即可。

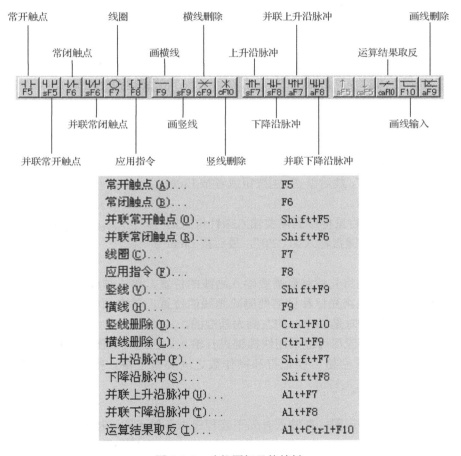

图 7-1-8　功能图标及快捷键

输入梯形图时，可以通过 Insert 键进行插入模式与改写模式切换，插入模式下光标是紫色的，改写模式下光标是蓝色的。

"梯形图输入"对话框如图 7-1-9 所示。单击连续输入选择按钮，在不关闭"梯形图输入"对话框的情况下，可以连续输入梯形图的触点；在输入梯形图时，可以通过单击下拉列表框进行触点选择；软元件及指令输入栏主要用于输入指令及一些信息；通过命令按钮可以执行相关命令，也可以通过 ESC 键退出当前命令。

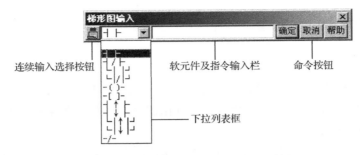

图 7-1-9 "梯形图输入"对话框

例如，输入计数器线圈驱动指令时，先选择线圈驱动功能图标，弹出"梯形图输入"对话框，然后输入"c0　k6"，最后单击 确定 按钮或者按 Enter 键即可，如图 7-1-10 所示。

图 7-1-10　计数器线圈驱动指令的输入

在 GX Developer 软件中，STL 指令的表现形式是应用指令。例如，输入 STL　S20 指令时，先选择应用指令功能图标，弹出"梯形图输入"对话框，然后输入"STL　S20"，最后单击 确定 按钮或者按 Enter 键即可，如图 7-1-11 所示。

————[STL　　　S20　] ┤

图 7-1-11　STL 指令在 GX Developer 软件中的表现形式

输入 P/I 指针时，先将鼠标移到需要输入指针位置的左母线外侧单击，然后从键盘输入如"P0"，最后按 Enter 键即可。

采用画线输入时，先将光标移到需要输入画线的位置，单击画线输入图标，拖动光标输入画线；画线删除时，先将光标移到需要删除画线的位置，单击画线删除图标，拖动光标删除画线。在进行画线操作时是以光标的左侧为基准的。

为了提高输入效率，应尽可能采用快捷键进行输入。在进行线圈驱动和应用指令输入时，元件号和设定值之间要有空格，助记符和操作数之间要有空格，操作数和操作数之间要有空格。

2）指令输入法

可以通过指令输入梯形图。在输入时先不管程序中各触点的连接关系，常开触点用 LD，常闭触点用 LDI，线圈用 OUT，利用功能指令输入助记符和操作数，最后将分支、自锁等关系用竖线补上。

2. 梯形图编辑

1）触点、线圈及应用指令的编辑

将光标移到需要修改处双击，则弹出一个对话框，在对话框中进行修改，完成后单击 确定 按钮或者按 Enter 键即可。

2）行插入

先将光标移到要插入行的地方，再按 Shift +Insert 键（行插入）。

3）行删除

先将光标移到要删除行的地方，再按 Shift + Delete 键（行删除）。

4）列插入

先将光标移到要插入列的地方，再按 Ctrl+Insert 键（列插入）。

5）列删除

先将光标移到要删除列的地方，再按 Ctrl + Delete 键（列删除）。

6）撤销

通过 Ctrl +Z 键可以撤销刚进行的操作，恢复到以前的状态。

四、在线操作

必须通过编程线将 PLC 和计算机连接好，才可以进行在线操作。

1. 传输设置

选择"在线"菜单，执行"传输设置"命令，弹出"传输设置"对话框，双击"串行"图标，进行端口和传输速度设置，如图 7-1-12 所示。

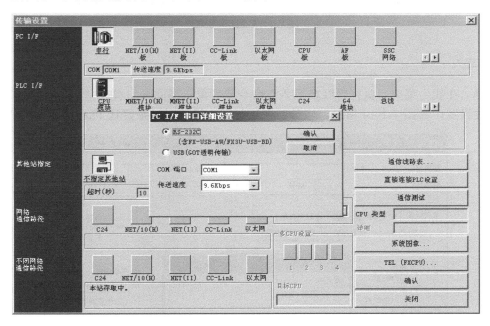

图 7-1-12　传输设置

2. 读取

选择"在线"菜单，执行"PLC 读取"命令或者单击图标，弹出"PLC 读取"对话框，进行相关设置，如图 7-1-13 所示。

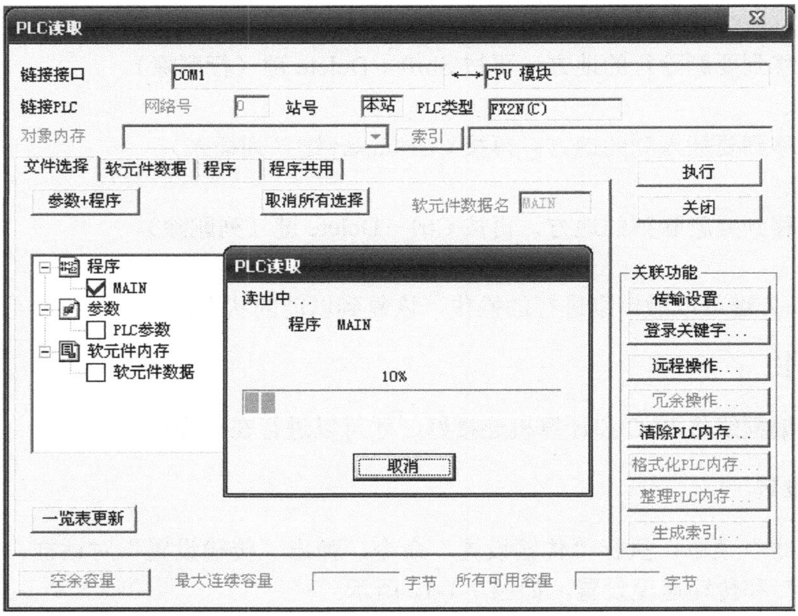

图 7-1-13 读取操作

3. 写入

选择"在线"菜单，执行"PLC 写入"命令或者单击 图标，弹出"PLC 写入"对话框，进行相关设置，如图 7-1-14 所示。注意：在进行写入操作时，最好让 PLC 处于 STOP 模式。

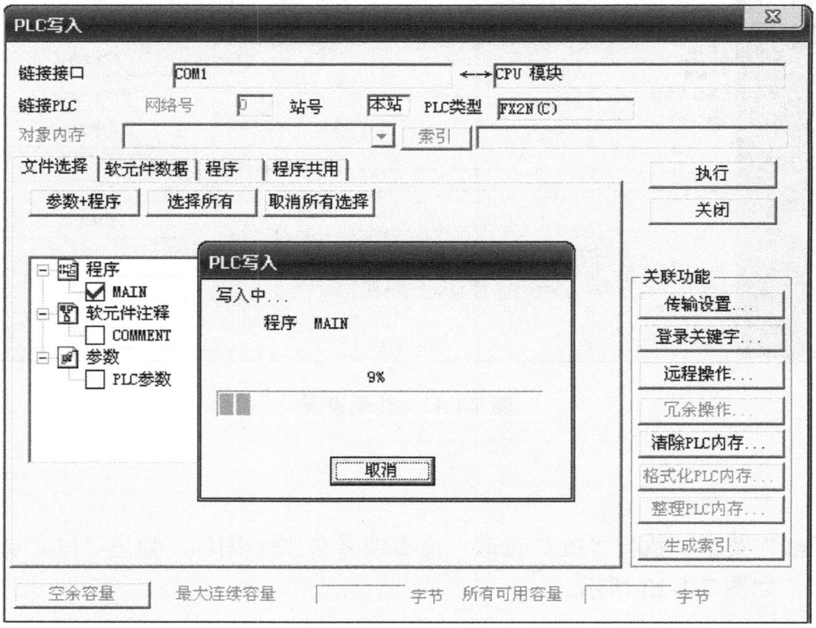

图 7-1-14 写入操作

4. 远程操作

选择"在线"菜单，执行"远程操作"命令，弹出"远程操作"对话框，进行相关设置，如图 7-1-15 所示。对于 FX 系列 PLC，无论 CPU 处于 RUN 状态还是 STOP 状态都可以执行。

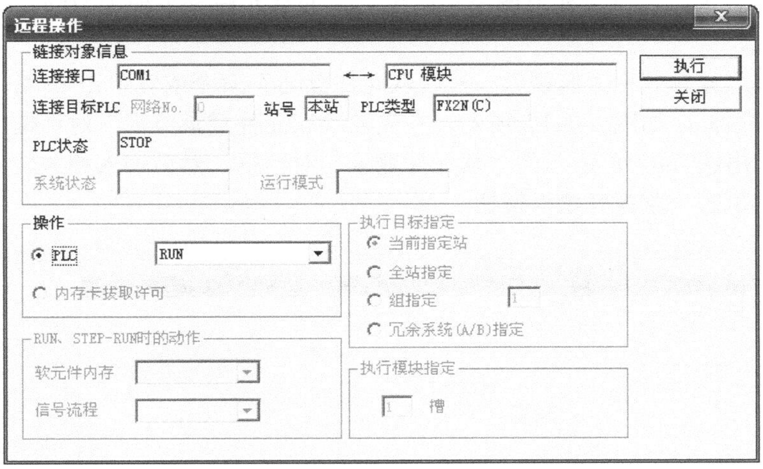

图 7-1-15　"远程操作"对话框

5. 清除 PLC 内存

选择"在线"菜单，执行"清除 PLC 内存"命令，弹出"清除 PLC 内存"对话框，可以对"PLC 内存"、"数据软元件"及"位软元件"进行清除，如图 7-1-16 所示。

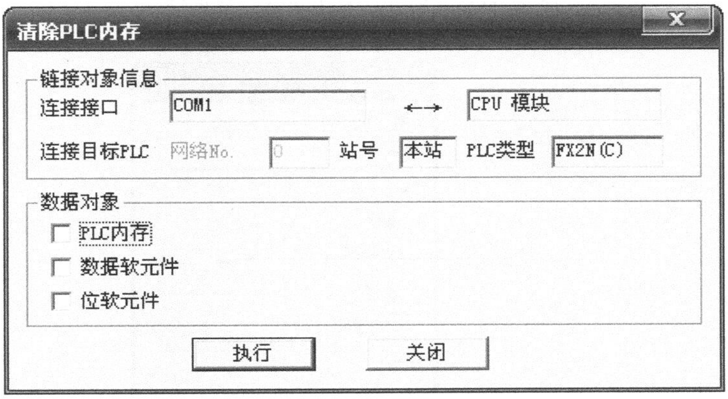

图 7-1-16　"清除 PLC 内存"对话框

五、监视

1. 监视

选择"在线"菜单 → "监视" → "监视开始"命令或者单击 图标（F3）开始监视。

选择"在线"菜单 → "监视" → "监视停止"命令或者单击▨图标（Alt+F3）停止监视。RST 指令的监视比较特别，复位的软元件为 OFF 时为▆▆▆，复位的软元件为 ON 时为─[ ]─。

2. 软元件登录监视

通过软元件登录，可以对梯形图中不同位置上的软元件及多种类型的软元件在一个画面中同时进行监视。

选择"在线"菜单 → "监视" → "软元件登陆"命令或者单击◉图标，弹出"软元件登录监视"对话框，如图 7-1-17 所示。首先在"软元件登录监视"对话框中单击"软元件登录"按钮，弹出图 7-1-18 所示的"软元件登录"对话框，然后输入相关软元件，单击"登录"按钮，最后单击"监视开始"按钮。

图 7-1-17 "软元件登录监视"对话框

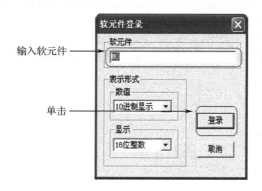

图 7-1-18 "软元件登录"对话框

对于定时器（T）/计数器（C），在"软元件登录监视"对话框中可以显示当前值、设定值及触点线圈的状态，触点线圈的状态为"1"表示 ON，触点线圈的状态为"0"表示 OFF。在"软元件登录监视"对话框中单击"删除软元件"按钮，可以从登录中删除指定的软元件。

3. 软元件批量监视

软元件批量监视是将软元件指定为某种类型后进行监视。

选择"在线"菜单 —→ "监视" —→ "软元件批量"命令或者单击 图标，弹出"软元件批量监视"对话框，如图 7-1-19 所示。首先在"软元件"栏中指定起始的软元件编号，然后设置"选项设置"、"监视形式"、"显示"及"数值"，最后按 Enter 键。

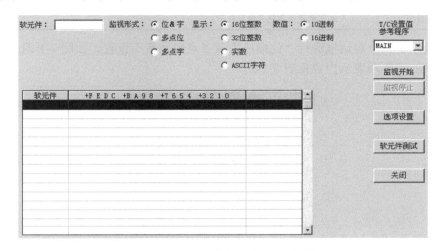

图 7-1-19 "软元件批量监视"对话框

监视形式有位&字形式、多点位形式及多点字形式。当指定为 T/C 时，将自动变为定时器/计数器多点形式，如图 7-1-20 所示。监视形式各部分表示内容见表 7-1-1。

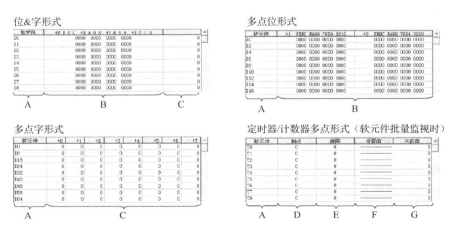

图 7-1-20 监视形式

表 7-1-1 监视形式各部分表示内容

序号	表 示 内 容	备 注
A	软元件编号	当为多点位及多点字监视形式时，显示各行软元件的起始编号
B	位状态	"1"表示 ON，"0"表示 OFF

序号	表 示 内 容	备　　注
C	字软元件的值	按照显示设置格式进行显示
D	T/C 触点状态	"1"表示 ON，"0"表示 OFF
E	T/C 线圈状态	"1"表示 ON，"0"表示 OFF
F	T/C 设置值	按照数值设置格式进行显示
G	T/C 当前值	按照数值设置格式进行显示

通过"选项设置"对话框进行"位顺序"及"点数切换"设置，如图 7-1-21 所示。"选项设置"对话框的设置项表示内容见表 7-1-2。

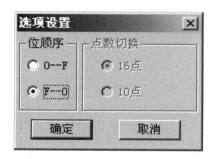

图 7-1-21　"选项设置"对话框

表 7-1-2　"选项设置"对话框的设置项表示内容

设 置 项	表 示 内 容
0--F	从右至左显示，适用于位软元件的监视
F--0	从左至右显示，适用于字软元件的位监视
8 点	按照 8 点排列，对于 X、Y 八进制软元件一般设置此项
10 点	按照 10 点排列，对于 M、D 等十进制软元件一般设置此项
16 点	按照 16 点排列，对于 X、Y 八进制软元件一般设置此项

4. 缓冲内存批量监视

在有特殊功能模块的系统中，可实现缓冲内存批量监视。

选择"在线"菜单 —→ "监视" —→ "缓冲内存批量"命令，弹出"缓冲内存批量监视"对话框，缓冲内存的指定如图 7-1-22 所示，该对话框其余部分和"软元件批量监视"对话框大致相同，在这里就不再详细讲述。

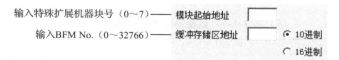

图 7-1-22　缓冲内存的指定

六、调试及诊断

1. 软元件测试

通过在线调试可以模拟位软元件的动作，也可以修改字软元件的当前值，这样便于观察程序的运行情况，进行程序调试。

选择"在线"菜单 —→ "调试" —→ "软元件测试"命令或者单击 图标，弹出"软元件测试"对话框，如图 7-1-23 所示。

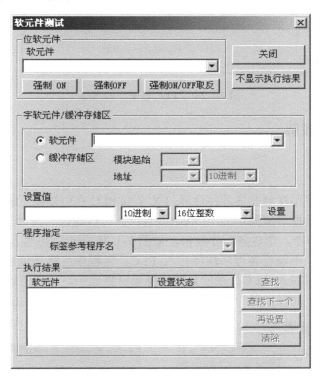

图 7-1-23 "软元件测试"对话框

在该对话框的"位软元件"栏中输入指定要强制的位软元件，通过"强制 ON"按钮将指定的位软元件强制 ON，通过"强制 OFF"按钮将指定的位软元件强制 OFF，通过"强制 ON/OFF取反"按钮对指定的位软元件强制进行 ON/OFF 取反；在该对话框的"字软元件"栏中输入指定要更改当前值的字软元件，在"设置值"栏中先设置"10 进制"或"16 进制"及"16 位整数"或"16 位整数或实数"的数据格式，再输入相关数据，最后单击"设置"按钮。

2. PLC 诊断

通过 PLC 诊断可以显示 CPU 状态与出错代码。

选择"诊断"菜单，执行"PLC 诊断"命令，弹出"PLC 诊断"对话框，如图 7-1-24 所示。

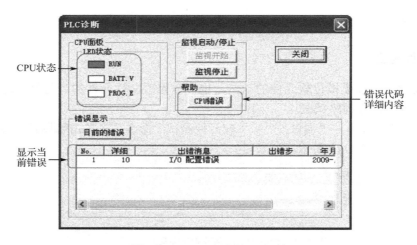

图 7-1-24 "PLC 诊断"对话框

七、注释、声明及注解

1. 软元件注释

软元件注释包括共用注释及各程序注释，FX 系列 PLC 在创建新工程时只自动创建一个共用注释，共用注释的数据名被固定为"COMMENT"。可以通过选择"工程"菜单 → "编辑数据" → "新建"命令，创建各程序注释，如图 7-1-25 所示。可写入 FX 系列 PLC 的软元件注释仅为共用注释，不能将各程序注释写入 PLC，各程序注释必须通过"注释设置"命令转换为共用注释才可以写入 PLC。在软元件注释编辑界面中，选择"编辑"菜单，执行"注释设置"命令，弹出"注释设置"对话框，进行相关设置，如图 7-1-26 所示。

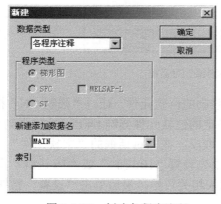

图 7-1-25 创建各程序注释

图 7-1-26 "注释设置"对话框

1）工程数据列表创建软元件注释

用鼠标左键双击工程数据列表中的软元件注释"COMMENT"，弹出"软元件注释"对话框，首先在"软元件名"栏中输入起始软元件编号，然后单击"显示"按钮，最后输入相应注释及机器名，如图 7-1-27 所示。汉字注释在半角 16 个字符（全角 8 个字符）以内，机器名在半角 8 个字符（全角 4 个字符）以内。一般用实际开关名等设置机器名，机器名与软元件注释的显示区别如图 7-1-28 所示。

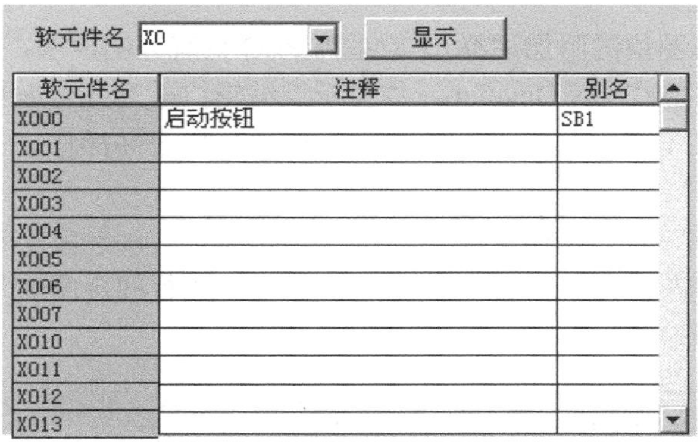

图 7-1-27 "软元件注释"对话框

图 7-1-28 机器名与软元件注释的显示区别

2）梯形图编辑界面创建软元件注释

选择"编辑"菜单 → "文档生成" → "注释编辑"命令或者单击 图标，然后用鼠标左键双击需要注释的软元件，弹出"注释输入"对话框，如图 7-1-29 所示，输入软元件的注释，最后单击 确定 按钮。

图 7-1-29 "注释输入"对话框

如果要退出注释编辑模式，可再次选择"编辑"菜单 → "文档生成" → "注释编辑"命令或者单击 图标，将菜单项中所显示的√符号去掉。

3）删除软元件注释

在软元件注释编辑界面中，选择"编辑"菜单，执行"全清除（全软元件）"命令，删除所设置的全部软元件注释/机器名；选择"编辑"菜单，执行"全清除（显示中的软元件）"命令，删除显示的软元件注释/机器名。

在梯形图编辑界面中，用鼠标左键双击需要删除的软元件注释，弹出"注释输入"对话框，在"注释输入"对话框中删除软元件注释，最后单击 确定 按钮。

2. 声明

声明是对各个梯形图块的附加注释。FX 系列 PLC 只有外围声明，外围声明显示时前面将附加"*"。外围声明只能在 GX Developer 中显示及编辑，不写入可编程控制器 CPU 中。

在读取 PLC 程序时，为了防止声明被删除，一般采用合并操作。

1）创建声明

选择"编辑"菜单 —— "文档生成" —— "声明编辑"命令或者单击▨图标，然后在梯形图编辑界面中用鼠标左键双击需要声明的梯形图，弹出"行间声明输入"对话框，如图 7-1-30 所示，输入相关的声明，最后单击 确定 按钮。

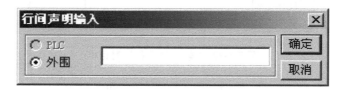

图 7-1-30 "行间声明输入"对话框

如果要退出声明编辑模式，可再次选择"编辑"菜单 —— "文档生成" —— "声明编辑"命令或者单击▨图标，将菜单项中所显示的√符号去掉。

2）删除声明

在梯形图编辑界面中，用鼠标左键单击需要删除的声明，按 Delete 键删除。

3. 注解

注解是对各个线圈及应用指令的附加注释。FX 系列 PLC 只有外围注解，外围注解显示时前面将附加"*"。外围注解只能在 GX Developer 中显示及编辑，不写入可编程控制器 CPU 中。在读取 PLC 程序时，为了使 GX Developer 中的注解位置与可编程控制器 CPU 内程序的步号无关，一般采用合并操作。

1）创建注解

选择"编辑"菜单 —— "文档生成" —— "注解编辑"命令或者单击▨图标，然后在梯形图编辑界面中用鼠标左键双击需要注解的位置，弹出"输入注解"对话框，如图 7-1-31 所示，输入相关的注解，最后单击 确定 按钮。

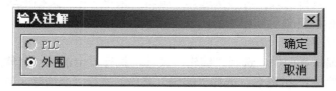

图 7-1-31 "输入注解"对话框

如果要退出注解编辑模式，可再次选择"编辑"菜单 —— "文档生成" —— "注解编辑"命令或者单击▨图标，将菜单项中所显示的√符号去掉。

2）删除注解

在梯形图编辑界面中，用鼠标左键单击需要删除的注解，按 Delete 键删除。

4. 取消注释、声明及注解显示

选择"显示"菜单，将"注释显示"、"声明显示"、"注解显示"菜单项中的 √ 符号去掉，就可取消相应内容的显示。

八、FXGP（WIN）格式文件处理

1. 读取 FXGP（WIN）格式文件

读取 FXGP（WIN）格式文件时，先通过 GX Developer 软件打开 FXGP（WIN）格式文件，然后通过"另存工程为"对话框转化为 GX Developer 格式文件。

选择"工程"菜单 → "读取其他格式的文件" → "读取 FXGP（WIN）格式文件"命令，弹出"读取 FXGP（WIN）格式文件"对话框，进行相关设置，如图 7-1-32 所示。

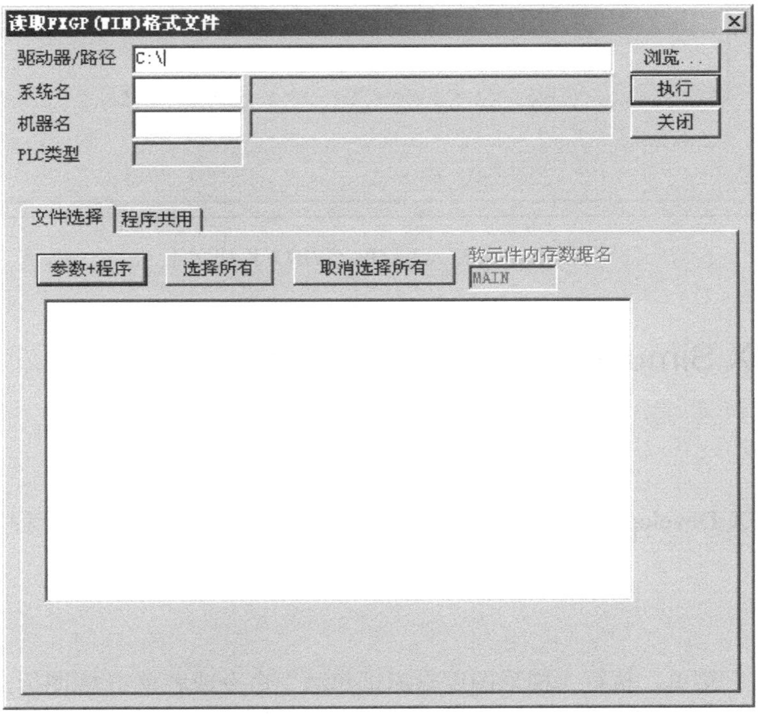

图 7-1-32　读取 FXGP（WIN）格式文件

2. 写入 FXGP（WIN）格式文件

写入 FXGP（WIN）格式文件时，将 GX Developer 软件创建的程序保存为 FXGP（WIN）格式文件。

选择"工程"菜单 → "写入其他格式的文件" → "写入 FXGP（WIN）格式文件"命

令，弹出"写入 FXGP（WIN）格式文件"对话框，进行相关设置，如图 7-1-33 所示。

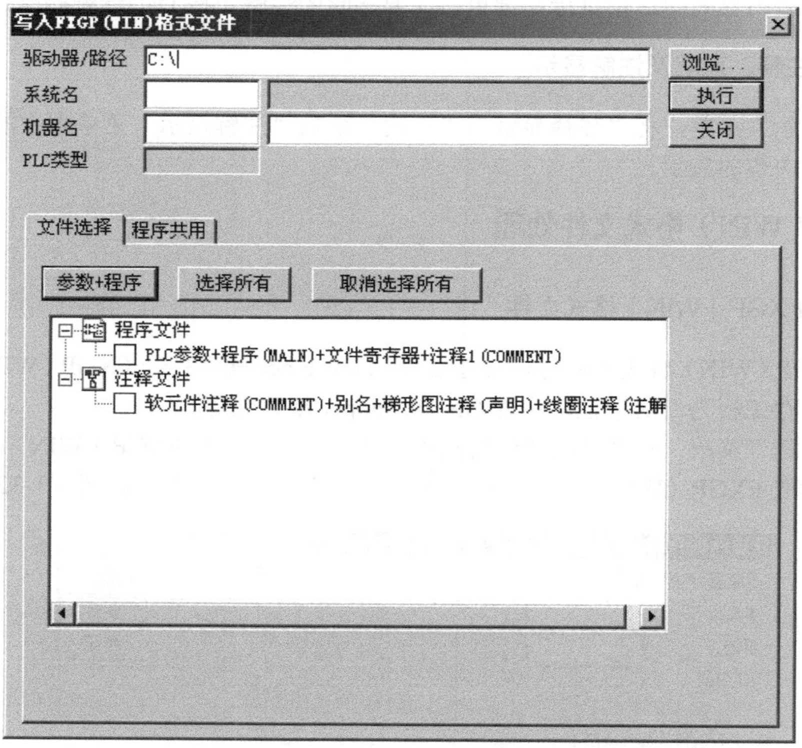

写入FXGP(WIN)格式文件

驱动器/路径	C:\		浏览...
系统名			执行
机器名			关闭
PLC类型			

文件选择 | 程序共用

| 参数+程序 | 选择所有 | 取消选择所有 |

☐ 程序文件
　　☐ PLC参数+程序 (MAIN)+文件寄存器+注释1 (COMMENT)
☐ 注释文件
　　☐ 软元件注释 (COMMENT)+别名+梯形图注释 (声明)+线圈注释 (注解

图 7-1-33　写入 FXGP（WIN）格式文件

第二节　GX Simulator 仿真软件的使用

一、公共操作

首先通过 GX Developer 编程软件创建新工程，编制程序，编译好执行程序，才可以启动 GX Simulator。

1. 启动

选择"工具"菜单，执行"梯形图逻辑测试起动"命令或者单击▣图标，弹出"PLC 写入"对话框，如图 7-2-1 所示。写入完成后该对话框自动消失，自动进入监视模式，并且在正常状态下状态栏中会出现 ▇ LADDER LOGIC TEST TOOL 初始窗口，单击该初始窗口，弹出梯形图逻辑测试窗口，如图 7-2-2 所示。梯形图逻辑测试窗口各部分表示内容见表 7-2-1。当发生错误时，状态栏 ▇ LADDER LOGIC TEST TOOL 初始窗口中的图标会变为黄色，如图 7-2-3 所示。

图 7-2-1 "PLC 写入"对话框

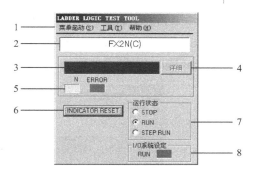

图 7-2-2 梯形图逻辑测试窗口

表 7-2-1 梯形图逻辑测试窗口各部分表示内容

序号	名 称	内 容
1	菜单栏	"菜单起动"、"工具"及"帮助"三个菜单
2	CPU 类型	显示当前 PLC 的 CPU 类型
3	出错显示	通过 LED 显示出错信息
4	"详细"按钮	单击该按钮可详细显示出错信息
5	状态指示灯	"RUN"为运行指示灯，"ERROR"为出错指示灯
6	清除按钮	单击该按钮可清除出错显示
7	运行状态	设定运行状态，其中"RUN"为运行，"STOP"为停止，"STEP RUN"为步执行
8	I/O 系统设定	当执行 I/O 系统设定时指示灯亮，双击该处可显示当前 I/O 系统设定的内容

2. 结束

选择"工具"菜单，执行"梯形图逻辑测试结束"命令或者单击 [回] 图标，弹出图 7-2-4 所示的提示对话框，单击 [确定] 按钮。

发生错误时变为黄色

图 7-2-3 发生错误时图标颜色改变

图 7-2-4 提示对话框

二、软元件监视

通过软元件监视可以同时监视多个位软元件的通断、字软元件及缓冲器内存的变化过程，比梯形图监控更加方便、清晰。

在梯形图逻辑测试窗口中选择"菜单起动"菜单，执行"继电器内存监视"命令，弹出继电器内存监视窗口，如图 7-2-5 所示；当需要退出继电器内存监视窗口时，选择"菜单起动"菜单，执行"软元件内存监视结束"命令。

在继电器内存监视窗口中，通过"软元件"菜单可以选择位软元件和字软元件进行监视，如图 7-2-6 所示。当选择定时器及计数器软元件进行监视时，Coil 表示线圈，Contact 表示触点，Current Value 表示当前值。

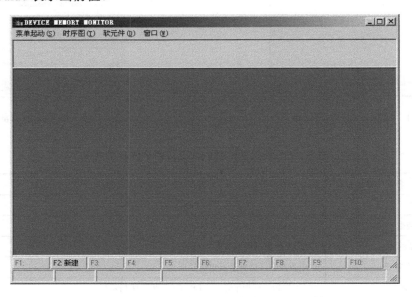

图 7-2-5　继电器内存监视窗口

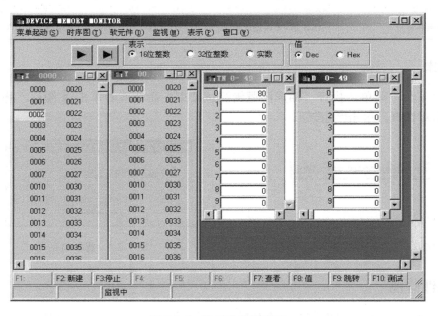

图 7-2-6　软元件监视窗口

在软元件监视窗口中，对于位软元件，黄色表示处于ON状态，灰色表示处于OFF状态，用鼠标左键双击软元件编号，可以强制ON，再次双击，可以强制OFF；对于字软元件，白色编辑框显示当前值，用鼠标左键双击软元件编号，弹出"字软元件测试"对话框，可以更改当前值，如图7-2-7所示。

图 7-2-7 "字软元件测试"对话框

三、时序图监视

在继电器内存监视窗口中选择"时序图"菜单，执行"起动"命令，弹出时序图监视窗口，如图7-2-8所示。当需要退出时序图监视窗口时，在时序图监视窗口中选择"文件"菜单，执行"时序结束"命令。

"监视状态"栏中的 正在进行监控 （绿灯亮）和 监控停止 （红灯亮）用于状态转换。在时序图监视窗口中，位软元件名称黄色显示表示处于ON状态，灰色显示表示处于OFF状态，用鼠标左键双击软元件名称，可以强制ON，再次双击，可以强制OFF；字软元件名称右边的白色编辑框显示当前值，在监视状态下用鼠标左键双击编辑框，可以更改当前值，更改完当前值后必须按Enter键才有效。

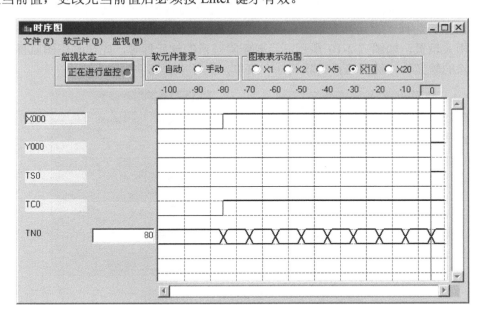

图 7-2-8 时序图监视窗口

当一个字软元件被指定为32位数据时，要在时序图界面中将 (D)添加到软元件名称后面，如CN200 (D)；对于处理32位数据的指令，在时序图界面中将显示两个字软元件，如DINC D0，D0和D1被显示。时序图中定时器及计数器的表达式见表7-2-2。时序图监视软元件的状态显示如图7-2-9所示。

表 7-2-2　时序图中定时器及计数器的表达式

表 达 式 ＼ 类 型	定 时 器	计 数 器
触点	TS	CS
线圈	TC	CC
当前值	TN	CN

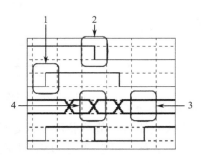

1—显示目标软元件从OFF变为ON
2—显示目标软元件从ON变为OFF
3—显示目标软元件值保持不变
4—显示目标软元件值改变

图 7-2-9　时序图监视软元件的状态显示

当需要手动输入被监控的软元件时，先选择时序图监视窗口中"软元件登录"栏内的"手动"方式，然后选择"软元件"菜单，执行"软元件登录"命令，弹出"软元件登录"对话框，进行相关设置，如图 7-2-10 所示。当要删除登录的软元件时，先在时序图监视窗口中选择需要删除的软元件，然后选择"软元件"菜单，执行"软元件删除"命令。

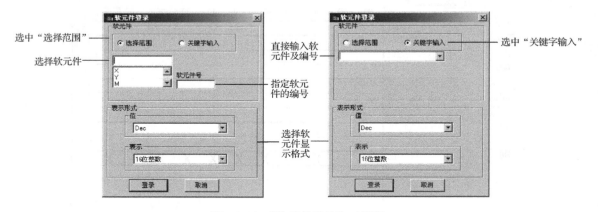

图 7-2-10　"软元件登录"对话框

第三节　SWOPC-FXGP/WIN-C 编程软件的使用

一、基本界面

SWOPC-FXGP/WIN-C 编程软件基本界面如图 7-3-1 所示。

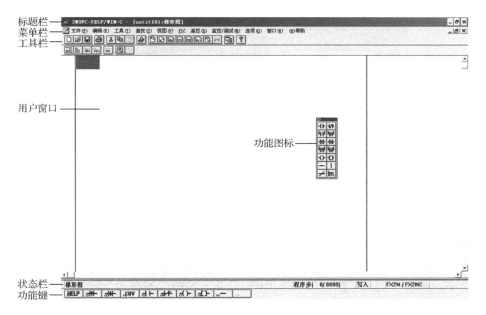

图 7-3-1　软件基本界面

二、基本操作

1. 启动与退出

双击电脑桌面上的 [M] 图标打开编程软件，单击软件界面右上角的 [X] 图标退出编程软件。

2. 文件管理

1）创建新文件

单击 [D] 图标，弹出"PLC 类型设置"对话框，选择 PLC 类型后，单击"确认"按钮即可，如图 7-3-2 所示。可以通过 [INS] 与 [OUT] 图标进行梯形图编辑窗口与指令表编辑窗口切换。

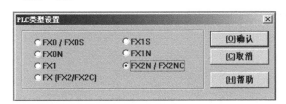

图 7-3-2　"PLC 类型设置"对话框

2）打开文件

单击 [图] 图标，弹出"文件打开"对话框，先进行文件路径选择，再进行文件选择，最后单击"确定"按钮即可，如图 7-3-3 所示。

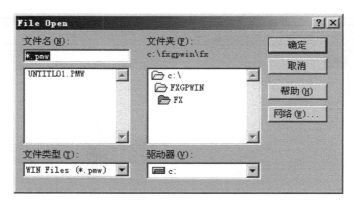

图 7-3-3 "文件打开"对话框

3）保存文件

单击 ![图标] 图标，第一次进行文件保存会弹出图 7-3-3 所示的对话框，先进行保存路径选择，再对文件命名，单击"确定"按钮后，弹出图 7-3-4 所示的"另存为"对话框，先进行文件题头名说明，最后单击"确认"按钮即可。

图 7-3-4 "另存为"对话框

在进行文件管理操作时，要注意文件类型：程序文件（扩展名 PMW）、注释文件（扩展名 COW）、寄存器文件（扩展名 DMW）、打印页眉文件（扩展名 PTW）。

三、梯形图输入与编辑

1. 梯形图输入

1）功能图标输入法

梯形图常采用功能图标进行输入，如图 7-3-5 所示。先将光标放置在需要的位置，再选择相关的功能图标进行输入，最后单击"确认"按钮或者按 Enter 键即可。

例如，输入计数器线圈驱动指令时，先选择线圈驱动功能图标，弹出"输入元件"对话框，然后输入"c1 k6"，最后单击"确认"按钮或者按 Enter 键即可，如图 7-3-6 所示。

STL 指令在 SWOPC-FXGP/ WIN-C 软件中的表现形式是触点。例如，输入 STL S20 指令，先选择触点功能图标，弹出"输入元件"对话框，然后输入"STL S20"，最后单击"确认"按钮或者按 Enter 键即可，如图 7-3-7 所示。

输入 P/I 指针时，先将鼠标移到需要输入指针位置的左母线外侧单击，然后从键盘输入

"P/I"，弹出相应的对话框，在光标闪动处输入相关内容，最后单击"确认"按钮或者按 Enter 键即可，如图 7-3-8 所示。

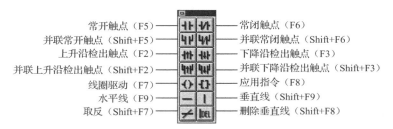

常开触点（F5）—— 常闭触点（F6）
并联常开触点（Shift+F5）—— 并联常闭触点（Shift+F6）
上升沿检出触点（F2）—— 下降沿检出触点（F3）
并联上升沿检出触点（Shift+F2）—— 并联下降沿检出触点（Shift+F3）
线圈驱动（F7）—— 应用指令（F8）
水平线（F9）—— 垂直线（Shift+F9）
取反（Shift+F7）—— 删除垂直线（Shift+F8）

图 7-3-5 功能图标

图 7-3-6 计数器线圈驱动指令的输入

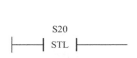

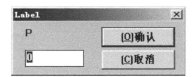

图 7-3-7 STL 指令在 SWOPC-FXGP/ WIN-C 软件中的表现形式　　　　图 7-3-8 输入指针

为了提高输入效率，应尽可能采用快捷键进行输入。在进行线圈驱动和应用指令输入时，元件号和设定值之间要有空格，助记符和操作数之间要有空格，操作数和操作数之间要有空格。

2）指令输入法

可以通过指令输入梯形图。在输入时先不管程序中各触点的连接关系，常开触点用 LD，常闭触点用 LDI，线圈用 OUT，通过功能指令输入助记符和操作数，最后将分支、自锁等关系用垂直线补上。

2. 梯形图编辑

1）选中

鼠标单击可以选中梯形图中的一个元素。按住鼠标拖动可以选择一行梯形图。按住 Shift 键的同时拖动鼠标可以选择一块梯形图。

2）查找

选择"查找"菜单，可以执行"到顶"、"到底"、"元件名查找"、"元件查找"、"指令查找"、"触点/线圈查找"、"到指定的程序步"等命令。

3）删除、剪切、复制及粘贴

先选中梯形图中的元素，再按 Delete 键删除。

先选中梯形图中的元素，再按 Ctrl+X 键剪切或者 Ctrl+C 键复制，最后将鼠标移到需要的位置按 Ctrl+V 键粘贴。

4）触点、线圈及应用指令的编辑

修改：将光标移到需要修改处双击，则弹出一个对话框，在对话框中进行修改，完成后单击"确认"按钮或者按 Enter 键即可。

添加：将光标移到需要添加处，直接输入新内容即可。

删除：将光标移到需要删除处，单击水平线功能图标即可。

5）行插入

先将光标移到要插入行的地方，再按 Shift +Insert 键（行插入）。

6）行删除

先将光标移到要删除行的地方，再按 Shift + Delete 键（行删除）。

7）程序转换

程序经过编辑后，底色为灰色，要通过转换变成白色才能传给 PLC。这时单击 图标（F4）即可。

8）程序检查

选择"选项"菜单，执行"程序检查"命令，弹出"程序检查"对话框，可以进行相关设置，完成程序检查，如图 7-3-9 所示。

图 7-3-9 "程序检查"对话框

四、在线操作

必须通过编程线将 PLC 和计算机连接好，才可以进行在线操作。

1. 端口设置

选择"PLC"菜单，执行"端口设置"命令，弹出"端口设置"对话框，可以进行端口和传输速度设置，如图 7-3-10 所示。

2. 传送

选择"PLC"菜单 ⟶ "传送" ⟶ "写出" 命令，弹出"PC 程序写入"对话框，可以进行相关设置，如图 7-3-11 所示。先新建一个文件，然后选择"PLC"菜单 ⟶ "传送" ⟶ "读入"命令，可进行相关设置。注意：在进行程序传送时，必须让 PLC 处于 STOP 模式。

图 7-3-10 "端口设置"对话框

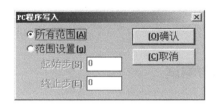

图 7-3-11 "PC 程序写入"对话框

3. 遥控运行/停止

选择"PLC"菜单，执行"遥控运行/停止"命令，弹出"遥控运行/中止"对话框，可以选择"运行"或者"中止"，如图 7-3-12 所示。

4. PLC 存储器清除

选择"PLC"菜单，执行"PLC 存储器清除"命令，弹出"PLC 内存清除"对话框，可以对"PLC 存储空间"、"数据元件存储空间"及"位元件存储空间"进行清除，如图 7-3-13 所示。

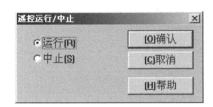

图 7-3-12 "遥控运行/中止"对话框

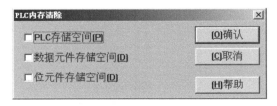

图 7-3-13 "PLC 内存清除"对话框

5. PLC 诊断

选择"PLC"菜单，执行"PLC 诊断"命令，弹出"PLC 诊断"对话框，可显示诊断结果、扫描时间及具体状态，如图 7-3-14 所示。

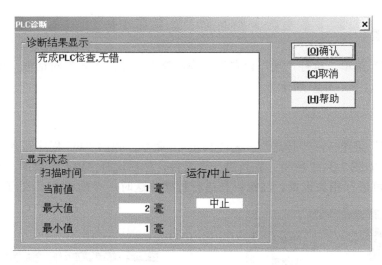

图 7-3-14 "PLC 诊断"对话框

五、监控/测试

1. 开始监控/停止监控

选择"监控/测试"菜单→"开始监控"命令或者单击🖳图标开始监控。选择"监控/测试"菜单→"停止监控"命令或者单击🖳图标停止监控。

2. 强制 Y 输出

选择"监控/测试"菜单，执行"强制 Y 输出"命令，可强制输出继电器置 ON 或 OFF，如图 7-3-15 所示。

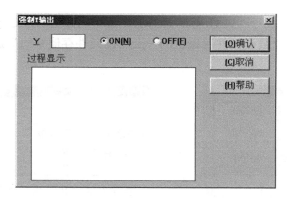

图 7-3-15 强制 Y 输出

3. 强制 ON/OFF

选择"监控/测试"菜单，执行"强制 ON/OFF"命令，可强制 X、M、S 等继电器置 ON 或 OFF，如图 7-3-16 所示。

4. 改变当前值

选择"监控/测试"菜单，执行"改变当前值"命令，可改变 T、C、D 等字元件的当前值，如图 7-3-17 所示。

图 7-3-16　强制 ON/OFF

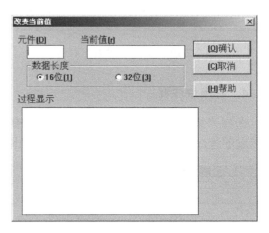

图 7-3-17　改变当前值

5. 改变设置值

选择"监控/测试"菜单，执行"改变设置值"命令，可在监控状态下改变 T 或 C 元件的设置值，如图 7-3-18 所示。

六、注释

1. 元件名

选择"编辑"菜单，执行"元件名"命令，弹出"输入元件名"对话框，可以设置选中的元件名称如"SB1"，如图 7-3-19 所示。

2. 元件注释

选择"编辑"菜单，执行"元件注释"命令，弹出"输入元件注释"对话框，可以为选中的元件加注释如"启动"，如图 7-3-20 所示。

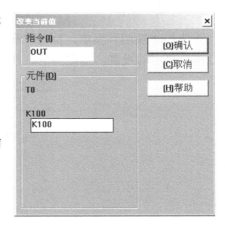

图 7-3-18　改变设置值

3. 线圈注释

选择"编辑"菜单，执行"线圈注释"命令，弹出"输入线圈注释"对话框，可以为选中的一行梯形图加注释如"正转"，如图 7-3-21 所示。

图 7-3-19 "输入元件名"对话框

图 7-3-20 "输入元件注释"对话框

4. 程序块注释

选择"编辑"菜单，执行"程序块注释"命令，弹出"输入程序块注释"对话框，可以为指定的程序块加注释如"自锁电路"，如图 7-3-22 所示。

图 7-3-21 "输入线圈注释"对话框

图 7-3-22 "输入程序块注释"对话框

5. 显示注释

选择"视图"菜单，执行"显示注释"命令，弹出"梯形图注释设置"对话框，可以进行注释显示的设置，如图 7-3-23 所示。

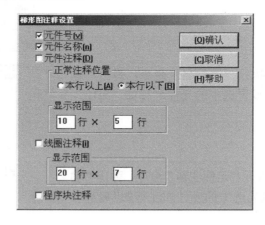

图 7-3-23 "梯形图注释设置"对话框

七、打印

在梯形图编辑窗口下，选择"文件"菜单，执行"打印"命令，或者单击工具栏中🖶图标，弹出"梯形图"对话框，如图 7-3-24 所示，进行相关设置后，单击"确认"按钮，弹出

"打印"对话框，如图 7-3-25 所示，进行打印设置，最后单击"确定"按钮。

在"梯形图"对话框中一旦选择已用触点 Y、T、P、M、C、S、D 和已用线圈 Y、T、P、M、C、S、D，则在触点附近会标出对应的线圈步序号，在线圈附近会标出常开和常闭触点的步序号，以便于检索。

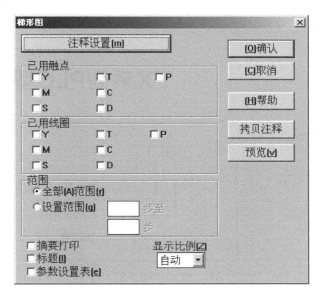

图 7-3-24　"梯形图"对话框

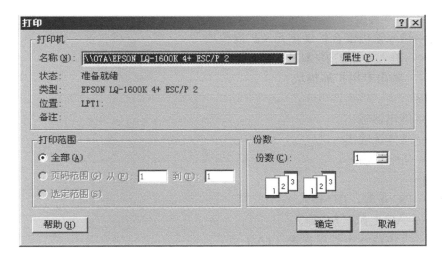

图 7-3-25　"打印"对话框

FX系列PLC型号命名方式

FX 系列 PLC 型号的基本格式：

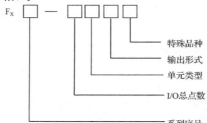

系列序号：1S、1N、2N、2NC、3U、3UC，即 FX_{1S}、FX_{1N}、FX_{2N}、FX_{2NC}、FX_{3U}、FX_{3UC}。

I/O 总点数：14～256。

单元类型：

      M——基本类型

      E——输入输出混合扩展单元及扩展模块

      EX——输入专用扩展模块

      EY——输出专用扩展模块

输出形式：

      R——继电器输出

      T——晶体管输出

      S——晶闸管输出

特殊品种：

      D——DC 电源，DC 输入

      A1——AC 电源，AC 输入

      H——大电流输出扩展模块（1A/1 点）

      V——立式端子排的扩展模块

      C——接插口输入输出方式

      F——输入滤波器 1ms 的扩展模块

      L——TTL 输入型扩展模块

      S——独立端子（无公共端）扩展模块

若特殊品种一项无符号，则通指 AC 电源，DC 输入，横式端子排；继电器输出，2A/1 点；晶体管输出 0.5A/1 点；晶闸管输出，0.3A/1 点。

FX系列PLC特殊元件

FX 系列 PLC 常用特殊辅助继电器表

编 号	内 容	适 用 机 型				
		FX$_{1S}$	FX$_{1N}$	FX$_{2N}$	FX$_{3U}$	FX$_{3UC}$
M8000	RUN 监控常开触点	○	○	○	○	○
M8001	RUN 监控常闭触点	○	○	○	○	○
M8002	初始脉冲常开触点	○	○	○	○	○
M8003	初始脉冲常闭触点	○	○	○	○	○
M8004	出错时接通	○	○	○	○	○
M8005	当电池处于电压异常低时接通	×	×	○	○	○
M8006	检测出电池电压异常低时置位	×	×	○	○	○
M8007	瞬间停止检测	×	×	○	○	○
M8008	停电检测	×	×	○	○	○
M8009	DC24V 掉电时接通	×	×	○	○	○
M8011	10ms 时钟	○	○	○	○	○
M8012	100ms 时钟	○	○	○	○	○
M8013	1s 时钟	○	○	○	○	○
M8014	1min 时钟	○	○	○	○	○
M8015	时钟停止和时间校验	○	○	○	○	○
M8016	显示时间停止	○	○	○	○	○
M8017	±30s 修正	○	○	○	○	○
M8018	安装检测	○	○	○	○	○
M8019	RTC 出错	○	○	○	○	○
M8020	零标记	○	○	○	○	○
M8021	借位标记	○	○	○	○	○
M8022	进位标记	○	○	○	○	○
M8024	BMOV 方向指定	×	×	○	○	○
M8029	DSW 等功能指令执行完成标记	○	○	○	○	○

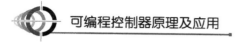

编　号	内　　容	适 用 机 型				
		FX_{1S}	FX_{1N}	FX_{2N}	FX_{3U}	FX_{3UC}
M8030	电池欠压 LED 灭灯指令	×	×	○	○	○
M8031	非保持内存全部清除	○	○	○	○	○
M8032	保持内存全部清除	○	○	○	○	○
M8033	内存保持停止	○	○	○	○	○
M8034	禁止所有输出	○	○	○	○	○
M8035	强制 RUN 模式	○	○	○	○	○
M8036	强制 RUN 指令	○	○	○	○	○
M8037	强制 STOP 指令	○	○	○	○	○
M8038	通信参数设定标记	○	○	○	○	○
M8039	恒定扫描模式	○	○	○	○	○
M8040	状态转移禁止	○	○	○	○	○
M8041	状态转移开始	○	○	○	○	○
M8042	启动脉冲	○	○	○	○	○
M8043	回原点完成	○	○	○	○	○
M8044	原点条件	○	○	○	○	○
M8045	切换模式时，禁止所有输出复位	○	○	○	○	○
M8046	STL 状态动作	○	○	○	○	○
M8047	STL 监控有效	○	○	○	○	○
M8048	信号报警器动作	×	×	○	○	○
M8049	信号报警器有效	×	×	○	○	○
M8060	I/O 构成出错	×	×	○	○	○
M8061	PLC 硬件出错	○	○	○	○	○
M8062	PLC/PP 通信出错	×	×	○	×	×
M8063	串行通信出错 1	○	○	○	○	○
M8064	参数出错	○	○	○	○	○
M8065	语法出错	○	○	○	○	○
M8066	梯形图出错	○	○	○	○	○
M8067	运算出错	○	○	○	○	○
M8068	运算出错锁存	○	○	○	○	○
M8069	I/O 总线检测	×	×	○	○	○
M8109	输出刷新出错	×	×	○	○	○

FX 系列 PLC 常用特殊数据寄存器表

编　号	内　容	适 用 机 型				
		FX$_{1S}$	FX$_{1N}$	FX$_{2N}$	FX$_{3U}$	FX$_{3UC}$
D8000	监视定时器	200	200	200	200	200
D8001	PC 类型及系统版本号	22	26	24	24	24
D8002	内存容量	○	○	○	○	○
D8003	内存类型	○	○	○	○	○
D8004	出错 M 编号	○	○	○	○	○
D8005	电池电压	×	×	○	○	○
D8006	检测出电池电压低的等级	×	×	○	○	○
D8007	瞬停检测	×	×	○	○	○
D8008	停电检测时间	×	×	○	○	○
D8009	DC24V 掉电单元号	×	×	○	○	○
D8010	当前扫描时间	○	○	○	○	○
D8011	最小扫描时间	○	○	○	○	○
D8012	最大扫描时间	○	○	○	○	○
D8013	秒（0～59）	○	○	○	○	○
D8014	分（0～59）	○	○	○	○	○
D8015	小时（0～23）	○	○	○	○	○
D8016	日（1～31）	○	○	○	○	○
D8017	月（1～12）	○	○	○	○	○
D8018	年（0～99）	○	○	○	○	○
D8019	星期（0～6）	○	○	○	○	○
D8020	X0～X17 的输入滤波值	○	○	○	○	○
D8028	Z0 寄存器的内容	○	○	○	○	○
D8029	V0 寄存器的内容	○	○	○	○	○
D8030	模拟电位器 VR1 的值	○	○	×	×	×
D8031	模拟电位器 VR2 的值	○	○	×	×	×
D8039	恒定扫描时间	○	○	○	○	○
D8040	ON 状态地址号 1	○	○	○	○	○
D8041	ON 状态地址号 2	○	○	○	○	○
D8042	ON 状态地址号 3	○	○	○	○	○
D8043	ON 状态地址号 4	○	○	○	○	○
D8044	ON 状态地址号 5	○	○	○	○	○
D8045	ON 状态地址号 6	○	○	○	○	○
D8046	ON 状态地址号 7	○	○	○	○	○
D8047	ON 状态地址号 8	○	○	○	○	○

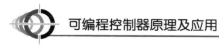

续表

编　号	内　　容	适 用 机 型				
		FX$_{1S}$	FX$_{1N}$	FX$_{2N}$	FX$_{3U}$	FX$_{3UC}$
D8049	ON 状态最小地址号	×	×	○	○	○
D8060	I/O 构成出错的未安装 I/O 起始编号	×	×	○	○	○
D8061	PLC 硬件出错的错误代码编号	○	○	○	○	○
D8062	PLC/PP 通信出错的错误代码编号	×	×	○	○	○
D8063	串行通信出错 1 的错误代码编号	○	○	○	○	○
D8064	参数出错的错误代码编号	○	○	○	○	○
D8065	语法出错的错误代码编号	○	○	○	○	○
D8066	梯形图出错的错误代码编号	○	○	○	○	○
D8067	运算出错的错误代码编号	○	○	○	○	○
D8068	发生运算出错的步编号锁存	○	○	○	○	○
D8069	M8065～M8067 产生出错的步编号	○	○	○	○	○
D8109	发生输出刷新出错的 Y 编号	×	×	○	○	○

FX系列PLC功能指令系统

FNC 编号	助 记 符	指 令 名 称	适 用 机 型						
			FX$_{0N}$	FX$_{1S}$	FX$_{1N}$	FX$_{2N}$	FX$_{2NC}$	FX$_{3U}$	FX$_{3UC}$
00	CJ	条件跳转	○	○	○	○	○	○	○
01	CALL	子程序调用	×	○	○	○	○	○	○
02	SERT	子程序返回	×	○	○	○	○	○	○
03	IRET	中断返回	○	○	○	○	○	○	○
04	EI	允许中断	○	○	○	○	○	○	○
05	DI	禁止中断	○	○	○	○	○	○	○
06	FEND	主程序结束	○	○	○	○	○	○	○
07	WDT	警戒时钟	○	○	○	○	○	○	○
08	FOR	循环开始	○	○	○	○	○	○	○
09	NEXT	循环结束	○	○	○	○	○	○	○
10	CMP	比较指令	○	○	○	○	○	○	○
11	ZCP	区间比较	○	○	○	○	○	○	○
12	MOV	传送	○	○	○	○	○	○	○
13	SMOV	移位传送	×	×	×	○	○	○	○
14	CML	取反传送	×	×	×	○	○	○	○
15	BMOV	块传送	○	○	○	○	○	○	○
16	FMOV	多点传送	×	×	×	○	○	○	○
17	XCH	交换指令	×	×	×	○	○	○	○
18	BCD	BCD码变换	○	○	○	○	○	○	○
19	BIN	二进制转换	○	○	○	○	○	○	○
20	ADD	二进制加法	○	○	○	○	○	○	○
21	SUB	二进制减法	○	○	○	○	○	○	○
22	MUL	二进制乘法	○	○	○	○	○	○	○
23	DIV	二进制除法	○	○	○	○	○	○	○
24	INC	加1指令	○	○	○	○	○	○	○
25	DEC	减1指令	○	○	○	○	○	○	○

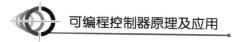

续表

FNC 编号	助记符	指令名称	适用机型						
			FX0N	FX1S	FX1N	FX2N	FX2NC	FX3U	FX3UC
26	WAND	与指令	○	○	○	○	○	○	○
27	WOR	或指令	○	○	○	○	○	○	○
28	WXOR	异或指令	○	○	○	○	○	○	○
29	NEG	求补指令	×	×	×	○	○	○	○
30	ROR	右循环指令	×	×	×	○	○	○	○
31	ROL	左循环指令	×	×	×	○	○	○	○
32	RCR	带进位右循环指令	×	×	×	○	○	○	○
33	RCL	带进位左循环指令	×	×	×	○	○	○	○
34	SFTR	位右移位指令	○	○	○	○	○	○	○
35	SFTL	位左移位指令	○	○	○	○	○	○	○
36	WSFR	字右移位指令	×	×	×	○	○	○	○
37	WSFL	字左位位指令	×	×	×	○	○	○	○
38	SFWR	FIFO 写入指令	×	○	○	○	○	○	○
39	SFRD	FIFO 读出指令	×	○	○	○	○	○	○
40	ZRST	成批复位指令	○	○	○	○	○	○	○
41	DECO	解码指令	○	○	○	○	○	○	○
42	ENCO	编码指令	○	○	○	○	○	○	○
43	SUM	置1位数总和指令	×	×	×	○	○	○	○
44	BON	置1位数判别指令	×	×	×	○	○	○	○
45	MEAN	平均值指令	×	×	×	○	○	○	○
46	ANS	信号报警器置位	×	×	×	○	○	○	○
47	ANR	信号报警器复位	×	×	×	○	○	○	○
48	SQR	二进制开方运算	×	×	×	○	○	○	○
49	FTL	二进制整数转换成二进制浮点数	×	×	×	○	○	○	○
50	REF	输入输出刷新	○	○	○	○	○	○	○
51	REFF	滤波时间常数调整	×	×	×	○	○	○	○
52	MTR	矩阵输入	×	○	○	○	○	○	○
53	HSCS	高速计数器置位指令	○	○	○	○	○	○	○
54	HSCR	高速计数器复位指令	○	○	○	○	○	○	○
55	HSZ	高速计数器区间比较指令	×	×	×	○	○	○	○
56	SPD	速度检测指令	×	○	○	○	○	○	○
57	PLSY	脉冲输出指令	○	○	○	○	○	○	○
58	PWM	脉宽调制指令	○	○	○	○	○	○	○
59	PLSR	可调脉冲输出指令	×	○	○	○	○	○	○

续表

FNC 编号	助记符	指令名称	适用机型						
			FX$_{0N}$	FX$_{1S}$	FX$_{1N}$	FX$_{2N}$	FX$_{2NC}$	FX$_{3U}$	FX$_{3UC}$
60	IST	初始状态指令	○	○	○	○	○	○	○
61	SER	数据检索指令	×	×	×	○	○	○	○
62	ABSD	绝对值凸轮顺控指令	×	○	○	○	○	○	○
63	INCD	增量式凸轮顺控指令	×	○	○	○	○	○	○
64	TTMR	示教定时器	×	×	×	○	○	○	○
65	STMR	特殊定时器指令	×	×	×	○	○	○	○
66	ALT	交替指令	○	○	○	○	○	○	○
67	BAMP	斜波信号指令	○	○	○	○	○	○	○
68	ROTC	回转台控制指令	×	×	×	○	○	○	○
69	SOTR	数据整理排列指令	×	×	×	○	○	○	○
70	TKY	十键输入指令	×	×	×	○	○	○	○
71	HKY	十六键输入指令	×	×	×	○	○	○	○
72	DSW	数字开关指令	×	○	○	○	○	○	○
73	SEGD	七段译码指令	×	×	×	○	○	○	○
74	SEGL	带锁存七段码显示指令	×	○	○	○	○	○	○
75	ARWS	方向开关指令	×	×	×	○	○	○	○
76	ASC	ASCII 码变换指令	×	×	×	○	○	○	○
77	PR	ASCII 码打印	×	×	×	○	○	○	○
78	FROM	读特殊功能模块指令	×	×	○	○	○	○	○
79	TO	写特殊功能模块指令	×	×	○	○	○	○	○
80	RS	串行数据传送指令	×	○	○	○	○	○	○
81	PRUN	并行数据传送指令	×	○	○	○	○	○	○
82	ASCI	将十六进制数转换成 ASCII 码	×	○	○	○	○	○	○
83	HEX	将 ASCII 码转换成十六进制数	×	○	○	○	○	○	○
84	CCD	校验码指令	×	○	○	○	○	○	○
85	VRRD	模拟量读出指令	×	○	○	○	○	×	×
86	VRSC	模拟量开关设定指令	×	○	○	○	○	×	×
88	PID	比例积分微分控制	×	○	○	○	○	○	○
110	ECMP	二进制浮点数比较	×	×	×	○	○	○	○
111	EZCP	二进制浮点数区间比较	×	×	×	○	○	○	○
118	EBCD	二进制浮点数转换成十进制浮点数	×	×	×	○	○	○	○
119	EBIN	十进制浮点数转换成二进制浮点数	×	×	×	○	○	○	○

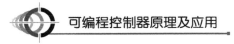

FNC 编号	助记符	指令名称	适用机型						
			FX_{0N}	FX_{1S}	FX_{1N}	FX_{2N}	FX_{2NC}	FX_{3U}	FX_{3UC}
120	EADD	二进制浮点数加法	×	×	×	○	○	○	○
121	ESUB	二进制浮点数减法	×	×	×	○	○	○	○
122	EMUL	二进制浮点数乘法	×	×	×	○	○	○	○
123	EDIV	二进制浮点数除法	×	×	×	○	○	○	○
127	ESQR	二进制浮点数开方	×	×	×	○	○	○	○
129	INT	二进制浮点数转换成二进制整数	×	×	×	○	○	○	○
130	SIN	浮点 SIN 运算	×	×	×	○	○	○	○
131	COS	浮点 COS 运算	×	×	×	○	○	○	○
132	TAN	浮点 TAN 运算	×	×	×	○	○	○	○
147	SWAP	高低位转换	×	×	×	○	○	○	○
155	ABS	当前绝对值读取	×	○	○	×	×	○	○
156	ZRN	回原点	×	○	○	×	×	○	×
157	PLSV	变速脉冲输出	×	○	○	×	×	○	○
158	DRVI	增量驱动	×	○	○	×	×	○	○
159	DRVA	绝对位置驱动	×	○	○	×	×	○	○
160	TCMP	时钟数据比较	×	○	○	○	○	○	○
161	TZCP	时钟数据区间比较	×	○	○	○	○	○	○
162	TADD	时钟数据加法	×	○	○	○	○	○	○
163	TSUB	时钟数据减法	×	○	○	○	○	○	○
166	TRD	时钟数据读出	×	○	○	○	○	○	○
167	TWR	时钟数据写入	×	○	○	○	○	○	○
169	HOUR	计时表	×	○	○	×	×	○	○
170	GRY	格雷码转换	×	×	×	○	○	○	○
171	GBIN	格雷码逆转换	×	×	×	○	○	○	○
176	RD3A	模拟块读出	×	×	○	×	×	○	○
177	WR3A	模拟块写入	×	×	○	×	×	○	○
224	LD=	(S1) = (S2)	×	○	○	○	○	○	○
225	LD>	(S1) > (S2)	×	○	○	○	○	○	○
226	LD<	(S1) < (S2)	×	○	○	○	○	○	○
228	LD<>	(S1) ≠(S2)	×	○	○	○	○	○	○
229	LD≤	(S1) ≤(S2)	×	○	○	○	○	○	○
230	LD≥	(S1) ≥(S2)	×	○	○	○	○	○	○
232	AND=	(S1) = (S2)	×	○	○	○	○	○	○
233	AND>	(S1) > (S2)	×	○	○	○	○	○	○

FNC 编号	助 记 符	指 令 名 称	适 用 机 型						
			FX$_{0N}$	FX$_{1S}$	FX$_{1N}$	FX$_{2N}$	FX$_{2NC}$	FX$_{3U}$	FX$_{3UC}$
234	AND<	(S1) < (S2)	×	○	○	○	○	○	○
236	AND<>	(S1) ≠(S2)	×	○	○	○	○	○	○
237	AND≤	(S1) ≤(S2)	×	○	○	○	○	○	○
238	AND≥	(S1) ≥(S2)	×	○	○	○	○	○	○
240	OR=	(S1) = (S2)	×	○	○	○	○	○	○
241	OR>	(S1) > (S2)	×	○	○	○	○	○	○
242	OR<	(S1) < (S2)	×	○	○	○	○	○	○
244	OR<>	(S1) ≠(S2)	×	○	○	○	○	○	○
245	OR≤	(S1) ≤(S2)	×	○	○	○	○	○	○
246	OR≥	(S1) ≥(S2)	×	○	○	○	○	○	○

参考文献

[1] 王兆义. 小型可编程控制器实用技术[M]. 北京: 机械工业出版社, 2005.

[2] 龚仲华等. 三菱 FX/Q 系列 PLC 应用技术[M]. 北京: 人民邮电出版社, 2009.

[3] 王国海. 可编程序控制器及其应用[M]. 北京: 中国劳动社会保障出版社, 2004.

[4] 宋伯生. PLC 编程实用指南[M]. 北京: 机械工业出版社, 2009.

[5] 郭艳萍等. 电气控制与 PLC 应用[M]. 北京: 人民邮电出版社, 2014.

[6] 三菱电机自动化有限公司. FX$_{3U}$・FX$_{3UC}$ 系列编程手册[Z]. 2005.

[7] 三菱电机自动化有限公司. FX$_{1S}$、FX$_{1N}$、FX$_{2N}$、FX$_{2NC}$ 系列编程手册[Z]. 2005.

[8] 三菱电机自动化有限公司. FX$_{2N}$ 可编程控制器使用手册[Z]. 2005.

[9] 周四六. 可编程控制器应用基础[M]. 北京: 人民邮电出版社, 2010.

[10] 李金城. 三菱 FX$_{2N}$ PLC 功能指令应用详解[M]. 北京: 电子工业出版社, 2011.

[11] 颜全生. PLC 编程设计与实例[M]. 北京: 机械工业出版社, 2009.

[12] 罗雪莲. 可编程控制器原理与应用[M]. 北京: 清华大学出版社, 2008.

[13] 王也仿. 可编程控制器应用技术[M]. 北京: 机械工业出版社, 2001.

[14] 杨少光. 机电一体化设备组装与调试备赛指导[M]. 北京: 高等教育出版社, 2012.

[15] 王晰, 王阿根. PLC 功能指令编程实例与技巧[M]. 北京: 中国电力出版社, 2016.

[16] 韩雪涛. PLC 技术快速入门[M]. 北京: 机械工业出版社, 2016.

[17] 程子华. PLC 原理与编程实例分析[M]. 北京: 国防工业出版社, 2006.

[18] 赵华军, 唐国兰. 可编程控制器技术应用[M]. 广州: 华南理工大学出版社, 2009.

[19] 李志谦. PLC 项目式教学、竞赛与工程实践[M]. 北京: 机械工业出版社, 2012.

[20] 赵进学 刑贵宁. PLC 应用技术项目教程[M]. 北京: 科学出版社, 2009.

[21] 杨少光. 机电一体化设备组装与调试[M]. 南宁: 广西教育出版社, 2009.

[22] 李响初等. 图解三菱 PLC、变频器与触摸屏综合应用[M]. 2 版. 北京: 机械工业出版社, 2016.

[23] 莫操君. 自学自会 PLC 指令—三菱 FX2N 编程技术及应用[M]. 北京: 机械工业出版社, 2009.